Traktoren & Landmaschinen der 60er

Die Deutsche Bibliothek - CIP-Einheitsaufnahme

Traktoren und Landmaschinen der 60er –Frankfurt am Main : DLG-Verl. GmbH, 2003

ISBN 3-7690-0609-7

© 2003

DLG-Verlags-GmbH, Eschborner Landstraße 122, 60489 Frankfurt am Main
Eilbote Boomgaarden Verlag GmbH, Winsener Landstr. 7, 21423 Winsen/Luhe OT Roydorf

Alle Rechte vorbehalten. Nachdruck, auch auszugsweise, nur mit Genehmigung des Verlags und des Herausgebers gestattet. Alle Informationen und Hinweise ohne jede Gewähr und Haftung.

Druck auf chlorfreiem Papier

Umschlag: Ralph Stegmaier, Offenbach

Litho, Druck und Verarbeitung: Druckerei Wulf, Lüneburg
Printed in Germany

Vorwort

Dieser Landmaschinen-Katalog von 1963 ist typisch für seine Zeit. Er war das Schaufenster der Landmaschinen-Großhandlungen, die damals noch sehr verbreitet waren.

Großhandlungen haben eine fast so lange Tradition wie die Industrie und waren die erste Stufe der Warenverteilung. Denn Heumaschinen, Bodenbearbeitungsgeräte und andere Landtechnik wurden früher vom Werk – teilweise zerlegt und in Verschlägen verpackt – waggonweise geliefert. Die Großhändler verfügten über die notwendige Kapitalausstattung, hatten entsprechende Lagerkapazitäten mit Gleisanschluss und unterhielten ein gut sortiertes Ersatzteillager.

Die nachgelagerte Handelsstufe bildeten die kleineren Landmaschinen-Händler und Schmieden, denen Landmaschinen-Kataloge wie dieser eine wichtige Verkaufshilfe waren. Diese bevorzugten den breit sortierten Großhändler mit mehreren Fabrikatsalternativen, weil mit einem umfangreichen Angebot praktisch jeder Gerätewunsch des Landwirts erfüllt werden konnte. Exklusivität war zu der Zeit ein noch relativ unbekannter Begriff in der Branche.

Beim Durchblättern fallen die teilweise sehr originellen und mit Witz gestalteten Prospekte auf. Sie mussten natürlich zunächst dem Chef gefallen und laden heute vielfach zum Schmunzeln ein. Es war die Zeit, als Werbung noch Reklame hieß.

Der Katalog gibt aber auch den technischen Stand der Landtechnik von damals wieder. Viele der vertretenen Hersteller existieren nicht mehr, andere sind unter neuem Firmendach als Marke noch am Markt. Die erste große Mechanisierungswelle neigte sich gerade dem Ende zu. Die für den Schleppereinsatz umgebauten Gespanngeräte hielten den Belastungen nicht mehr stand und wurden ausgemustert. Es war die Zeit der Neukonstruktionen und der großen Stückzahlen: 1963 hatte zum Beispiel die Sternradmaschine mit jährlich 30.000 produzierten Einheiten bereits ihren Höhepunkt erreicht. Fahr brachte es mit dem neuen revolutionären Kreiselheuer auf knapp 38.000 Verkäufe im ersten Jahr. Zur Ablösung der aufwändigen und störanfälligen Ladegeräte trat der Ladewagen mit den ersten 4300 Einheiten seinen unglaublichen Siegeszug an.

Die Mähbinder waren vom Mähdrescher verdrängt worden. 12.100 dieser nach heutigen Maßstäben damals noch kleinen Maschinen kamen 1963 neu zum Einsatz und erhöhten den Bestand auf 95.000 in Westdeutschland. Genau 77.894 Traktoren mit einer Durchschnittsleistung von 23,6 PS wurden in diesem Jahr neu zugelassen. Damit fuhren erstmals mehr als eine Million Schlepper auf den Feldern.

In der Bundesrepublik Deutschland arbeiteten damals 12,6 Prozent aller Beschäftigten in der Landwirtschaft. 1963 gab es noch 1,5 Millionen landwirtschaftliche Betriebe mit einer Durchschnittsgröße von 8,5 Hektar. Davon waren allein 21,5 Prozent in Baden-Württemberg beheimatet, wo die Durchschnittsgröße ganze 5,2 Hektar betrug.

Viele Neuentwicklungen, die damals zunächst in diesen Kleinbetrieben die Arbeit erleichtert haben, finden sich heute noch in perfektionierter und vergrößerter Bauart in der Landtechnik wieder.

Wir wünschen Ihnen eine unterhaltsame und gleichzeitig lehrreiche Lektüre.

Ihr Redaktionsteam

Inhaltsverzeichnis

Vorwort ...3

Heute wie damals ...5

Schlepper
Eicher ...7
McCormick International ...27
HELA Lanz-Aulendorf ...57

Schlepperzubehör
Fritzmeier-Verdeck ...67

Mähdrescher
Claas ...71
Bautz ...81
Ködel & Böhm ...84

Stalldungstreuer
Kemper ...86

Ackerwagen
Weidner ...91

Feldhäcksler
Speiser ...93

Pflüge
Eicher ...99
Ventzki ...110
Eberhardt ...125
Rabe ...135

Rotorkrümler
Eberhardt ...137

Kombi-Geräte
Rau ...139

Netzeggen
Eberhardt ...145

Ackerwalzen
Mengele ...151

Düngerstreuer
Amazone ...152
Rauch ...154

Sämaschinen
Isaria ...157
Rau ...158

Gabelheuwender
Bautz ...159

Kreiselheuer
Fahr ...161

Sternradheumaschinen
Landsberger „Orion" ...165
Bautz „Skorpion" ...175
Bautz „Spinne" ...179

Schubrechwender
Hagedorn ...185

Heu- und Grünfutterlader
Bayr. Pflugfabrik „Harras" ...186
Eicher „Rekord" ...187
Mörtl „Zentro" ...191

Feldpressen
Bautz ...194
Ködel & Böhm ...195

Gebläsehäcksler und Schneidgebläse
Speiser ...196
Ködel & Böhm ...202

Körnergebläse
Fima ...205
Ködel & Böhm ...207

Jauchepumpen
Eisele ...209
Pfalz ...213

Jauchefässer
Landruf ...216

Futterdämpfer
Landruf ...216

Allesmuser
Kromag ...217

Schrotmühlen
Irus ...218
Friulm ...219

Rübenschneider und Strohschneider
Hoffmann (Bavaria) ...220

Feldspritzen
Platz ...221

Melkmaschinen
Westfalia ...222

Heute wie damals...

Auch wenn sich in Landwirtschaft und Landtechnik ein grundlegender Wandel vollzogen hat, die Verkaufsargumente sind gleich geblieben: Sichere Ersatzteilversorgung, schnelle und zuverlässige Auftragsabwicklung und gut geschulter Kundendienst.

Reichsortiert und gut eingerichtet ist das Ersatzteillager und bietet Gewähr, daß für Sie und Ihre Kunden auch wirklich alle Ersatzteile griffbereit sind.

Zuverlässig und schnell werden Ihre Aufträge abgewickelt. Die übersichtliche Kartierung und eingearbeitete Fachkräfte stehen ganz zu Ihren Diensten.

Die Fotos entstanden Anfang der 60er Jahre in der Landmaschinengroßhandlung Rau o.H.G., Kirchheim/Teck (Württemberg)

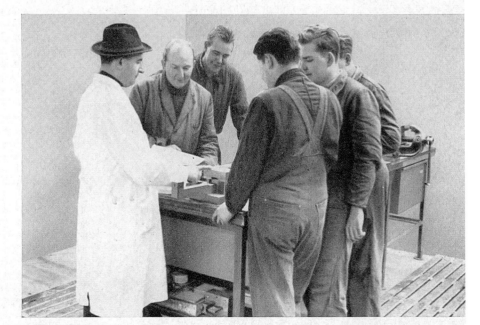

Immer auf dem laufenden sind die Monteure, die sich zur Weiterbildung unter anerkannter Leitung bei uns einfinden.

kraftvoll

zäh

*leistungs-
stark*

sparsam

und

preiswert

*E*r ist der kleine Schlepper der bekannten EICHER-Baureihe und ein vorzüglicher Allesschaffer für den kleineren Bauernhof. Besonders durch seine fortschrittliche Mähwerkskonstruktion eignet er sich jedoch genau so gut als Schnellmäher und Zweitschlepper für größere Betriebe. Sein robuster, luftgekühlter EICHER-Motor weist beachtliche Kraftreserven auf. So kann der EICHER-LEOPARD in vorbildlicher Weise alle Ansprüche erfüllen, die der Bauer von einem Schlepper dieser Größenklasse verlangt.

NACH DEN
NEUESTEN VORSCHRIFTEN
DER STRASSENVERKEHRS-
ZULASSUNGSORDNUNG

**Mit
luftgekühltem
EICHER-Motor

981 ccm**

Eicher-Leopard

Die betriebswirtschaftlichen Verhältnisse sind vielfach im kleineren Bauernhof besonders schwierig, weil enge, nicht erweiterungsfähige Hofanlagen eine Mechanisierung erschweren oder starke Parzellierung den Maschineneinsatz behindert. Dort sind auch die Anforderungen, die an einen Schlepper gestellt werden, überaus vielseitig und umfangreich, da sich die Arbeit nicht auf mehrere Maschinen verteilt, sondern der eine Schlepper praktisch alles tun muß. Der kleine Betrieb wird außerdem weit mehr mit dem Anschaffungskapital belastet als der größere. Er braucht deshalb einen Schlepper, der speziell auf seine Belange abgestimmt ist, der hundertprozentig in seinen Hof hineinpaßt, der robust gebaut ist und wenig Reparaturen kennt, und der auch im Unterhalt und im Kraftstoffverbrauch auf die Kasse Rücksicht nimmt.

Ein robuster, unkomplizierter Motor ist das starke Herz des EICHER-LEOPARD. Er hat einen Zylinderinhalt von annähernd 1 Liter und ein ganz besonders günstiges Drehmoment. Dadurch besitzt der EICHER-Motor echte Kraftreserven und kann auch schon im niedrigen Drehzahlbereich erstaunliche Leistungen vollbringen. Seine Luftkühlung ist ausgesprochen „kühlsicher" und bedarf keiner nennenswerten Wartung und Pflege. Die Batterie ist leicht zugänglich vor dem Motor unter der Haube angebracht. Die sicher arbeitende EICHER-Hydraulikpumpe wird kupplungsunabhängig vom Motor angetrieben.

Die Armaturenanlage des EICHER-LEOPARD ist in ihrer formschönen und eleganten Anordnung eine Freude für jedes Auge. Übersichtlich und zweckmäßig sind Betriebsstundenzähler, Fernthermometer und Zeituhr eingebaut. Dazu kommen Kontrollampen für Öldruck und Lichtmaschinenfunktion, Anlaßknopf und Schaltschloß. Eine besondere Überraschung für jeden Schlepperfahrer sind Zigarrenanzünder und Armaturenbrettbeleuchtung. — Die übrigen Bedienungseinrichtungen, wie Hand- und Fußgas, Kupplungs- und Bremspedale, Schalthebel und Differentialsperre liegen im bequemsten Arm- und Beinbereich des Fahrers. Eine gesunde Körperhaltung und ermüdungsfreies Fahren werden durch den anatomisch richtig angeordneten, gut gefederten Sitz und durch bequeme Fuß-Abstellbleche gewährleistet. Alles in allem: Auch für den Fahrkomfort wurde für einen Schlepper dieser Klasse viel getan.

Bequem ist der Schlepper von der Seite her zu besteigen, und ebenso leicht ist durch den übersichtlichen Fahrerstand das Fahren dieser wendigen Maschine. Ein geräumiger Werkzeugkasten unter dem Tank ermöglicht die Mitnahme aller erforderlichen Werkzeuge.

Das Getriebe mit 6 Vorwärts- und 2 Rückwärtsgängen ist als Gruppenschaltgetriebe ausgebildet. Der 1. Vorwärtsgang ist als vollbelastbarer Kriechgang für schweren Zug verwendbar.

Der EICHER-LEOPARD kann als Zusatzausrüstung mit einem preiswerten Frontlader Größe I mit den verschiedensten Arbeitswerkzeugen geliefert werden. Besonders im Kleinbetrieb, wo die meisten Ladearbeiten noch von Hand ausgeführt werden, bringt der Frontlader große Arbeitserleichterungen. Ein solides Fahrerhaus schützt den Schlepperfahrer vor den Unbilden der schlechten Witterung.

Besonders im Kleinbetrieb wird der LEOPARD noch häufig ohne Kraftheber verlangt. Er kann deshalb auch mit einer festen Ackerschiene geliefert werden. Zum leichteren Besteigen des Schleppers und als kleine Ladefläche, z. B. für Milchkannen, gibt es noch eine große Plattform.

Ein kräftiger, fahrunabhängig arbeitender Dreipunkt-Kraftheber macht die Arbeit mit schweren Anbaugeräten kinderleicht. Seine Hubkraft beträgt an der Ackerschiene 560 kg. Die Hubspindeln können mit Hilfe von Handkurbeln direkt vom Schleppersitz aus verstellt werden.

Der Mähwerksantrieb erfolgt kupplungsunabhängig direkt vom Motor. Bei Aushub des Mähbalkens über die Schwadstellung schaltet der Antrieb automatisch aus. Zum Abbau wird nur die Teleskop-Welle vom Antrieb abgezogen.

LUFTGEKÜHLT

Der EICHER-LEOPARD wurde speziell für den kleineren landwirtschaftlichen Betrieb konstruiert und erprobt. Er bringt deshalb alle die Voraussetzungen mit sich, die der Bauer von einem Schlepper dieser Größenklasse zu Recht verlangen und erwarten kann. — Der Motor gilt als das Herz des Schleppers und ist einer seiner wichtigsten und am stärksten beanspruchten Bestandteile. Bewußt bauten deshalb die EICHER-Konstrukteure für den LEOPARD einen Motor, der einfach im Aufbau, robust und stabil in seiner Ausführung, anspruchslos in Wartung und Pflege und sparsam im Kraftstoffverbrauch ist. Doch auch Fahrgestell und Getriebe sind nicht zu kurz gekommen: Der EICHER-LEOPARD ist wendig und flink, und die Getriebeabstufung mit 6 Vorwärts- und 2 Rückwärtsgängen wird allen Anforderungen der verschiedenen Arbeiten an die günstigste Geschwindigkeit gerecht. Ein leistungsstarker Kraftheber, der dem Fahrer die schwere Arbeit des Geräteaushebens abnimmt, und die vielen Geräteanschlußmöglichkeiten vorne, in der Mitte und hinten, machen diesen Schlepper zur vielseitigen Arbeitsmaschine. Auch die vielen kleinen „Selbstverständlichkeiten", die vor allem der Bequemlichkeit dienen, sollen nicht vergessen sein, da durch sie der tägliche Umgang mit diesem treuen Helfer zu einer angenehmen Tätigkeit wird.

Ein modernes und doch zeitloses Gesicht zeigt der EICHER-LEOPARD. Die harmonische und geschmackvolle Linienführung der Schlepperverkleidung läßt jeden Besitzer mit Stolz auf seine Maschine blicken. Ein Schlepper, der auch nach Jahren noch modern ist, ist eine gute Kapitalsanlage, da sein Wert weit länger besteht.

Gerade der kleinere landwirtschaftliche Betrieb, für den der EICHER-LEOPARD vor allem gedacht ist, leidet oft unter engen und winkligen Hofanlagen. Deshalb wurde dieser Schlepper mit einer besonders leichtgängigen Einzelradlenkung, die einen sehr kleinen Wendekreis zuläßt, ausgerüstet. So kann man auch unter schwierigen Voraussetzungen ohne große Rangiermanöver schnell wenden. Die doppelblattgefederte Vorderachse schützt die Maschine vor allzu harten Stößen beim Befahren schlechter Wege und erhöht dadurch ihre Lebensdauer.

Eine der interessantesten Konstruktionen seit langen Jahren ist das EICHER-Mähwerk. Der nach der Seite verlagerte, unabhängige Mähantrieb ermöglicht die Verwendung einer besonders langen, flachliegenden Kurbelstange. Dadurch wird die außerordentlich hohe Schnitt- und Fahrgeschwindigkeit erreicht. Der EICHER-LEOPARD ist ein ausgesprochener „Schnellmäher", was ihn besonders auch dem größeren Betrieb als reinen Mähschlepper nahebringt. Das Mähwerk des EICHER-LEOPARD wird wahlweise mit Handaushebung oder mit hydraulischem Aufzug geliefert. Aufgrund des besonderen Schnellwechselsystems läßt es sich samt Kurbelstange als Ganzes mit wenigen Handgriffen und ohne jedes Werkzeug von einem Mann in ca. 1 Minute ein- oder ausbauen, so daß man nicht mehr gezwungen ist, das Mähwerk ständig am Schlepper zu belassen.

Durch die große Boden- und Bauchfreiheit und die schlanke Bauweise, sowie durch die Möglichkeit eines schnellen Mähwerk-An- und Abbaues ist der EICHER-LEOPARD auch für den Anbau von Zwischenachsgeräten geeignet. So kann er als Normal- und Tragschlepper seine vielseitige Verwendbarkeit jeden Tag aufs Neue unter Beweis stellen.

9

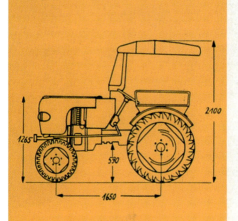
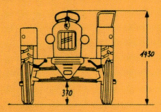
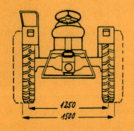
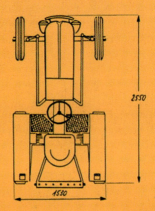

Maße und Gewichte:
(mit Kraftheber und Bereifung 8-28)

Gesamtlänge	2546 mm
Breite bei Normalspur	1524 mm
Höhe bis Lenkrad	1424 mm
Höhe bis Motorhaube	1265 mm
Höhe mit Fahrerhaus	ca. 2100 mm
Radstand	1650 mm
Bodenfreiheit	367 mm
Spurweite	1250 mm
verstellbar auf	1500 mm
Eigengewicht	1054 kg
Zul. Gesamtgewicht	1400 kg

EF-S 136 IX. 61 250

TECHNISCHE EINZELHEITEN DES

Eicher-Leopard

Gesamtaufbau: Blockbauweise mit niedriger Schwerpunktlage bei hoher Bodenfreiheit und äußerst günstigem Eigengewicht (ca. 925 kg). Durch den großen Freiraum zwischen den Achsen (590 mm) ist auch der Einbau von Zwischenachsgeräten möglich.

Motor: Luftgekühlter EICHER-Diesel-Motor, 1 Zylinder, Viertakt, Dauerleistung 15 PS bei 2000 U/min, Hub 125 mm, Bohrung 100 mm, Hubraum 981 ccm.
BESONDERE MERKMALE: Ausgeglichener, ruhiger Lauf, gutes Start- und Beschleunigungsvermögen, besonders günstiger Drehmomentverlauf und der bei EICHER-Schleppern gewohnt günstige Kraftstoffverbrauch infolge der bewährten EICHER-Direkteinspritzung.

Kupplung: Einscheiben-Trockenkupplung.

Getriebe: Leicht bedienbares Zahnrad-Wechselgetriebe mit 6 Vorwärts- und 2 Rückwärtsgängen in Gruppeneinteilung. 1. Gang als Kriechgang und für schweren Zug verwendbar.

Geschwindigkeiten: (bei 2000 U/min. des Motors und Bereifung 8-28)
- 1. Gang 1,8 km/h   4. Gang 7,3 km/h
- 2. Gang 2,9 km/h   5. Gang 11,8 km/h
- 3. Gang 4,9 km/h   6. Gang 20,0 km/h
- 1. Rw.-Gang 1,3 km/h   2. Rw.-Gang 5,1 km/h
- 1. Gang bei reduzierter Drehzahl ca. 800 m/h

Differentialsperre: Betätigung durch Hand.

Bremsen: Fahrbremse, Einzelradlenkbremsen, Getriebehandbremse.

Zapfwelle: Nach DIN 9611/Form A schaltbar als Getriebezapfwelle mit 540 U/min und als Wegzapfwelle mit wegabhängiger Drehzahl, benutzbar in allen Gängen.

Riemenantrieb: Mit durchgehender Zapfwelle auf Normzapfwelle aufsteckbar.

Kraftheber: EICHER-Kraftheber mit fahrunabhängigem Antrieb der Hydraulikpumpe vom Motor aus. — Leistung: ca. 560 kg Hubkraft an der Ackerschiene.

Anhängekupplungen: Den Vorschriften StVZO entsprechend.
Vorn: Starr / Hinten: Höhenverstellbar und drehbar.

Lenkung: Leichtgängige ZF-Einzelrad-Lenkung mit kleinem Wendekreis.

Vorderachse: Doppelt gefederte Pendelachse mit großem Pendelweg.

Hinterachse: Portalachse.

Bereifung: Vorn: 4,00-16 AS Front / Hinten: 8-24 AS
oder vorn: 4,50-16 AS Front / hinten 7-30, 8-28, 9-24 AS.

Spurweite: Normal 1,25 m, verstellbar auf 1,50 m.

Elektrische Anlage: Komplette 12-Volt-Anlage mit Anlasser, Lichtmaschine, Scheinwerfern, Begrenzungs- und Rückleuchten, Blinkanlage, Anhänger-Steckdose und großdimensionierter Batterie.

Treibstofftank: Leicht zugänglicher Behälter mit großer Einfüll-Öffnung und 30 l Fassungsvermögen. Kraftstoffvorrat ausreichend für durchschnittlich 30 Betriebsstunden.

Das Mähwerk wird vom Motor aus fahrunabhängig angetrieben; in Verbindung mit der flach arbeitenden Kurbelstange ist dadurch eine außerordentliche Leistungsfähigkeit gegeben. Das Ausheben des Mähbalkens erfolgt von Hand oder vom Kraftheber aus. Das gesamte Mähwerk kann, besonders bei Verwendung des hydraulischen Aufzuges, mit wenigen Handgriffen rasch und leicht ein- und ausgebaut werden.

Frontlader: Für die vielen Ladearbeiten auf dem Hof kann der EICHER-LEOPARD mit einem Baas-Frontlader der Größe I ausgerüstet werden.

Sämtliche Angaben und Abbildungen gewissenhaft, jedoch unverbindlich. Änderungen vorbehalten.

Gebr. Eicher
TRAKTOREN- UND LANDMASCHINEN-WERKE
Werk FORSTERN/Obb.

Überreicht durch:

kraftvoll

zäh

*leistungs-
stark*

rasant

sparsam

und

preiswert

Eicher Panther

ÜBERALL FEST ZUZUPACKEN versteht der EICHER-PANTHER. Wo immer ihn der Landwirt einsetzt: er wird sich als leistungsfähiger und kräftiger Schlepper der Mittelklasse erweisen. Durch seine echten Kraftreserven und seine Robustheit zeigt er seinem Besitzer neue Wege moderner Landbewirtschaftung, auf die der Landwirt heute nicht mehr verzichten kann. Die bereits zum festen Begriff gewordene Unverwüstlichkeit aller EICHER-Erzeugnisse ist auch sein besonderes Merkmal. Der Fahrkomfort dieses EICHER-Schleppers geht weit über den Durchschnitt hinaus. Die technische Zuverlässigkeit des EICHER-PANTHER und die formschöne Linienführung gibt jedem Besitzer Sicherheit für die Zukunft und macht diesen Schlepper zu einer Maschine, die von der Praxis begeistert aufgenommen wird.

NACH DEN NEUESTEN VORSCHRIFTEN DER STRASSENVERKEHRS-ZULASSUNGSORDNUNG AUSGERÜSTET

Mit spezial-luftgekühltem 2 Zyl. EICHER-Motor 1700 ccm

Eicher-Panther

Die Praxis verlangt viel von einem Schlepper dieser Klasse. Die EICHER-Konstrukteure, die diesen EICHER-Typ geschaffen haben, wußten, daß die Anforderungen des Mittelbetriebes - und dafür ist der EICHER-PANTHER in der Hauptsache konstruiert worden - an einen Schlepper vielfältig sind, wie die Praxis dieser Betriebe selbst. Der Schlepper muß praktisch überall mit anpacken können, auch bei schwerster Arbeit. Dabei muß er ausdauernd sein, wirtschaftlich und zweckmäßig im Einsatz, denn gerade diese Betriebe müssen mit dem Rechenstift arbeiten, d. h. wirtschaftliche Überlegungen anstellen. Nicht zu kurz kommen darf der Fahrkomfort des Schleppers der Mittelklasse. Ist er doch ein Arbeitsgerät, mit dem der Landwirt verwachsen und auf das er immer wieder angewiesen ist. Deshalb muß die Arbeit mit ihm nicht nur besser, sondern auch leichter und bequemer werden! Im EICHER-PANTHER findet der Landwirt einen Schlepper, der, aus der bäuerlichen Praxis heraus konstruiert, allen Anforderungen in höchstem Maße gerecht wird.

Ein gesundes, unkompliziertes und kräftiges Herz schlägt unter der Haube des EICHER-PANTHER: der speziallluftgekühlte 2-Zylinder-EICHER-Motor. Ungewöhnlich zügig und stark - man merkt es besonders beim rasanten Anzug und bei schweren Arbeiten -, dabei aber elastisch und ausdauernd, ist dieser Motor. Tausende von Landwirten wissen von den besonderen Eigenschaften der EICHER-Motoren, wie Sparsamkeit, Robustheit und Leistungsstärke. Besonderheiten, die auch den EICHER-PANTHER-Motor durch Wirtschaftlichkeit auszeichnen.

Ein elegantes und übersichtliches Armaturenbrett erfreut den Schlepperfahrer. Mit einem Blick sind Betriebsstundenzähler, Fernthermometer, Öldruckkontrolle und Zeituhr zu übersehen. Das Armaturenbrett kann beleuchtet werden und besitzt - als Besonderheit - für den Fahrer einen Zigarrenanzünder. Selbstverständlich besitzt der PANTHER die elektrischen Einrichtungen für Blinklichter, wie sie die neue Zulassungsordnung vorschreibt. Der Blinkgeber befindet sich an der Lenksäule und gleichzeitig Kontrollampen für die richtige Funktion der Leuchten an Schlepper und 2 Anhängern. Betont werden muß die einwandfreie, leichte Bedienung des PANTHER. Besonders das Schalten macht keinerlei Mühe: sozusagen mit einem Finger werden die Gänge eingelegt.

Übersichtlich liegen alle Bedienungshebel im günstigsten Arm- und Fußbereich des Fahrers; sie sind auch von jüngeren Leuten und Frauen spielend leicht zu bedienen und erfordern wenig Kraft. Der EICHER-PANTHER besitzt 6 gut abgestufte Vorwärtsgänge und 1 Rückwärtsgang. Der 1. Gang ist hierbei als vollbelastbarer Kriechgang ausgebildet. Für jede Arbeit und bei jeder Gelegenheit die passende Geschwindigkeit - das ist ein weiteres Plus des PANTHER.

Den EICHER-PANTHER gibt es auch mit einem preiswerten Frontlader Größe II mit sämtlichen Frontladerarbeitswerkzeugen. Durch ihn wird der PANTHER zur universellen Hof- und Lademaschine. Um den Schlepperfahrer vor der schlechten Witterung zu schützen, empfiehlt sich die Anschaffung mit Fahrerhaus.

Geräte-Bedienung ohne Kraftaufwand durch den hydraulischen EICHER-Dreipunkt-Kraftheber. Unabhängig vom Ein- und Auskuppeln bewältigt die Hydraulik (Hubkraft 625 kg) schwerste Hebearbeit. Die Verstellung der Hubarme erfolgt spielend durch eine aufsteckbare Handkurbel.

Das Kraftheber-Steuergerät besitzt eine automatische Endausschaltung. Durch den verstellbaren Anschlagknopf wird der Hubvorgang des Kraftheber in der gewünschten Höhe ausgeschaltet und in der Tragstellung festgehalten.

Bei schweren Frontladerarbeiten und beim Einsatz des Frontkrafthebers empfiehlt sich die Verwendung der Vorderachsverstärkung. Die Schiene kann ohne jedes Werkzeug rasch und mühelos in die Achse ein- und ausgebaut werden.

spezial-luftgekühlt

Der EICHER-PANTHER ist ein Schlepper, der bei jedem Landwirt nur vollkommene Zufriedenheit auslösen kann. Seine landtechnisch überzeugende Konstruktion, die ihm eigenen, überdurchschnittlichen Kräfte, sein harmonisches und modernes Äußere und der Qualitätsbegriff „EICHER" geben seinem Besitzer ein tief fundiertes Gefühl der Sicherheit und des Vertrauens, ja erfüllen ihn mit Stolz, eine so vorzügliche Maschine zu fahren.

Die langgestreckte Bauweise erlaubt eine optimale Gewichtsverlagerung, so daß mit dem PANTHER enorme Zugleistungen vollbracht werden können. Gleichzeitig ist der PANTHER jedoch auch ideal für die Hackfruchtpflege einzusetzen. Besonders hohe Bodenfreiheit ermöglicht eine Pflege auch noch in hochstehenden Beständen ohne Beschädigung der Pflanzen. Trotzdem ist der Schwerpunkt der Maschine tief und die Kippgefahr an Hängen äußerst gering.

Die bäuerliche Praxis hat für den EICHER-PANTHER ein gutes Urteil gesprochen. Dies ist auch nicht verwunderlich, denn schon immer war das erste Prinzip der EICHER-Werke: aus der Praxis - für die Praxis! Und dieses Prinzip wurde wieder einmal in der Konstruktion des EICHER-PANTHER bestätigt, einer Maschine, die bis ins kleinste Detail ausgereift von EICHER mit gutem Gewissen den harten Einsatzbedingungen der Landwirtschaft angeboten wird.

Der EICHER-PANTHER zeigt ein harmonisches Gesicht und eine formvollendete Linienführung. Modern in seiner Form - und doch solide im Geschmack - wurde die landtechnische Zweckmäßigkeit bei der Konstruktion nicht vergessen. Die hohe Bodenfreiheit macht ihn bestens zur Hackfruchtpflege geeignet und die hohe Bauchfreiheit ermöglicht auch den Einbau von Zwischenachsgeräten. Die vorzügliche Doppelblatt-Vorderachsfeder gewährleistet eine echte Durchfederung und schützt Maschine und Fahrer vor allzu großen Erschütterungen. Auch die Lenkung ist äußerst leichtgängig zu bedienen und der kleine Wendekreis ermöglicht ein flottes Arbeiten auch in räumlich beengten Verhältnissen, wie z. B. in engen Hofanlagen. Beim Besteigen des Schleppers braucht der Fahrer keine Kletterpartien durchzuführen. Der Schlepper ist überall leicht zugänglich und nichts an ihm ist verbaut.

Ein Trumpf des EICHER-PANTHER ist sein Mähwerk. Man kann mit ihm mit hoher Stundengeschwindigkeit mähen. Der nach der Seite verlagerte Mähantrieb erlaubt die Verwendung einer besonders langen, flachliegenden Kurbelstange, wodurch die außerordentlich hohe Schnitt- und damit Fahrgeschwindigkeit erreicht wird. Sehr einfach ist der An- oder Abbau des gesamten Mähwerks. Ein Mann schafft es bequem in 2-3 Minuten, und nur wenige Handgriffe sind dazu erforderlich. Infolge dieser praktischen Einrichtung braucht man das Mähwerk nur noch zur Arbeit am Schlepper belassen.

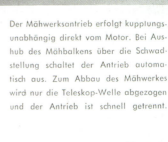

Der Mähwerksantrieb erfolgt kupplungsunabhängig direkt vom Motor. Bei Aushub des Mähbalkens über die Schwadstellung schaltet der Antrieb automatisch aus. Zum Abbau des Mähwerkes wird nur die Teleskop-Welle abgezogen und der Antrieb ist schnell getrennt.

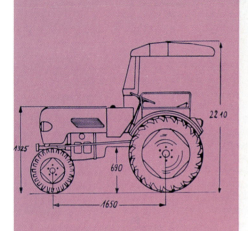
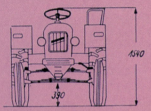
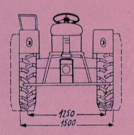
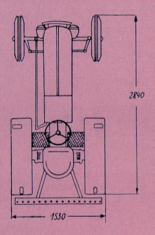

Maße und Gewichte:
(mit Kraftheber und Bereifung 10-28)

Gesamtlänge	2840 mm
Breite bei Normalspur	1530 mm
Höhe bis Lenkrad	1540 mm
Höhe bis Motorhaube	1325 mm
Höhe mit Fahrerhaus	2210 mm
Radstand	1850 mm
Bodenfreiheit	390 mm
Spurweite	1250 mm
verstellbar auf	1500 mm
Eigengewicht	ca. 1400 kg
Zul. Gesamtgewicht	2000 kg

EF-S 137 11. 61 200

TECHNISCHE EINZELHEITEN DES
Eicher-Panther

Gesamtaufbau: Blockbauweise mit tiefer Schwerpunktlage bei hoher Bodenfreiheit und äußerst günstigem Eigengewicht (in Grundausrüstung ca. 1360 kg).

Motor: Spezialluftgekühlter EICHER-Diesel-Motor, 2 Zylinder, Viertakt, Dauerleistung 22 PS bei 2000 U/min, Hub 120 mm, Bohrung 95 mm, Hubraum 1700 ccm.

BESONDERE MERKMALE: Ausgeglichener, ruhiger Lauf, rasantes Beschleunigungsvermögen, besonders günstiger Drehmomentverlauf, große Startfreudigkeit und der bei EICHER-Schleppern gewohnt günstige Kraftstoffverbrauch infolge der bewährten EICHER-Direkteinspritzung.

Kupplung: Einscheiben-Trockenkupplung.

Getriebe: Leicht bedienbares Zahnrad-Wechselgetriebe mit 6 Vorwärtsgängen und 1 Rückwärtsgang. 1. Gang als Kriechgang und für schweren Zug verwendbar.

Geschwindigkeiten: (bei 2000 U/min. des Motors und Bereifung 10-28)

1. Gang	1,5 km/h	5. Gang	11,7 km/h
2. Gang	3,2 km/h	6. Gang	20,0 km/h
3. Gang	5,6 km/h		
4. Gang	7,5 km/h	Rw.-Gang	5,5 km/h

1. Gang bei reduzierter Drehzahl ca. 700 m/h

Differentialsperre: Betätigung durch Hand.

Bremsen: Fahrbremse, Einzelradlenkbremsen, Getriebehandbremse.

Zapfwelle: Getriebezapfwelle nach DIN 9611/Form A mit 590 U/min.

Riemenantrieb: Mit durchgehender Zapfwelle, auf Normzapfwelle aufsteckbar.

Kraftheber: EICHER-Kraftheber mit fahrunabhängigem Antrieb der Hydraulikpumpe vom Motor aus. — Leistung: ca. 625 kg Hubkraft an der Ackerschiene.

Anhängekupplungen: Den Vorschriften der StVZO entsprechend.
Vorn: Starr / Hinten: Höhenverstellbar und drehbar.

Lenkung: Leichtgängige ZF-Einfinger-Lenkung mit kleinem Wendekreis.

Vorderachse: Doppelt gefederte Pendelachse mit großem Pendelweg.

Hinterachse: Portalachse.

Bereifung: Vorn: 5,50-16 AS Front / Hinten 8-32 oder 10-28 AS
Vorn: 5,00-16 AS Front / Hinten: 10-24 AS

Spurweite: Normal 1,25 m, verstellbar auf 1,50 m.

Elektrische Anlage: Komplette 12-Volt-Anlage mit Anlasser, Lichtmaschine, Scheinwerfern mit Fern- und Abblendlicht, Begrenzungs-, Brems- und Rückleuchten, Blinkanlage, Anhänger-Steckdose und großdimensionierter Batterie.

Treibstofftank: Leicht zugänglicher Behälter mit großer Einfüll-Öffnung und 38 l Fassungsvermögen. Kraftstoffvorrat ausreichend für durchschnittlich 27 Betriebsstunden.

Das Mähwerk wird vom Motor aus fahrunabhängig angetrieben; in Verbindung mit der flach arbeitenden Kurbelstange ist dadurch eine außerordentliche Leistungsfähigkeit gegeben. Das Ausheben des Mähbalkens erfolgt von Hand oder vom Kraftheber aus. Das gesamte Mähwerk kann, besonders bei Verwendung des hydraulischen Aufzuges, mit wenigen Handgriffen rasch und leicht ein- und ausgebaut werden.

Frontlader: Für die vielen Ladearbeiten auf dem Hof kann der EICHER-PANTHER mit einem Baas-Frontlader der Größe II ausgerüstet werden.

Sämtliche Angaben und Abbildungen gewissenhaft, jedoch unverbindlich. Änderungen vorbehalten.

Gebr. Eicher

TRAKTOREN- UND LANDMASCHINEN-WERKE
Werk FORSTERN/Obb.

Überreicht durch:

kraftvoll
zäh
leistungs-
stark
rasant
sparsam
und
preiswert

DIE PRAXIS SPRICHT über den EICHER-TIGER, und wer ihn fährt, wird bewundert. Denn hier präsentiert sich ein Schlepper der Mittelklasse, der in seiner landtechnischen Auslegung, seinem hohen Komfort und seiner zeitlosen, eleganten Formgebung geradezu als revolutionierend bezeichnet werden muß. In ihm sind die neuesten landtechnischen Erkenntnisse ideal bis aufs kleinste Detail ausgeprägt; sie gestatten die absolute universelle Verwendbarkeit dieses richtungsweisenden Standardtyps der Mittelklasse, der sowohl für leichte Arbeiten wie Bestellung und Pflege, als auch für schwere Zug- und Dauerleistung einzusetzen ist.

NACH DEN
NEUESTEN VORSCHRIFTEN
DER STRASSENVERKEHRS-
ZULASSUNGSORDNUNG
AUSGERÜSTET

Mit
spezial-luftgekühltem
2 Zyl. EICHER-Motor
1963 ccm

Eicher-Tiger

Mit diesem luftgekühlten Diesel-Schlepper ist EICHER ein großer Wurf gelungen. Man kann mit Recht sagen: Ein Schlepper, der so richtig für die landwirtschaftliche Praxis geschaffen ist.

Tausende zufriedener TIGER-Besitzer bestätigen es begeistert: Ein vielseitig einsetzbarer, unermüdlicher Helfer mit denkbar geringen Ansprüchen an Wartung und Unterhalt. Eine Maschine, die unentbehrlich ist und täglich neue Freude bereitet, und die wiederum die Richtigkeit des EICHER-Prinzips, nur ausgereifte, solide Konstruktion auf den Markt zu bringen, voll bestätigt.

Der 2-Zylinder-EICHER-Motor ist in seiner Konstruktion unkompliziert und in robuster und stabiler Bauweise gefertigt. Er ist bei größter Laufruhe enorm elastisch und zugleich verblüffend rasant, besitzt also sowohl ein hervorragendes Anzugs- und Beschleunigungsvermögen, als auch eine erstaunliche Durchstehkraft bei schwerster Belastung. Mit seinen großvolumigen Zylindereinheiten bietet dieser Motor die Gewähr für echte Kraftreserven und, dank der einwandfreien Verbrennung, für den bei EICHER bekannt sparsamen Kraftstoffverbrauch.

Alle Bedienungseinrichtungen, wie Handgas am Lenkrad mit Einstellskala, Fußgas, Kupplungs- und Bremspedale, Handbremse und Schaltungen liegen im bequemsten Arm- und Fußbereich des Fahrers.

Das Wechselgetriebe mit Gruppenschaltung besitzt eine patentierte, besonders leichtgängige Schaltung, so daß sich sämtliche 12 Gänge des Schleppers auch von ungeübten Fahrern spielend schalten lassen. Die Gruppenschaltung ist unterteilt in 4 Ackergänge, 4 Straßengänge und 4 Rückwärtsgänge. Der 1. Ackergang findet als vollbelastbarer Kriechgang Verwendung.

Durch die vorbildliche Getriebebauart ergeben sich speziell beim Frontladereinsatz günstigste Betriebsbedingungen, da mit einer kurzen Schalthebelbewegung mit hoher Geschwindigkeit vor- und rückwärts gefahren werden kann.

Ein Armaturenbrett mit Schick kann man diese gefällige Anordnung der Instrumente nennen. In übersichtlicher Weise sind Betriebsstundenzähler, Fernthermometer und Zeituhr angebracht. Dazu kommen Lade- und Öldruck-Kontrollampen, Zündschloß, Anlasserknopf, Steckdose für Handlampe, Armaturenbeleuchtung und für den anspruchsvollen EICHER-Fahrer ein Zigarettenanzünder. Der Blinkschalter mit den Kontrollampen ist an der Lenksäule angebracht.

Bild rechts: Mit dem Frontlader wird der EICHER-TIGER zur universellen Hofmaschine. Man kann mit ihm Stall ausmisten, Mist und Kompost laden, Kartoffeln und Rüben, Grünfutter und Heu laden, Erde, Sand und Kies schaufeln und noch vieles mehr. Das solide Fahrerhaus schützt den Fahrer bei schlechter Witterung oder bei zu starker Sonne.

Die fahrunabhängig angetriebene, abschaltbare schlauchlose Blockhydraulik hat eine Hubleistung von 750 mkg; das entspricht einer Hubkraft von ca. 850 kg an der Ackerschiene. Die Hubspindel-Verstellung erfolgt durch eine Handkurbel.

Der TIGER-Kraftheber ist serienmäßig mit Raddruckverstärker zur Erhöhung der Zugkraft und mit Doppelsteuergerät zum Anschluß und zur unabhängigen Bedienung von Frontlader, Frontkraftheber oder hydraulischem Mähaufzug ausgerüstet.

Bei schweren Frontladerarbeiten und beim Einsatz des Frontkrafthebers empfiehlt sich die Verwendung der Vorderachsverstärkung. Die Schiene kann ohne jedes Werkzeug rasch und mühelos ein- oder ausgebaut werden.

spezial-luftgekühlt

Die vielseitigen Arbeitsgebiete in der Landwirtschaft erfordern heute von einem Schlepper universelle Verwendbarkeit, zumal bei einer sinnvollen Mechanisierung des Betriebes auf die Weiterverwendung von Zugtieren nach Möglichkeit verzichtet werden sollte.

Der Schlepper muß deshalb in seiner Konstruktion so ausgelegt sein, daß er sich sowohl für leichtere Arbeiten, wie Bestellung und Pflege, als auch für schwere Zugleistung eignet. Der EICHER-TIGER ist deshalb der ideal geeignete Schlepper für den mittleren landwirtschaftlichen Betrieb, erfüllt er doch alle diese Voraussetzungen in vorbildlicher Weise. In ihm sind die neuesten Erkenntnisse landtechnischer Praxiserprobung und Forschung mit einer zeitlosmodern und überaus gediegenen Formgebung vereinigt. Also ein Schlepper, der schon rein äußerlich beim Betrachter Freude hervorruft. Doch die „inneren" Qualitäten des EICHER-TIGER schätzt der Kenner erst richtig. Was mit ihm an geballter Kraft und rasanter Leistung geboten wird, spricht wieder einmal mehr für die technische Leistungsfähigkeit des Hauses EICHER. Hier waren Konstrukteure am Werk, die die Anforderungen der Praxis an einen Schlepper kennen, und die sich bewußt danach richten, dem Bauern solche Maschinen zu liefern, die er braucht und mit denen er in höchstem Maße zufrieden sein kann.

Die Formgestaltung des EICHER-TIGERS ist modern, gefällig und zweckmäßig. Der Schlepper ist in Blockbauweise gefertigt und in seiner Gesamthöhe sehr niedrig gehalten. Die doppelblattgefederte Vorderachse gewährleistet eine echte Durchfederung und schützt Maschine und Fahrer vor allzu großen Erschütterungen bei der Fahrt im Acker oder auf schlechten Feldwegen.

Der EICHER-TIGER hat einen extrem tiefen Schwerpunkt und ist am Hang sehr kippsicher. Die Höhe des Lenkrades beträgt nur 142 cm. Trotzdem besitzt der EICHER-TIGER die enorme Bodenfreiheit von 34 cm, da keine Teile unter dem Schlepperbauch hervorstehen. Der Beifahrersitz ist als Sitzbank zwischen den Kotflügeln angebracht. Wird er nicht gebraucht, oder wird mit Anbaugeräten gearbeitet, wird er einfach hochgeklappt und hindert in keiner Weise.

Das Mähwerk zum EICHER-TIGER kann wahlweise mit hydraulischem oder handbetätigtem Aufzug geliefert werden. Besonders beim hydraulischen Aufzug sind An- und Abbau des Mähwerks einfach durchzuführen. Ein Mann kann in wenigen Minuten mühelos das gesamte Mähwerk anbringen oder entfernen. Mit dem EICHER-TIGER braucht der Landwirt nicht mehr sein Mähwerk dauernd mitzuschleppen, sondern baut es nur dann an, wenn er es benutzen will.

Durch die neue Gemmerlenkung ist der EICHER-TIGER besonders leichtgängig zu lenken und hat den äußerst geringen Wendekreis von nur 6,5 m. So ist auch das Fahren in engen Hofanlagen für diese wendige Maschine kein Problem.

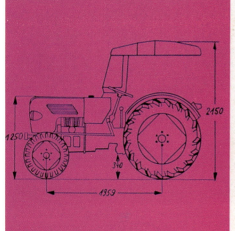
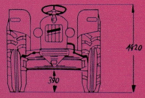
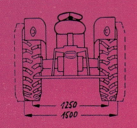
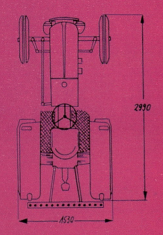

Maße und Gewichte:
(mit Kraftheber und Bereifung 9-32)

Gesamtlänge	2990 mm
Breite bei Normalspur	1530 mm
Höhe bis Lenkrad	1420 mm
Höhe bis Motorhaube	1250 mm
Höhe mit Fahrerhaus	2250 mm
Radstand	1959 mm
Bodenfreiheit	340 mm
Spurweite	1250 mm
verstellbar auf	1500 mm
Eigengewicht	1525 kg
Zul. Gesamtgewicht	2290 kg
bei Gerätetransport	2500 kg

EF-S 138 11./61/200

TECHNISCHE EINZELHEITEN DES

Gesamtaufbau: Blockbauweise mit extrem tiefer Schwerpunktlage bei hoher Bodenfreiheit und äußerst günstigem Eigengewicht (in Grundausrüstung ca. 1500 kg).
Motor: Spezialluftgekühlter EICHER-Diesel-Motor, 2 Zylinder, Viertakt, Dauerleistung 28 PS bei 2000 U/min, Hub 125 mm, Bohrung 100 mm, Hubraum 1963 ccm.
BESONDERE MERKMALE: Ausgeglichener, ruhiger Lauf, rasantes Beschleunigungsvermögen, besonders günstiger Drehmomentverlauf, große Startfreudigkeit und gewohnt niedriger Kraftstoffverbrauch infolge der bewährten EICHER-Direkteinspritzung.
Kupplung: Doppelkupplung für fahrunabhängigen Zapfwellenbetrieb (Motorzapfwelle), Kupplungspedal zur Anpassung an verschieden große Fahrer stufenlos verstellbar.
Getriebe: Wechselgetriebe mit Gruppeneinteilung, durch Schaltbolzen besonders leicht bedienbar. 8 Vorwärts- und 4 Rückwärtsgänge, 1. Gang als Kriechgang voll belastbar; Gruppenschalthebel gewährleisten optimale Betriebsbedingungen, besonders für den Frontladereinsatz, weil mit einer kurzen Schalthebelbewegung mit hoher Geschwindigkeit vor- und rückwärts gefahren werden kann.

Geschwindigkeiten bei 2000 U/min des Motors und Bereifung 9-32:

1. Gang 1,2 km/h	5. Gang 4,4 km/h	1. R.-Gang 2,2 km/h
2. Gang 2,0 km/h	6. Gang 7,5 km/h	2. R.-Gang 3,7 km/h
3. Gang 3,4 km/h	7. Gang 12,4 km/h	3. R.-Gang 6,2 km/h
4. Gang 5,5 km/h	8. Gang 20,0 km/h	4. R.-Gang 10,0 km/h

Geschwindigkeit im 1. Gang bei reduzierter Drehzahl 550 m/h.
Differentialsperre: Betätigung durch Hand oder Fuß.
Bremsen: Fahrbremse, Einzelradlenkbremsen und Getriebehandbremse.
Zapfwellen: Nach DIN 9611/Form A benutzbar als Motorzapfwelle
  1. mit 558 U/min (= DIN-Drehzahl) bei voller Motorzapfwelle
  2. mit 558 U/min (= DIN-Drehzahl) bei halber Motordrehzahl
  3. mit 1116 U/min (geplante DIN-Drehzahl) bei voller Motordrehzahl
Mähantrieb: Serienmäßig eingebaut, vom Getriebe aus fahrunabhängig angetrieben und durch Rutschkupplung gesichert.
Riemenantrieb: Mit durchgehender Zapfwelle und 2 Riemengeschwindigkeiten, auf Normzapfwelle aufsteckbar.
Kraftheber: Schlauchlose Blockhydraulik mit eingebautem Druckzylinder und fahrunabhängigem, abschaltbarem Antrieb der Hydraulikpumpe vom Getriebe aus.
  Leistung: Hubleistung 750 mkg, Hubkraft an der Ackerschiene ca. 850 kg.
  Schaltung: Verstellbare automatische Endausschaltung des Bedienungshebels in beiden Richtungen. Serienmäßig ausgestattet mit Raddruckverstärker für die Arbeit mit schweren Dreipunkt-Geräten. Anschlußmöglichkeit für Frontlader, hydr. Mähaufzug und freie Arbeitszylinder (Kipper u. ä.) Unabhängige Bedienung durch serienmäßig eingebautes Doppelsteuergerät.
Geräteanbau:
  Vorn: An der Frontporta (Antrieb von der Kurbelwelle aus möglich).
  Hinten: Am genormten Dreipunktgestänge des Krafthebers (DIN 9674/Größe 1) oder an der Ackerschiene mit motor- oder wegabhängigem Antrieb von der Zapfwelle aus.
  Mitte: Mähwerk, Rüttelegge u. ä. mit fahrunabhängigem Antrieb vom Getriebe aus.
Anhängekupplungen: Entsprechend den Vorschriften der StVZO.
  Vorn: Starr; Hinten: Höhenverstellbar und drehbar.
Lenkung: Leichtgängige ZF-Gemmer-Lenkung mit kleinstem Wendekreis (Radius 3,35 m).
Vorderachse: Doppeltgefederte Pendelachse mit großem Pendelweg.
Hinterachse: In Flachbauweise mit Planetenuntersetzung.
Bereifung: Vorn: 5,50-16 oder 6,00-16 AS Front; hinten 8-32, 9-32, 10-28 oder 11-28 AS.
Spurweite: Normal 1,25 m, verstellbar auf 1,50 m.
Elektrische Anlagen: Komplette 12-Volt-Anlage mit Anlasser, Lichtmaschine, Scheinwerfern mit Fern- und Abblendlicht, Begrenzungs-, Brems- und Rückleuchten, Blinkanlage, Anhänger-Steckdose und großdimensionierter Batterie.
Treibstofftank: Leicht zugänglicher Behälter mit großer Einfüll-Öffnung und 38 l Fassungsvermögen; Kraftstoffvorrat ausreichend für durchschnittlich 20 Betriebsstunden.
Das Mähwerk ist durch den fahrunabhängigen Antrieb außerordentlich leistungsfähig. Das Ausheben des Mähbalkens erfolgt von Hand oder hydraulisch (bei Schleppern mit Kraftheber). Das gesamte Mähwerk kann, besonders bei Verwendung des hydraulischen Aufzuges, mit wenigen Handgriffen rasch und leicht ein- und ausgebaut werden.
Frontlader: Die Ausrüstung mit dem leistungsfähigen Baas-Frontlader der Größe II vervollkommnet den Schlepper zu einer vielseitig einsetzbaren und wirtschaftlichen Lademaschine.

Sämtliche Angaben und Abbildungen unverbindlich. Änderungen jederzeit vorbehalten.

Gebr. Eicher

TRAKTOREN- UND LANDMASCHINEN-WERKE
Werk FORSTERN/Obb.

Überreicht durch:

Eicher-Königstiger

Der KÖNIGSTIGER besitzt Eigenschaften, die ihn zum bevorzugten Schlepper des größeren landwirtschaftlichen Betriebes werden lassen. Mit seiner enormen Durchzugskraft und Dauerleistung eignet er sich besonders für die Arbeit mit allen Vollerntemaschinen, zum mehrscharigen Pflügen und für schwere Transporte. Die Stabilität und Robustheit machen ihn zum bestechenden Schlepper in seiner Klasse.

35 PS

Eicher-Königstiger

Revolutionierend in seiner landtechnischen Vollendung, sowie der modernen und doch zeitlosen Formgebung bietet der EICHER-KÖNIGSTIGER dem mittleren und größeren landwirtschaftlichen Betrieb die ideale Hilfe zur Bewältigung aller anfallenden Arbeiten. Durch seine vorzüglichen technischen Einrichtungen eignet er sich hervorragend für den Einsatz mit Mähdreschern, Feldhäckslern und anderen kraftaufwendigen Vollerntern. Er ist ein echtes und überzeugendes Beispiel für landtechnischen Fortschritt, hohe Wirtschaftlichkeit und sprichwörtliche Zuverlässigkeit — ein Schleppertyp unserer Zeit.

Der kraftvolle 3-Zylinder-Motor des EICHER-KÖNIGSTIGER mit rund 3 Liter Zylinderinhalt gewährleistet volle PS-Leistung mit echten Kraftreserven. Dieser EICHER-Motor ist in seiner Konstruktion unkompliziert und überall leicht zugänglich. Seine robuste und stabile Bauweise bürgt für eine lange Lebensdauer. Er ist bei größter Laufruhe enorm elastisch und zugleich unerhört rasant, besitzt also sowohl ein hervorragendes Anzugs- und Beschleunigungsvermögen, als auch eine erstaunliche Durchstehkraft bei schwerster Belastung im Dauereinsatz.

Der EICHER-KÖNIGSTIGER besitzt eine Speziallluftkühlung. Sie bietet große Vorteile, da jeder Zylinder sein eigenes Kühlluftgebläse hat. Dadurch wird jeder einzelne Zylinder gleichmäßig stark gekühlt, was den Motorenverschleiß beachtlich herabsetzt. So ist die Kühlung, ganz gleich ob im Winter oder im Sommer, immer einwandfrei gut.

Der bequeme, weich wirkende Schleppersitz mit verstellbarer Gummifederung hat angenehme Aufstiegsmöglichkeiten von den beiden Seiten und von hinten. Er liegt als Reitsitz angeordnet im bestgefederten Raum zwischen den Achsen.

Sofort ins Auge springt dem Beschauer das elegante und gefällig schöne Armaturenbrett des KÖNIGSTIGER. In übersichtlicher Weise sind alle Instrumente, wie Betriebsstundenzähler, Fernthermometer, Öldruckmesser und Zeituhr angeordnet. Dazwischen liegen Kontrolllampen, Zündschloß, Anlasserknopf und Steckdose für Handlampe und Kleinladegerät. Das Armaturenbrett kann nachts beleuchtet werden. Als besonderer Komfort ist sogar serienmäßig ein Zigarettenanzünder eingebaut. Auch die übrigen Bedienungseinrichtungen, wie Handgas am Lenkrad mit Einstellskala, Blinklichtschalter, Fußgas, Kupplungs- und Bremspedale, Handbremse und Schaltungen liegen im günstigsten und bequemsten Hand- und Fußbereich.

Besonders leichtgängig ist die patentierte Bolzenschaltung des Getriebes, so daß sich sämtliche 12 Gänge auch von ungeübten Fahrern und Fahrerinnen spielend leicht schalten lassen. Die Gruppenschaltung ist unterteilt in 4 Acker-, 4 Straßen- und 4 Rückwärtsgänge. Der 1. Ackergang ist als vollbelastbarer Kriechgang verwendbar. Seine Mindestgeschwindigkeit 550 m/h.

Mit der fahrunabhängig arbeitenden schlauchlosen Blockhydraulik ist es dem Fahrer ein leichtes, selbst schwere Anbaugeräte mühelos mit einem kleinen Fingerdruck auszuheben. Der Kraftheber hat an der Ackerschiene eine besonders starke Hubkraft von ca. 900 kg.

Der hydraulische Mähwerksaufzug bringt bei der Arbeit große Erleichterungen. Er beschleunigt gleichzeitig die Wendevorgänge an den Ecken. Die Schwadstellung wird mit einem Langlochbügel eingestellt. Das Mähwerk kann mit der Hydraulik mühelos bis zur vollen Höhe ausgehoben werden.

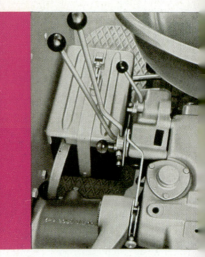

Der Kraftheber ist serienmäßig mit Druckverstärker zur Erhöhung der Zu... bei der Arbeit mit Anbaugeräten u... Doppelsteuergerät zum Anschluß ... unabhängigen Bedienung von Front... Frontkraftheber oder Mähaufzug ausge...

SPEZIALLUFTGEKÜHLT

Bedingt durch die immer mehr zum Einsatz kommenden Vollernteverfahren und den Feldhäcksler- und Miststreuerbetrieb ist in der deutschen Landwirtschaft der Zug zum stärkeren Schlepper seit einiger Zeit deutlich zu erkennen. Diese Schlepper sollen jedoch nicht nur die größere Leistung mit sich bringen, sondern auch alle diejenigen konstruktiven Bauelemente, die die Arbeit mit den angehängten oder angebauten Maschinen und Geräten erleichtern, beschleunigen und verbessern. Hierzu gehören in erster Linie Doppelkupplung, Motorzapfwelle, ein vielseitig verwendbares Hydrauliksystem und ein vielstufiges Getriebe mit günstigen, den Arbeitsverhältnissen angepaßten Geschwindigkeiten.

Diese Forderungen erfüllt der EICHER-KÖNIGSTIGER in geradezu vorbildlicher Weise. Er ist nicht nur Schlepper, sondern allseitig einsetzbare Arbeitsmaschine. So leistet er in der Feldvorbereitung, Saat, Pflege, Ernte und in schwerstem Zug immer und zur vollen Zufriedenheit seines Besitzers hundertprozentig seinen Dienst.

Wohlgeformt und von ausgeglichener Eleganz zeigt sich das Gesicht des EICHER-KÖNIGSTIGER. Nichts an ihm ist übertrieben; schlicht und einfach, doch gefällig ist sein Chromschmuck. Im Gesamten ist der Schlepper sehr niedrig und langgestreckt gebaut, was ihm seine harmonische Linienführung verleiht. Die doppel-blattgefederte Vorderachse gewährleistet eine echte Durchfederung und schützt die Maschine und den Fahrer vor den starken Stößen im Gelände.

Trotz der niedrigen Bauweise und der tiefen Schwerpunktlage hat der KÖNIGSTIGER eine hohe Bodenfreiheit. Er ist dadurch sowohl an steilen Hängen wegen seiner Kippsicherheit gut einsetzbar, als auch in der Hackfruchtpflege, da keine kantigen Teile unter dem Schlepperbauch hervorstehen, welche die Pflanzen beschädigen könnten. Die hintere Anhängekupplung ist höhenverstellbar und drehbar. Der KÖNIGSTIGER kann anstelle des Krafthebers auch mit fester Ackerschiene und Plattform geliefert werden. Der Beifahrersitz ist als Sitzbank zwischen den Kotflügeln angebracht. Wird er nicht gebraucht, oder wird mit Anbaugeräten gearbeitet, wird er einfach hochgeklappt und hindert somit in keiner Weise.

Durch den Frontlader wird der EICHER-KÖNIGSTIGER zur universellen Hofmaschine. Er kann zum Laden von Stallmist, Kompost, Kartoffeln, Rüben, Futter, Kies und vielem anderen eingesetzt werden. Der KÖNIGSTIGER kann auch mit einem preiswerten Fahrer-Schutzverdeck geliefert bzw. nachträglich ausgerüstet werden. Es wird ein Fahrerhaus mit Fronteinstieg verwendet. Die Windschutzscheibe wird einfach hochgeschwenkt und die Seitenklappe geöffnet. Auf diese Weise kommt man bequemstens auf den Sitz. Die Bewegungsfreiheit des Fahrers unter dem Verdeck ist in keiner Weise eingeengt.

Das Mähwerk zum KÖNIGSTIGER kann wahlweise mit hydraulischem oder handbetätigtem Aufzug geliefert werden. Besonders beim hydraulischen Aufzug sind An- und Abbau des Mähwerks einfach durchzuführen. Ein Mann kann in wenigen Minuten mühelos das gesamte Mähwerk anbringen oder entfernen. Mit dem KÖNIGSTIGER braucht der Landwirt nicht mehr sein Mähwerk dauernd mitzuschleppen, sondern baut es nur dann an, wenn er es benutzen will.

Durch die neue Gemmerlenkung ist der KÖNIGSTIGER besonders leichtgängig zu lenken und hat den äußerst geringen Wendekreis von nur 6,5 m. So ist das Fahren in engen Hofanlagen für diese wendige Maschine kein Problem.

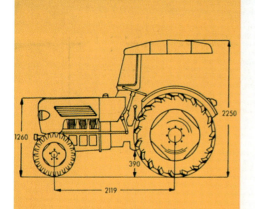
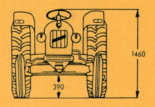

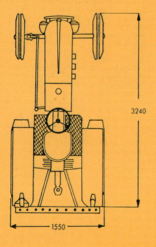

TECHNISCHE EINZELHEITEN DES
Eicher-Königstiger

Gesamtaufbau: Blockbauweise mit extrem tiefer Schwerpunktlage bei hoher Bodenfreiheit und äußerst günstigem Eigengewicht.

Motor: Spezialluftgekühlter EICHER-Diesel-Motor, 3 Zylinder, Viertakt, Dauerleistung 35 PS bei 2000 U/min, Hub 125 mm, Bohrung 100 mm, Hubraum 2944 ccm.

BESONDERE MERKMALE: Besonders ausgeglichener und ruhiger Lauf, rasantes Beschleunigungsvermögen, außerordentlich günstiger Drehmomentverlauf, große Startfreudigkeit und besonders niedriger Kraftstoffverbrauch infolge der bewährten Eicher-Direkteinspritzung.

Kupplung: Doppelkupplung für fahrunabhängigen Zapfwellenbetrieb (Motorzapfwelle), Kupplungspedal zur Anpassung an verschieden große Fahrer stufenlos verstellbar.

Getriebe: Wechselgetriebe mit Gruppeneinteilung, durch Schaltbolzen besonders leicht bedienbar. 8 Vorwärts- und 4 Rückwärtsgänge, 1. Gang als Kriechgang voll belastbar; Gruppenschalthebel gewährleisten optimale Betriebsbedingungen, besonders für den Frontladereinsatz, weil mit einer kurzen Schalthebelbewegung mit hoher Geschwindigkeit vor- und rückwärts gefahren werden kann.

Geschwindigkeiten bei 2000 U/min des Motors und Bereifung 11-32:
- 1. Gang 1,2 km/h
- 2. Gang 2,0 km/h
- 3. Gang 3,4 km/h
- 4. Gang 5,5 km/h
- 5. Gang 4,4 km/h
- 6. Gang 7,3 km/h
- 7. Gang 12,2 km/h
- 8. Gang 20,0 km/h
- 1. R.-Gang 2,2 km/h
- 2. R.-Gang 3,7 km/h
- 3. R.-Gang 6,2 km/h
- 4. R.-Gang 10,0 km/h

Geschwindigkeit im 1. Gang bei reduzierter Drehzahl 550 m/h.

Differentialsperre: Betätigung durch Hand oder Fuß.

Bremsen: Fahrbremse, Einzelradlenkbremsen und Getriebehandbremse.

Zapfwelle: Nach DIN 9611/Form A benutzbar als Motorzapfwelle
1. mit 558 U/min (= DIN-Drehzahl) bei voller Motordrehzahl
2. mit 558 U/min (= DIN-Drehzahl) bei halber Motordrehzahl
3. mit 1116 U/min (geplante DIN-Drehzahl) bei voller Motordrehzahl

Mähantrieb: Serienmäßig eingebaut, vom Getriebe aus fahrunabhängig angetrieben und durch Rutschkupplung gesichert.

Riemenantrieb: Mit durchgehender Zapfwelle und 2 Riemengeschwindigkeiten, auf Normzapfwelle aufsteckbar.

Kraftheber: Schlauchlose Blockhydraulik mit eingebautem Druckzylinder und fahrunabhängigem, abschaltbarem Antrieb der Hydraulikpumpe vom Getriebe aus.
   Leistung: Hubleistung 750 mkg, Hubkraft an der Ackerschiene ca. 900 kg.
   Schaltung: Verstellbare automatische Endausschaltung des Bedienungshebels in beiden Richtungen. Serienmäßig ausgestattet mit Raddruckverstärker für die Arbeit mit schweren Dreipunkt-Geräten. Anschlußmöglichkeit für Frontlader, hydr. Mähaufzug und freie Arbeitszylinder (Kipper u. ä.) Unabhängige Bedienung durch serienmäßig eingebautes Doppelsteuergerät.

Geräteanbau:
   Vorn: An der Frontporta (Antrieb von der Kurbelwelle aus möglich).
   Hinten: Am genormten Dreipunktgestänge des Krafthebers (DIN 9674/Größe 1) oder an der Ackerschiene, bei Bedarf Antrieb von der Zapfwelle aus.
   Mitte: Mähwerk, Rüttelegge u. ä. mit fahrunabhängigem Antrieb vom Getriebe aus.

Anhängerkupplungen: Entsprechend den Vorschriften der StVZO.
   Vorn: Starr; Hinten: Höhenverstellbar und drehbar.

Lenkung: Leichtgängige ZF-Gemmer-Lenkung mit kleinstem Wendekreis (Radius 3,35 m).

Vorderachse: Doppeltgefederte Pendelachse mit großem Pendelweg.

Hinterachse: In Flachbauweise mit Planetenuntersetzung.

Bereifung: Vorn: 6,00-16 AS Front; hinten: 9-36 oder 11-32 AS (Scheibenräder).

Spurweite: Normal 1,25 m, verstellbar auf 1,50 m.

Elektrische Anlagen: Komplette 12-Volt Anlage mit Anlasser, Lichtmaschine, Scheinwerfern mit Fern- und Abblendlicht, Begrenzungs-, Brems- und Rückleuchten, Blinkanlage, Anhänger-Steckdose und großdimensionierten Batterien.

Treibstofftank: Leicht zugänglicher Behälter mit großer Einfüll-Öffnung und 50 l Fassungsvermögen; Kraftstoffvorrat ausreichend für durchschnittlich 20 Betriebsstunden.

Das Mähwerk ist durch den fahrunabhängigen Antrieb außerordentlich leistungsfähig. Das Ausheben des Mähbalkens erfolgt von Hand oder hydraulisch (bei Schleppern mit Kraftheber). Das gesamte Mähwerk kann, besonders bei Verwendung des hydraulischen Aufzuges, mit wenigen Handgriffen rasch und leicht ein- und ausgebaut werden.

Frontlader: Die Ausrüstung mit dem leistungsfähigen Baas-Frontlader der Größe II vervollkommnet den Schlepper zu einer vielseitig einsetzbaren und wirtschaftlichen Lademaschine.

Sämtliche Angaben und Abbildungen unverbindlich. Änderungen jederzeit vorbehalten.

Gebr. Eicher
TRAKTOREN- UND LANDMASCHINEN-WERKE
Werk FORSTERN/Obb.

Überreicht durch:

Maße und Gewichte:
(mit Kraftheber und Bereifung 11-32)

Gesamtlänge	3240 mm
Breite bei Normalspur	1550 mm
Höhe bis Lenkrad	1460 mm
Höhe bis Motorhaube	1260 mm
Höhe mit Fahrerhaus	ca. 2250 mm
Radstand	2119 mm
Bodenfreiheit	390 mm
Spurweite	1250 mm
verstellbar auf	1500 mm
Eigengewicht	1850 kg
Zul. Gesamtgewicht	2600 kg

EF 149 IV 62 250

Schlepper

Eicher Diesel-Schlepper 15 PS

Type EM 100 „Leopard"

GRUNDAUSRÜSTUNG:

Motor: Luftgekühlter 1-Zyl.-EICHER-Dieselmotor EDK 1, Viertakt, Hubraum 981 ccm, Drehzahl 2000 U/min.

Getriebe: 6 Vorwärtsgänge, davon 1. Gang als **Kriechgang** voll belastbar; **2 Rückwärtsgänge; Getriebezapfwelle** mit Normdrehzahl als **Wegzapfwelle** schaltbar; Differentialsperre; Fußbremse, als Einzelrad-Lenkbremse verwendbar; Handbremse, auf Hinterräder wirkend.

Bereifung: vorne 4.00-16 AS Front   hinten 8-24 AS

Gewicht: ca. 1100 kg   **Preis:** DM **6 450.-**

Sitzkissen, Blinklichtanlage und 2. Bremssystem gemäß StVZO (wird serienm. mitgeliefert)   DM **185.-**

EM 100 „Leopard"   Sonderausrüstung

1. a) **Bereifung** und Felgen:
      vorne **4.50-16**, hinten **8-28**   Mehrpreis DM **185.-**
   b) **Bereifung** und Felgen:
      vorne **4.50-16**, hinten **9-24**   Mehrpreis DM **205.-**
2. **Riemenantrieb**
   mit durchgehender Zapfwelle   DM **250.-**
3. a) **Hydr. Kraftheber** „Eicher" Type AG 78 B mit Pumpe (vom Motor aus angetrieben), Reguliervorventil, verstellbarer automatischer Endausschaltung, Druckzylinder, Befestigungsteilen, kompl. Dreipunktgestänge und abnehmbarer kurzer Ackerschiene   bei Mitlieferung DM **950.-**
       bei Nachlieferung DM **1 000.-**
   (Die durch nachträglichen Kraftheberanbau freigewordenen Teile können nicht zurückgenommen werden)
   b) **Lange Ackerschiene** für Kraftheber
      (an Stelle der kurzen)   Mehrpreis DM **35.-**
      Lange Ackerschiene für Kraftheber
      bei Nachlieferung   DM **53.-**
4. a) **Plattform** zur Ackerschiene
      für Schlepper ohne Kraftheber   DM **25.-**
   b) **Lange Zusatzackerschiene**
      für Schlepper ohne Kraftheber   DM **48.-**
5. **Vordere Kotflügel**   DM **40.-**
6. Zweiter Kotflügelsitz   DM **25.-**
7. a) **Mähwerk** „EICHER" mit Antrieb vom Motor, 4½' Rasspe-Mähbalken, Fingerschutz, 1 Ersatzmesser u. **Handaufzug**
      bei Mitlieferung DM **795.-**
      bei Nachlieferung DM **845.-**
   b) Gleiches Mähwerk, jedoch an Stelle des Handaufzuges mit **Kettenaufzug** zum Ausheben des Mähbalkens mit dem Kraftheber   bei Mitlieferung DM **795.-**
      bei Nachlieferung DM **845.-**
   c) Gleiches Mähwerk, jedoch an Stelle des Handaufzuges mit **hydr. Mähwerksaufzug** (mit eigenem Druckzylinder) für Schlepper mit Kraftheber
      bei Mitlieferung DM **895.-**
      bei Nachlieferung DM **945.-**
   d) McCormick-Mähbalken   Mehrpreis DM **15.-**
   e) Tiefschnitt-Balken   Mehrpreis DM **15.-**
   f) 5' Mähbalken   Mehrpreis DM **25.-**
   g) Inneres Spurblech   DM **28.-**
8. a) Betriebsstundenzähler   DM **60.-**
   b) Gerätescheinwerfer   DM **30.-**
   c) Belastungsgewicht in der Frontporta (bes. bei Ausrüstung mit Krafthebern zu empfehlen) ca. 70 kg   DM **110.-**
   d) Belastungsgewichte an den Hinterrädern (bes. bei Ausrüstung mit Frontlader zu empfehlen) 1 Satz ca. 128 kg   DM **180.-**
   e) Zeituhr   DM **25.-**
   f) Heizung   DM **55.-**
   g) Lenkrad-Feststelleinrichtung   DM **46.-**
   h) Rückblickspiegel   DM **12.-**

Eicher-Schlepper „Tiger II" EM 235

mit Regelhydraulik

Motor: 3 Zylinder, 32 PS

Grundpreis:
Bereifung: vorne 5.50 x 16, hinten 10 x 28   DM **11 595.-**

Ausrüstung lt. StVZO.   DM **195.-**
Regelhydraulik   DM **1 750.-**
Mähwerk, hydr. gehoben   DM **935.-**
Zusatzsteuergerät für den Anschluß
hydr. Mähaufzuges   DM **140.-**

Eicher-Schlepper „Tiger II" EM 235

mit normalem Kraftheber

Motor: 3 Zylinder, 32 PS

Grundpreis:
Bereifung: vorne 5.50 x 16, hinten 10 x 28   DM **11 595.-**

Ausrüstung lt. StVZO   DM **195.-**
Kraftheber   DM **1 480.-**
Mähwerk, hydr. gehoben   DM **935.-**

Eicher Diesel-Schlepper 22 PS

Type EM 295 „Panther"

GRUNDAUSRÜSTUNG:

Motor: Luftgekühlter 2-Zyl.-EICHER-Dieselmotor EDK 2a Viertakt, Hubraum 1700 ccm, Drehzahl 2000 U/min.

Getriebe: 6 Vorwärtsgänge, davon 1. Gang als **Kriechgang** voll belastbar; **1 Rückwärtsgang; Getriebezapfwelle** mit Normdrehzahl; **Differentialsperre;** Fußbremse, als Einzelrad-Lenkbremse verwendbar; Handbremse auf Hinterräder wirkend.

Bereifung: vorne 5.50–16 AS Front   hinten 8-32 AS

Gewicht: ca. 1350 kg   **Preis:** DM **8 580.-**

Sitzkissen, Blinklichtanlage und 2. Bremssystem gemäß StVZO (wird serienm. mitgeliefert)   DM **190.-**

EM 295 „Panther"   Sonderausrüstung

1. a) **Bereifung** und Felgen
      vorne **5.00-16**, hinten **10-24**   Mehrpreis DM **140.-**
   b) **Bereifung** und Felgen
      vorne **5.50-16**, hinten **10-28**   Mehrpreis DM **240.-**
2. **Riemenantrieb**
   mit durchgehender Zapfwelle   DM **325.-**
3. **Hydr. Kraftheber** „Eicher" Type AG 57/1 mit Pumpe (vom Motor aus angetrieben), Reguliervorventil, verstellbarer automatischer Endausschaltung, Druckzylinder, Befestigungsteilen, kompl. Dreipunktgestänge und abnehmbarer langer Ackerschiene   bei Mitlieferung DM **995.-**
      bei Nachlieferung DM **1 045.-**
   (Die durch nachträglichen Kraftheberanbau freigewordenen Teile können nicht zurückgenommen werden)
4. **Vordere Kotflügel**   DM **48.-**
5. **Zweiter Kotflügelsitz**   DM **25.-**

Schlepper

6. a) **Mähwerk** „Eicher" mit Antrieb vom Motor, 5' Rasspe-Mähbalken, Fingerschutz, 1 Ersatzmesser u. **Handaufzug**
bei Mitlieferung DM 835.–
bei Nachlieferung DM 885.–
b) gleiches Mähwerk, jedoch an Stelle des Handaufzuges mit **Kettenaufzug** zum Ausheben des Mähbalkens mit dem Kraftheber
bei Mitlieferung DM 835.–
bei Nachlieferung DM 885.–
c) gleiches Mähwerk, jedoch an Stelle des Handaufzuges mit **hydr. Mähwerksaufzug** (mit eigenem Druckzylinder) für Schlepper mit Kraftheber
bei Mitlieferung DM 935.–
bei Nachlieferung DM 985.–
d) McCormick-Mähbalken Mehrpreis DM 15.–
e) Tiefschnitt-Balken Mehrpreis DM 15.–
f) Inneres Spurblech DM 28.–

7. a) Betriebsstundenzähler DM 60.–
b) Gerätescheinwerfer DM 30.–
c) Belastungsgewicht in der Frontporta (bes. bei Ausrüstung mit Kraftheber zu empfehlen) ca. 70 kg DM 110.–
d) Belastungsgewichte an den Hinterrädern (bes. bei Ausrüstung mit Frontlader zu empfehlen) 1 Satz ca. 128 kg DM 180.–
e) Zeituhr DM 25.–
f) Heizung DM 55.–
g) Lenkrad-Feststelleinrichtung DM 46.–
h) Rückblickspiegel DM 12.–

Eicher Diesel-Schlepper 28 PS

Type EM 200 „Tiger"

GRUNDAUSRÜSTUNG:

Motor: Luftgekühlter 2-Zyl.-EICHER-Dieselmotor EDK 2, Viertakt, Hubraum 1963 ccm, Drehzahl 2000 U/min.

Getriebe: 8 Vorwärtsgänge, davon 1. Gang als **Kriechgang** voll belastbar; **4 Rückwärtsgänge;** Motorzapfwelle mit 2 Drehzahlbereichen; Differentialsperre; fahrunabhängiger Mähantrieb; Fußbremse, als Einzelrad-Lenkbremse verwendbar; Handbremse, auf Hinterräder wirkend.

Bereifung: vorne 5.50-16 AS Front
hinten 10-28 AS

Gewicht: ca. 1450 kg

Preis: DM 9 995.–

Sitzkissen, Blinklichtanlage und 2. Bremssystem gemäß StVZO (wird serienm. mitgeliefert) DM 195.–

EM 200 „Tiger" Sonderausrüstung

1. a) **Bereifung** und Felgen:
vorne 6.00-16, hinten 9-32 Mehrpreis DM 195.–
b) **Bereifung** und Felgen:
vorne 6.00-16, hinten 11-28 Mehrpreis DM 255.–

2. **Riemenantrieb** mit durchgehender Zapfwelle DM 355.–

3. **Schnellgang-Ausführung** einschließlich d. laut StVZO notwendigen Ausrüstung, (nachträgliche Ausrüstung ist nicht möglich) Mehrpreis DM 165.–

4. a) **Block-Kraftheber** „ZF Bosch-EICHER" Type AG 72 mit abschaltbarer Pumpe (fahrunabhängig vom Getriebe aus angetrieben), Steuergerät, automatischer Endausschaltung, kompl. Dreipunktgestänge und abnehmbarer langer Ackerschiene
mit **Raddruck-Verstärker** und **Zwillingssteuergerät**
bei Mitlieferung DM 1 480.–
bei Nachlieferung DM 1 585.–
b) **Steuerdeckel mit Senkdrossel,** erforderlich bei Ausrüstung des Schleppers mit hydr. Mähaufzug und Frontlader DM 176.–
c) Kurze Ackerschiene zum festen Anbau an die Getrieberückseite (kann bei Verwendung des Krafthebers angebaut verbleiben und dient zur stabilen Befestigung schwerer Arbeitsmaschinen) DM 60.–
(Die durch nachträglichen Krafthberanbau freigewordenen Teile können nicht zurückgenommen werden)

5. **Vordere Kotflügel** DM 48.–

6. a) **Mähwerk** „EICHER" mit (fahrunabhängigem Antrieb vom Getriebe aus) 5' Rasspe-Mähbalken, Fingerschutz, 1 Ersatzmesser und **Handaufzug**
bei Mitlieferung DM 835.–
bei Nachlieferung DM 885.–
b) gleiches Mähwerk, jedoch an Stelle des Handaufzuges mit **hydr. Mähwerksaufzug** (mit eigenem Druckzylinder zur unabhängigen Bedienung) für Schlepper mit Kraftheber
bei Mitlieferung DM 935.–
bei Nachlieferung DM 985.–
c) McCormick-Mähbalken Mehrpreis DM 15.–
d) Tiefschnitt-Balken Mehrpreis DM 15.–
e) Inneres Spurblech DM 28.–

7. a) Betriebsstundenzähler DM 60.–
b) Gerätescheinwerfer DM 30.–
c) Belastungsgewicht in der Frontporta (bes. bei Ausrüstung mit Kraftheber zu empfehlen) ca. 70 kg DM 110.–
d) Belastungsgewichte an den Hinterrädern (bes. bei Ausrüstung mit Frontlader zu empfehlen) 1 Satz, ca. 128 kg DM 180.–
e) Zeituhr DM 25.–
f) Heizung DM 55.–
g) Lenkrad-Feststelleinrichtung DM 46.–
h) Rückblickspiegel DM 12.–
i) Automatische Anhängekupplung
bei Mitlieferung DM 25.–
bei Nachlieferung DM 110.–
k) Vorderradbremsen DM 360.–

Schlepper

9. a) **Frontlader** System Baas, Größe II, für 500 kg Nutzlast und 2,7 m Ladehöhe mit Grundrahmen, Ladeschwinge und Ergänzungsteilen zur hydr. Anlage, jedoch ohne Arbeitswerkzeuge für Schlepper mit Kraftheber DM **1 980.-**
(bei Ausrüstung mit hydr. Mähaufzug und Frontlader ist Steuerdeckel nach 4 b erforderlich)
b) **Vorderachsverstärkung** (für besonders schweren Frontladerbetrieb) DM **60.-**
Arbeitswerkzeuge z. Frontlader auf S. 9

Eicher Diesel-Schlepper 35 PS

Type EM 300 „Königstiger"

GRUNDAUSRÜSTUNG:

Motor: Luftgekühlter 3-Zyl.-EICHER-Dieselmotor EDK 3, Viertakt, Hubraum 2944 ccm, Drehzahl 2000 U/min.

Getriebe: 8 Vorwärtsgänge, davon 1. Gang als **Kriechgang** voll belastbar; **4 Rückwärtsgänge; Motorzapfwelle mit 2 Drehzahlbereichen, Differentialsperre; fahrunabhängiger Mähantrieb;** Fußbremse, als Einzelrad-Lenkbremse verwendbar; Handbremse auf Hinterräder wirkend.

Bereifung: vorne 6.00-16 AS Front
hinten 9-36 AS

Gewicht: ca. 1750 kg

Preis: DM **12 690.-**

Sitzkissen, Blinklichtanlage und 2. Bremssystem gemäß StVZO (wird serienm. mitgeliefert) DM **195.-**

EM 300 „Königstiger" Sonderausrüstung

1. **Bereifung** und Felgen: vorne 6.00-16, hinten 11-32 Mehrpreis DM **255.-**
2. **Riemenantrieb** mit durchgehender Zapfwelle DM **355.-**
3. **Schnellgang-Ausführung** einschließlich d. laut StVZO notwendigen Ausrüstung (nachträgliche Ausrüstung ist nicht möglich) Mehrpreis DM **165.-**
4. a) **Block-Kraftheber** „ZF-Bosch-EICHER" Type AG 350 mit abschaltbarer Pumpe (fahrunabhängig vom Getriebe aus angetrieben), Steuergerät, automatischer Endausschaltung, kompl. Dreipunktgestänge (Anschlußmaße nach DIN 9674 / Größe 1 — Kupplungspunkte ⌀ 22 mm) und langer Ackerschiene mit **Raddruckverstärker** und **Zwillingssteuergerät**
bei Mitlieferung DM **1 480.-**
bei Nachlieferung DM **1 585.-**
b) **Steuerdeckel mit Senkdrossel,** erforderlich bei Ausrüstung des Schleppers mit hydr. Mähaufzug u n d Frontlader DM **176.-**

c) Kurze Ackerschiene zum festen Anbau an die Getrieberückseite (kann bei Verwendung des Krafthebers angebaut verbleiben und dient zur stabilen Befestigung schwerer Arbeitsmaschinen) DM **60.-**
(Die durch nachträglichen Krafttheberanbau freigewordenen Teile können nicht zurückgnommen werden)

5. **Vordere Kotflügel** DM **48.-**

6. a) **Mähwerk** „EICHER" mit (fahrunabhängigem Antrieb vom Getriebe aus) 5' Rasspe-Mähbalken, Fingerschutz, 1 Ersatzmesser **und Handaufzug**
bei Mitlieferung DM **835.-**
bei Nachlieferung DM **885.-**
b) gleiches Mähwerk, jedoch an Stelle des Handaufzuges mit **hydr. Mähwerksaufzug** (mit eigenem Druckzylinder zur unabhängigen Bedienung) für Schlepper mit Kraftheber
bei Mitlieferung DM **935.-**
bei Nachlieferung DM **985.-**
c) McCormick-Mähbalken Mehrpreis DM **15.-**
d) Tiefschnitt-Balken Mehrpreis DM **15.-**
e) Inneres Spurblech DM **28.-**

7. a) Betriebsstundenzähler DM **60.-**
b) Gerätescheinwerfer DM **30.-**
c) Belastungsgewicht in der Frontporta (bes. bei Ausrüstung mit Kraftheber zu empfehlen) ca. 70 kg DM **110.-**
d) Belastungsgewichte an den Hinterrädern (bes. bei Ausrüstung mit Frontlader zu empfehlen) 1 Satz, ca. 128 kg DM **180.-**
e) Zeituhr DM **25.-**
f) Heizung DM **55.-**
g) Lenkrad-Feststelleinrichtung DM **46.-**
h) Rückblickspiegel DM **12.-**
i) Automatische Anhängekupplung
bei Mitlieferung DM **25.-**
bei Nachlieferung DM **110.-**
k) Vorderradbremsen DM **360.-**

9. a) **Frontlader** System Baas, Größe II, für 500 kg Nutzlast und 2,7 m Ladehöhe mit Grundrahmen, Ladeschwinge und Ergänzungsteilen zur hydr. Anlage, jedoch ohne Arbeitswerkzeuge für Schlepper mit Kraftheber DM **1 980.-**
(bei Ausrüstung mit hydr. Mähaufzug und Frontlader ist Steuerdeckel nach 4b erforderlich)
b) **Vorderachsverstärkung** (für besonders schweren Frontladerbetrieb) DM **60.-**
Arbeitswerkzeuge z. Frontlader auf S. 9

10. **Druckluft-Bremsanlage** zur Anhängerbremsung DM **950.-**
Montagekosten für die Druckluftanlage DM **90.-**

Frontlader-Arbeitswerkzeuge

Größe	I	II	III
Erdschaufel ca. 0,11 cbm Inhalt	221.–	–	–
Erdschaufel ca. 0,18 cbm Inhalt	–	273.–	–
*) Erdschaufel ca. 0,18 cbm Inhalt mit 4 Rundstahlzähnen	–	313.–	–
*) Erdschaufel ca. 0,18 cbm Inhalt verstärkt	–	293.–	–
Erdschaufel ca. 0,25 cbm Inhalt	–	–	326.–
*) Erdschaufel ca. 0,25 cbm Inhalt mit 5 Rundstahlzähnen	–	–	376.–
*) Erdschaufel ca. 0,25 cbm Inhalt verstärkt	–	–	396.–
*) Erdschaufel ca. 0,25 cbm Inhalt verstärkt mit 5 Flachstahlzähnen	–	–	446.–
Stalldunggabel	237.–	284.–	342.–
*) Häckselmistgabel	273.–	364.–	438.–
*) Entladestempel zur Stalldunggabel	–	137.–	147.–
*) Rübengabel (für festen Untergrund)	378.–	405.–	494.–
*) Aufsatz zur Rübengabel (320 mm)	–	–	65.–
*) Kartoffelrost zur Rübengabel	100.–	121.–	132.–
*) Entladestempel zur Rübengabel	–	147.–	158.–
*) Sammelgabel für Rüben und Blatt	465.–	565.–	615.–
*) Grünfuttergabel	384.–	–	–
*) Erntegabel	–	**)	**)
*) Verlängerung zum Heuaufladen	242.–	397.–	481.–
*) Planierschild	–	515.–	615.–
*) Lasthaken	24.–	32.–	40.–
*) Kranausleger	–	263.–	294.–
*) Schneepflug (V-Form)	–	662.–	662.–
*) Koksschaufel mit Tragvorsatz	–	–	714.–
*) Steingabel	–	–	693.–

*) Die Preise dieser Arbeitswerkzeuge verstehen sich ab Herstellungswerk Hamburg und ohne Verpackung

**) Preis je nach Ausführung auf Anfrage

Der neue
D-215
Dieselschlepper

Der D-215 ist ein überaus leistungsstarker Schlepper. Er besticht durch seine Wendigkeit und unermüdliche Ausdauer, durch seine Vielseitigkeit im Einsatz und seine ausgesprochene Wirtschaftlichkeit. Er ist als Alleinschlepper für den kleineren Hof und als Zweitschlepper für den landwirtschaftlichen Großbetrieb geeignet. Er wird überall dort, wo er eingesetzt wird, zur vollsten Zufriedenheit arbeiten.

1
Motor
Das Herz der McCORMICK-Schlepper sind die unverwüstlichen mehrzylindrigen IH-Dieselmotoren, die sich durch Kraft und ruhigen Lauf auszeichnen. Ein Abwürgen des elastischen Motors ist selbst bei plötzlicher Mehrbelastung kaum möglich.

McCORMICK-Schlepper sind vielseitig einsetzbar. Als Zugmaschine, beim Pflügen, als Antriebskraft stationärer Aggregate, kurz bei allen in der Landwirtschaft vorkommenden Arbeiten. Die Dreipunktaufhängung ist die ideale Verbindung von Schlepper und Gerät. Das Getriebe kann allen starken Belastungen ausgesetzt werden, alle Zahnräder sind aus hochwertigem Stahl angefertigt. Die Wasserkühlung schont den Motor durch gleichmäßige Kühlung und hält in Verbindung mit dem Thermostat die Betriebswärme bei jeder Außentemperatur. Die McCORMICK-Schlepper sind mit den erforderlichen Ausrüstungen versehen. Es macht Freude, mit ihnen zu arbeiten.

3
Bedienung
Übersichtlich angeordnet und bequem zu erreichen und zu bedienen sind sämtliche Bedienungshebel an McCORMICK-Dieselschleppern. Die gute Übersicht erleichtert dem Fahrer die Arbeit und ermöglicht sichere Fahrweise.

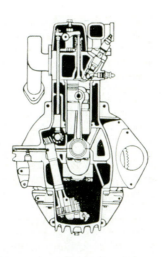

Getriebe

Den gerade in der Landwirtschaft auftretenden harten Belastungen hält das IH-Getriebe stand. Alle Zahnräder sind aus hochwertigem Stahl hergestellt. Das Getriebe ist in günstige Geschwindigkeitsbereiche abgestuft.

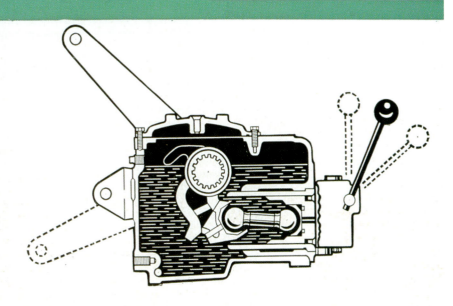

Hydraulischer Kraftheber

Die hydraulische Kraftheberanlage an McCORMICK-Schleppern hat in den letzten Jahren ständig an Bedeutung gewonnen. Sie ermöglicht das mühelose Einsetzen und Ausheben der Arbeitsgeräte und trägt dadurch erheblich zur Arbeitserleichterung in der Landwirtschaft bei. Der hydraulische Kraftheber ist – entsprechend seiner Aufgabe – stabil gebaut. Arbeitszylinder und Kraftheberwelle sowie Ölbehälter und -filter liegen völlig geschützt im kompakten Krafthebergehäuse. Das angeflanschte Steuergerät, das zugleich den Druckraum nach außen verschließt, wird vom Schleppersitz aus betätigt. Schaltstellungen des Steuergerätes: Neutral, Heben, Senken bzw. Schwimmstellung.

4

Dreipunktaufhängung

Die mit dem Kraftheber gekoppelte Dreipunktaufhängung mit verstellbarem oberem Lenkeranschluß ist die ideale Verbindung zwischen Schlepper und Arbeitsgerät. Durch Gewichtsverlagerung auf die Hinterachse ist bessere Ausnutzung der Zugkraft möglich.

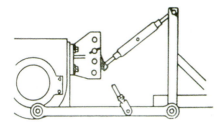

D-215
15 PS

D-219
19 PS

D-322
22 PS

D-326
26 PS

D-432
32 PS

D-439
39 PS

TECHNISCHE EINZELHEITEN DES D-215

Motor:
IH-2-Zylinder-Dieselreihenmotor, 4-Takt, 3fach gelagerte Kurbelwelle, Bosch-Einspritzvorrichtung, Walzendüsen; Wirbelvorkammern; Verstellregler, Leichtmetall-Vollschaftkolben, Ölfilter, Ölbadluftfilter, Druckumlaufschmierung, Kraftstoffilter, Wasserumlaufkühlung mit Pumpe, Temperaturregelung durch Thermostat und Kurzschlußkreis-Umlauf.

Höchstleistung	15 PS
Dauerleistung	14 PS
Nenndrehzahl	1800 U/min
Bohrung	82,6 mm
Hub	101,6 mm
Gesamthubraum	1088 cm³
Verdichtung	19 : 1
Schmierölvorrat im Motor	3,1 Ltr.
Kühlwassermenge	10 Ltr.
Kraftstoffvorrat	27 Ltr.

Riemenscheibe:

Drehzahl	1320 U/min
Durchmesser	242 mm
Breite	162 mm

Zapfwelle:

Drehzahl	530 U/min
Durchmesser	1³/₈"

Getriebe:
6-Gang-Präzisionsgetriebe
(1. Gang als Kriechgang ausgebildet)
Getriebeölfüllung 8,5 Ltr.

Geschwindigkeiten (km/h):
Vorwärtsgänge

1. Gang (Kriechgang)	0,8—1,5
2. Gang	2,5
3. Gang	4,3
4. Gang	7,1
5. Gang	11,0
6. Gang	ca. 20,0
Rückwärtsgang	3,5

Abmessungen und Gewichte:

Länge	2672 mm
Breite	1581 mm
Höhe	1376 mm
Gewicht ohne Zusatzgewichte	1096 kg
Gewicht mit Kraftheber und Dreipunktaufhängung	1188 kg
Bodenfreiheit	352 mm
Spurweite vorn:	
(nicht ausziehbare Achse)	1250 u. 1500 mm
(ausziehbare Achse)	1250 — 1870 mm
hinten	1250 u. 1500 mm
Radstand	1730 mm
Kleinster Spurkreishalbmesser (mit Lenkbremse)	2450 mm
Größte Bruttoanhängelast (im 6. Gang auf trockener, ebener Straße)	11 t

Normalausrüstung:
Gefederte Vorderachse; Differentialsperre; Zapfwelle; Betriebsfußbremse kombiniert mit Lenkbremse, unabhängige Handbremse mit Feststellhebel; Handgashebel und Fußgaspedal, kombiniert, Schalldämpfer; Elektr. Anlasser mit Vorglüheinrichtung; Blinklichtanlage, Begrenzungsleuchten — 12-Volt-Batterie; Elektr. Beleuchtung; Rücklicht, Rückstrahler, Anschluß für Anhängerbeleuchtung; Signalhorn; Armaturenleuchte; Öldruckanzeigeleuchte; Fernthermometer; Zugrahmen mit Anhängegeräteschiene; Vordere Anhängekupplung; Hintere drehbare Anhängerkupplung im Anschlußbock verstellbar; verstellbarer Fahrersitz (Muldensitz); Beifahrersitz; Hinterrad-Schutzbleche; Zapfwellenschutzschild; Werkzeug.

Bereifung:
vorn 5.00—16 AS, hinten 8—24 AS.

Sonderausrüstung:
Hydraulischer Kraftheber; Dreipunktaufhängung, Kategorie I, DIN 9674, mit mechanisch einstellbarer Hinterachsbelastung durch Lastübertragungswinkel, langer Geräteschiene, Seitenführung und Einstellkurbel, verstellbarer Aufzugbegrenzung; Plattform zum Zugrahmen; Hintere Geräteschiene zum regulären Zugrahmen; schwenkbare Gerätezugstange, Drehpunktverlagerungsstreben; Riemenscheibe mit Antrieb; Polstersitz; Zweiter Beifahrersitz; Betriebsstundenzähler; Rückscheinwerfer; Vorderradschutzbleche; Vorder- und Hinterradgewichte; Vorreinigeraufsatz für Luftfilter; Anbaumäher.

INTERNATIONAL HARVESTER
INTERNATIONAL HARVESTER COMPANY M.B.H.
WERKE: NEUSS AM RHEIN UND HEIDELBERG
Niederlassungen: Berlin · Hamburg · München · Neuss/Rhein

Alle Angaben und Abbildungen sind annähernd und unverbindlich. Konstruktionsänderungen vorbehalten.

GER 271-M/3

DER NEUE D-219 DIESEL

MCCORMICK
INTERNATIONAL

Der neue

D-219

Dieselschlepper

Ein McCORMICK-Schlepper, der mit vielen Ausrüstungen ausgestattet ist, wie sie in einer modernen Landwirtschaft benötigt werden. Auf Wunsch wird zum Beispiel ein Riemenscheibenantrieb mitgeliefert; die drehbare, hintere Anhängerkupplung gleicht Drehbewegungen selbsttätig aus. Die Differentialsperre erhöht das Zugvermögen und schaltet sich selbsttätig aus. Die Lenkung, um nur einige Beispiele zu nennen, ist überaus leichtgängig.

1
Motor
Das Herz der McCORMICK-Schlepper sind die unverwüstlichen mehrzylindrigen IH-Dieselmotoren, die sich durch Kraft und ruhigen Lauf auszeichnen. Ein Abwürgen des elastischen Motors ist selbst bei plötzlicher Mehrbelastung kaum möglich.

McCORMICK-Schlepper sind vielseitig einsetzbar. Als Zugmaschine, beim Pflügen, als Antriebskraft stationärer Aggregate, kurz bei allen in der Landwirtschaft vorkommenden Arbeiten. Die Dreipunktaufhängung ist die ideale Verbindung von Schlepper und Gerät. Das Getriebe kann allen starken Belastungen ausgesetzt werden, alle Zahnräder sind aus hochwertigem Stahl angefertigt. Die Wasserkühlung schont den Motor durch gleichmäßige Kühlung und hält in Verbindung mit dem Thermostat die Betriebswärme bei jeder Außentemperatur. Die McCORMICK-Schlepper sind mit den erforderlichen Ausrüstungen versehen. Es macht Freude, mit ihnen zu arbeiten.

3
Bedienung
Übersichtlich angeordnet und bequem zu erreichen und z bedienen sind sämtliche Be dienungshebel an McCOR MICK-Dieselschleppern. Di gute Übersicht erleichtert de Fahrer die Arbeit und ermög licht sichere Fahrweise.

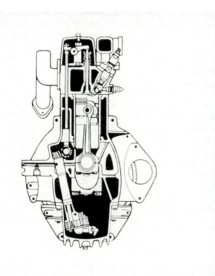 

2
Getriebe

Den gerade in der Landwirtschaft auftretenden harten Belastungen hält das IH-Getriebe stand. Alle Zahnräder sind aus hochwertigem Stahl hergestellt. Das Getriebe ist in günstige Geschwindigkeitsbereiche abgestuft.

 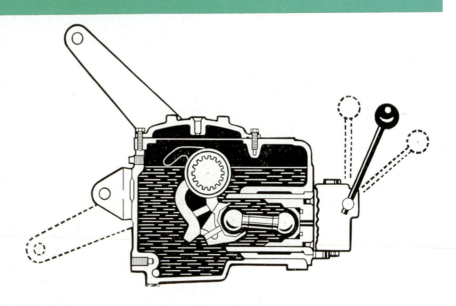

Hydraulischer Kraftheber

Die hydraulische Kraftheberanlage an McCORMICK-Schleppern hat in den letzten Jahren ständig an Bedeutung gewonnen. Sie ermöglicht das mühelose Einsetzen und Ausheben der Arbeitsgeräte und trägt dadurch erheblich zur Arbeitserleichterung in der Landwirtschaft bei. Der hydraulische Kraftheber ist — entsprechend seiner Aufgabe — stabil gebaut. Arbeitszylinder und Kraftheberwelle sowie Ölbehälter und -filter liegen völlig geschützt im kompakten Kraftheberghäuse. Das angeflanschte Steuergerät, das zugleich den Druckraum nach außen verschließt, wird vom Schleppersitz aus betätigt. Schaltstellungen des Steuergerätes: Neutral, Heben, Senken bzw. Schwimmstellung.

 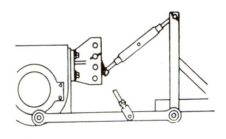

4
Dreipunktaufhängung

Die mit dem Kraftheber gekoppelte Dreipunktaufhängung mit verstellbarem oberem Lenkeranschluß ist die ideale Verbindung zwischen Schlepper und Arbeitsgerät. Durch Gewichtsverlagerung auf die Hinterachse ist bessere Ausnutzung der Zugkraft möglich.

D-215
15 PS

D-219
19 PS

D-322
22 PS

D-326
26 PS

D-432
32 PS

D-439
39 PS

TECHNISCHE EINZELHEITEN DES D-219

Motor:
IH-2-Zylinder-Dieselreihenmotor, 4-Takt, 3fach gelagerte Kurbelwelle, Bosch-Einspritzvorrichtung, Walzendüsen; Wirbelvorkammern; Verstellregler, Leichtmetall-Vollschaftkolben, Ölfilter, Ölbadluftfilter, Druckumlaufschmierung, Kraftstoffilter, Wasserumlaufkühlung mit Pumpe, Temperaturregelung durch Thermostat und Kurzschlußkreis-Umlauf.

Höchstleistung	19 PS
Dauerleistung	17 PS
Nenndrehzahl	1900 U/min
Bohrung	87,3 mm
Hub	101,6 mm
Gesamthubraum	1217 cm³
Verdichtung	19 : 1
Schmierölvorrat im Motor	3,1 Ltr.
Kühlwassermenge	10 Ltr.
Kraftstoffvorrat	27 Ltr.

Riemenscheibe:
Drehzahl	1395 U/min
Durchmesser	242 mm
Breite	162 mm

Zapfwelle:
Drehzahl	559 U/min
Durchmesser	1³/₈"

Getriebe:
6-Gang-Präzisionsgetriebe
(1. Gang als Kriechgang ausgebildet)
Getriebeölfüllung 8,5 Ltr.

Geschwindigkeiten (km/h):
Vorwärtsgänge:
1. Gang (Kriechgang)	0,7–1,4
2. Gang	2,4
3. Gang	4,1
4. Gang	6,7
5. Gang	10,5
6. Gang	ca. 20,0
Rückwärtsgang	3,4

Abmessungen und Gewichte:
Länge	2672 mm
Breite	1581 mm
Höhe	1397 mm
Gewicht ohne Zusatzgewichte	1179 kg
Gewicht mit Kraftheber und Dreipunktaufhängung	1271 kg
Bodenfreiheit	354 mm
Spurweite vorn:	
(nicht ausziehbare Achse)	1250 u. 1500 mm
(ausziehbare Achse)	1250 — 1870 mm
hinten	1250 u. 1500 mm
Radstand	1730 mm
Kleinster Spurkreishalbmesser (mit Lenkbremse)	2450 mm
Größte Bruttoanhängelast (im 6. Gang auf trockener, ebener Straße)	12 t

Normalausrüstung:
Gefederte Vorderachse; Differentialsperre; Zapfwelle; Betriebsfußbremse kombiniert mit Lenkbremse, unabhängige Handbremse mit Feststellhebel; Handgashebel und Fußgaspedal, kombiniert, Schalldämpfer; Elektr. Anlasser mit Vorglüheinrichtung — 12-Volt-Batterie, Blinklichtanlage, Begrenzungsleuchten; Elektr. Beleuchtung; Rücklicht, Rückstrahler; Anschluß für Anhängerbeleuchtung; Signalhorn, Armaturenleuchte; Öldruckanzeigeleuchte; Fernthermotmeter; Zugrahmen mit Anhängegeräteschiene; Vordere Anhängekupplung; Hintere drehbare Anhängerkupplung im Anschlußbock verstellbar; verstellbarer Fahrersitz (Muldensitz); Beifahrersitz; Hinterrad-Schutzbleche; Zapfwellenschutzschild; 1 Satz Hinterradgewichte (100 kg); Werkzeug.

Bereifung:
vorn 5.00–16 AS, hinten 8–24 AS.

Sonderausrüstung:
Hydraulischer Kraftheber; Dreipunktaufhängung, Kategorie I, DIN 9674 mit mechanisch einstellbarer Hinterachsbelastung durch Lastübertragungswinkel, langer Geräteschiene, Seitenführung, verstellbarer Aufzugbegrenzung und Einstellkurbel; Plattform zum Zugrahmen; Hintere Geräteschiene zum regulären Zugrahmen; Schwenkbare Gerätezugstange; Drehpunktverlagerungsstreben; Riemenscheibe mit Antrieb; Polstersitz; Zweiter Beifahrersitz; Betriebsstundenzähler; Rückscheinwerfer; Anbaumäher; Vorderradschutzbleche; Vorder- und Hinterradgewichte; Vorreinigeraufsatz für Luftfilter.

INTERNATIONAL HARVESTER
INTERNATIONAL HARVESTER COMPANY M.B.H.
WERKE: NEUSS AM RHEIN UND HEIDELBERG
Niederlassungen: Berlin · Hamburg · München · Neuss/Rhein

Alle Angaben und Abbildungen sind annähernd und unverbindlich. Konstruktionsänderungen vorbehalten.

GER 272-M/2

DER NEUE D-322 DIESEL
INTERNATIONAL HARVESTER

McCORMICK
INTERNATIONAL

mit **exact** HYDRAULIC-SYSTEM

DER NEUE
D-322
DIESELSCHLEPPER

Der D-322 ist ein kräftiger, wendiger Schlepper. Stabil gebaut (robuste Blockbauweise), ein kräftiges Getriebe mit günstigen Geschwindigkeitsbereichen, eine durchlaufende Zapfwelle (als Motor- oder Getriebezapfwelle verwendbar), der starke direkt angetriebene hydraulische Kraftheber, die leichte Bedienung und Wartung, seine Wirtschaftlichkeit und Vielseitigkeit sowie seine vorteilhafte Gewichtsverteilung geben diesem Schlepper die Vorzüge, wie sie der heutige Landwirt braucht.

1
Motor
Das Herz der McCORMICK-Schlepper sind die unverwüstlichen mehrzylindrigen IH-Dieselmotoren, die sich durch Kraft und ruhigen Lauf auszeichnen. Ein Abwürgen des elastischen Motors ist selbst bei plötzlicher Mehrbelastung kaum möglich.

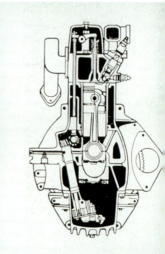

McCORMICK-Schlepper sind vielseitig einsetzbar. Als Zugmaschine beim schweren Holztransport, beim Pflügen, als Antriebskraft stationärer Aggregate, kurz bei allen in der Landwirtschaft vorkommenden Arbeiten. Die Dreipunktaufhängung ist die ideale Verbindung von Schlepper und Gerät. Das Getriebe kann allen starken Belastungen ausgesetzt werden, alle Zahnräder sind aus hochwertigem Stahl angefertigt. Die Wasserkühlung schont den Motor durch gleichmäßige Kühlung und hält in Verbindung mit dem Thermostat die Betriebswärme bei jeder Außentemperatur. Die McCORMICK-Schlepper sind mit den erforderlichen Ausrüstungen versehen. Es macht Freude, mit ihnen zu arbeiten.

3
Bedienung
Übersichtlich angeordnet und bequem zu erreichen und zu bedienen sind sämtliche Bedienungshebel an McCORMICK-Dieselschleppern. Die gute Übersicht erleichtert dem Fahrer die Arbeit und ermöglicht sichere Fahrweise.

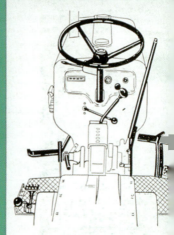

2

Hydraulik

Die Hydraulik-Anlage an McCORMICK-Schleppern hat in den letzten Jahren ständig an Bedeutung zugenommen. Mühelos lassen sich die Geräte einsetzen und ausheben. Ein echter Vorteil, den Sie mit McCORMICK-Schleppern nutzen können.

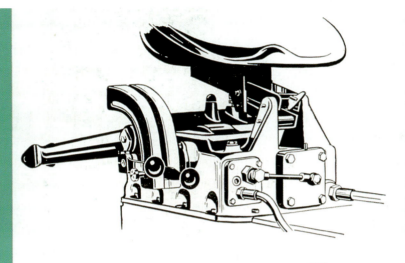

exact HYDRAULIC-SYSTEM

Das neue Hydraulik-System der International Harvester Company bringt dem Landwirt noch mehr Vorteile. In Verbindung mit dem Dreipunktanbau bilden Schlepper und Gerät ein Ganzes. Allein die Hubkraft beträgt schon 900 kg (maximale Hubkraft 1500 kg) an den Anschlußpunkten der unteren Lenker. Eine äußerst exakte Tiefenführung gewährleistet genaues Einhalten der Arbeitstiefe. Besondere Sicherheitsvorkehrungen schalten Unfälle, Überbelastungen und Bedienungsfehler aus. So ist zum Beispiel ein Absinken der Geräte bei abgestelltem Motor nicht möglich. Die IH-Hydraulik kann wahlweise nach dem Regelprinzip oder der herkömmlichen Weise durch Selbstführung der Geräte arbeiten. (Schwimmstellung.) Die Absenkgeschwindigkeit der Arbeitsgeräte kann beliebig geändert werden.

Die Hubkraft beträgt 900 kg an den Anschlußpunkten der unteren Lenker. Maximale Hubkraft bis 1500 kg.

Druck und Arbeitswiderstand werden auf die Hinterachse übertragen, dadurch Erhöhung des Zugvermögens.

Die automatische Tiefenführung gewährleistet genaues Einhalten der Arbeitstiefe.

Ein Absinken der Geräte bei abgestelltem Motor ist nicht möglich (erhöhte Sicherheit).

Zapfwellengetriebene Maschinen wie Bindemäher, Sammelpressen, Anbaumäher und Feldhäcksler lassen sich durch die IH-Agriomatic auf einfachste Weise den ständig wechselnden Bedingungen anpassen. Gerade bei zapfwellengetriebenen Maschinen wird der Landwirt die Vorteile der IH-Agriomatic zu schätzen wissen. Ein leichter Zug am Bedienungshebel, die Fahrgeschwindigkeit verringert sich, die Drehzahl der Zapfwelle bleibt konstant, so daß eine drohende Verstopfung der Maschine, z. B. bei Lagergetreide, rechtzeitig verhindert werden kann.
Beim Übergang von der Straße auf den Acker oder bei Steigungen kann der Fahrer den Ackergang einlegen, ohne zu kuppeln und zu schalten — das bedeutet größere Sicherheit an Gefällstrecken.

Agriomatic MIT FERNBEDIENUNG

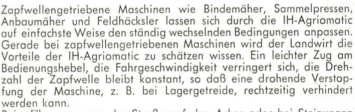

Verlangsamen und Anhalten des Schleppers bei voller Zapfwellendrehzahl.

Müheloses Wechseln von den Straßen- in die Ackergänge ohne Kuppeln und Schalten.

Mehr Sicherheit bei Gefällstrecken durch Überwechseln in die Ackergänge ohne Kuppeln und Schalten.

Anhalten und Ingangsetzen des Schleppers in den Ackergängen — durch Fernbedienung auch im Nebenhergehen.

4

Getriebe

Den gerade in der Landwirtschaft auftretenden harten Belastungen hält das IH-Getriebe stand. Die Zahnräder sind aus hochwertigem Stahl hergestellt. Das Getriebe ist auf günstige Geschwindigkeitsbereiche abgestellt.

 D-215 15 PS
 D-219 19 PS
 D-322 22 PS

D-326 26 PS
D-432 32 PS
D-439 39 PS

TECHNISCHE DATEN DES D-322

MOTOR:

IH-3-Zylinder-Dieselreihenmotor, 4-Takt, 4-fach gelagerte Kurbelwelle, Bosch-Einspritzvorrichtung mit Verstellregler, Walzendüsen, Wirbelvorkammern, Leichtmetall-Vollschaftkolben, Ölfilter, Ölbadluftfilter, Druckumlaufschmierung, Kraftstoffilter, Wasserumlaufkühlung mit Pumpe, Temperaturregelung durch Thermostat und Kurzschlußkreis-Umlauf.

Höchstleistung	22 PS
Dauerleistung	20 PS
Nenndrehzahl	1800 U/min
Bohrung	82,6 mm
Hub	101,6 mm
Gesamthubraum	1631 cm³
Verdichtung	19 : 1
Ölfüllung im Motor	4,9 Ltr.
Kühlwassermenge	11 Ltr.
Kraftstoffvorrat	27 Ltr.

RIEMENSCHEIBE:

Drehzahl	1360 U/min
Durchmesser	242 mm
Breite	162 mm

ZAPFWELLE:

Drehzahl	546 U/min
Durchmesser	1 3/8"

GETRIEBE:

6-Gang-Präzisionsgetriebe
(1. Gang als Kriechgang ausgebildet)
Getriebeölfüllung 20 Ltr.

GESCHWINDIGKEITEN (km/h):

6 Vorwärtsgänge:
1. Gang (Kriechgang)	0,8—1,5
2. Gang	3,1
3. Gang	4,7
4. Gang	6,3
5. Gang	11,4
6. Gang	ca. 20,0
1 Rückwärtsgang	4,0

ABMESSUNGEN und GEWICHTE:

Länge	2750 mm
Breite	1640 mm
Höhe	1550 mm
Gewicht ohne Zusatzgewichte	1359 kg
Gewicht mit Kraftheber und Dreipunktaufhängung	1526 kg
Bodenfreiheit	383 mm
Spurweite vorn:	
(nicht ausziehbare Achse)	1250 u. 1500 mm
(ausziehbare Achse)	1250 — 1900 mm
hinten:	1250 — 1900 mm
Radstand	1780 mm
Kleinster Spurkreishalbmesser (mit Lenkbremse)	2550 mm
Größte Bruttoanhängelast (im 6. Gang auf trockener, ebener Straße)	15 t

NORMALAUSRÜSTUNG:

Gefederte Vorderachse, Differentialsperre für Hand- und Fußbedienung, Zapfwelle, Zapfwellenschutzschild, Betriebsfußbremse kombiniert mit Lenkbremse, unabhängige Handbremse mit Feststellhebel, Handgashebel und Fußgaspedal kombiniert, Auspuffrohr nach hinten verlängert, Schalldämpfer, elektrischer Anlasser mit Vorglüheinrichtung — 12-Volt-Batterie, elektrische Beleuchtung, Blinklichtanlage, Begrenzungsleuchten, Rücklicht und Rückstrahler, Anschluß für Anhängerbeleuchtung, elektrisches Signalhorn, Öldruckanzeiger, Fernlichtkontrolle, Kühlwassertemperaturanzeige, Ladekontrolle, Zugrahmen mit Anhängegeräteschiene, vordere Anhängekupplung, drehbare hintere Anhängerkupplung im Anschlußbock verstellbar, Parallelogramm-Fahrersitz (Muldensitz), Beifahrersitz, Hinterradschutzbleche, Werkzeug.

BEREIFUNG:

vorn 5.00-16 AS, hinten 8-32 AS.

SONDERAUSRÜSTUNG:

IH-Agriomatic (8-Ganggetriebe), Motorzapfwelle, Fernbedienungshebel, Exact-Hydraulicsystem mit Dreipunktaufhängung DIN 9674, Kategorie I, Lastübertragungswinkel, langer Geräteschiene, Seitenführung und Einstellkurbel, Frontlader (500 kg), zweites Steuergerät, Plattform zum regulären Zugrahmen, hintere Geräteschiene zum regulären Zugrahmen, schwenkbare Gerätezugstange, Drehpunktverlagerungsstreben, Riemenscheibe mit Antrieb, Polstersitz, Zweiter Beifahrersitz, Traktormeter (Motor- und Zapfwellendrehzahl, Geschwindigkeitsmesser, Betriebsstundenzähler), Vorreinigeraufsatz für Luftfilter, Rückscheinwerfer, Vertikalauspuff, Vorderradschutzbleche, Vorder- und Hinterradgewichte, Vorderachsgewicht, seitlicher Anbaumäher, ausziehbare Vorderachse.

INTERNATIONAL HARVESTER

INTERNATIONAL HARVESTER COMPANY M.B.H.
WERKE: NEUSS AM RHEIN UND HEIDELBERG
Niederlassungen: Berlin · Hamburg · München · Neuss/Rhein

Alle Angaben und Abbildungen sind annähernd und unverbindlich. Konstruktionsänderungen vorbehalten.

GER 273 M/2

DER NEUE
D-326
DIESELSCHLEPPER

D-326 ein McCORMICK-Schlepper, der dem Landwirt das bietet, was er sich von einem Schlepper nur wünschen kann. Robuste Konstruktion (Motor- und Kupplungsgehäuse, Vorderachsträger und mittragende gußeiserne Ölwanne bilden einen kompakten Block). Er ist vielseitig, wendig, hat eine günstige Gewichtsverteilung, ist leicht zu bedienen, hat eine lange Lebensdauer und ruhigen Lauf. Auf Wunsch lieferbar mit IH-Agriomatic.

1

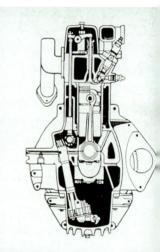

Motor
Das Herz der McCORMICK-Schlepper sind die unverwüstlichen mehrzylindrigen IH-Dieselmotoren, die sich durch Kraft und ruhigen Lauf auszeichnen. Ein Abwürgen des elastischen Motors ist selbst bei plötzlicher Mehrbelastung kaum möglich.

McCORMICK-Schlepper sind vielseitig einsetzbar. Als Zugmaschine beim schweren Holztransport, beim Pflügen, als Antriebskraft stationärer Aggregate, kurz bei allen in der Landwirtschaft vorkommenden Arbeiten. Die Dreipunktaufhängung ist die ideale Verbindung von Schlepper und Gerät. Das Getriebe kann allen starken Belastungen ausgesetzt werden, alle Zahnräder sind aus hochwertigem Stahl angefertigt. Die Wasserkühlung schont den Motor durch gleichmäßige Kühlung und hält in Verbindung mit dem Thermostat die Betriebswärme bei jeder Außentemperatur. Die McCORMICK-Schlepper sind mit den erforderlichen Ausrüstungen versehen. Es macht Freude, mit ihnen zu arbeiten.

3

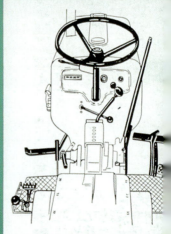

Bedienung
Übersichtlich angeordnet und bequem zu erreichen und zu bedienen sind sämtliche Bedienungshebel an McCORMICK-Dieselschleppern. Die gute Übersicht erleichtert dem Fahrer die Arbeit und ermöglicht sichere Fahrweise.

2

Hydraulik

Die Hydraulik-Anlage an McCORMICK-Schleppern hat in den letzten Jahren ständig an Bedeutung zugenommen. Mühelos lassen sich die Geräte einsetzen und ausheben. Ein echter Vorteil, den Sie mit McCORMICK-Schleppern nutzen können.

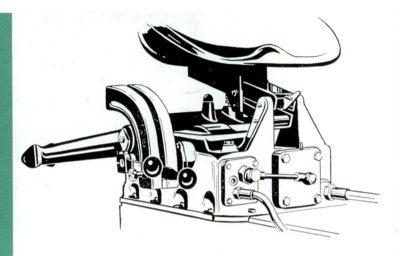

exact HYDRAULIC-SYSTEM

Das neue Hydraulik-System der International Harvester Company bringt dem Landwirt noch mehr Vorteile. In Verbindung mit dem Dreipunktanbau bilden Schlepper und Gerät ein Ganzes. Allein die Hubkraft beträgt schon 900 kg (maximale Hubkraft 1500 kg) an den Anschlußpunkten der unteren Lenker. Eine äußerst exakte Tiefenführung gewährleistet genaues Einhalten der Arbeitstiefe. Besondere Sicherheitsvorkehrungen schalten Unfälle, Überbelastungen und Bedienungsfehler aus. So ist zum Beispiel ein Absinken der Geräte bei abgestelltem Motor nicht möglich. Die IH-Hydraulik kann wahlweise nach dem Regelprinzip oder der herkömmlichen Weise durch Selbstführung der Geräte arbeiten. (Schwimmstellung.) Die Absenkgeschwindigkeit der Arbeitsgeräte kann beliebig geändert werden.

Die Hubkraft beträgt 900 kg an den Anschlußpunkten der unteren Lenker. Maximale Hubkraft bis 1500 kg.

Druck und Arbeitswiderstand werden auf die Hinterachse übertragen, dadurch Erhöhung des Zugvermögens.

Die automatische Tiefenführung gewährleistet genaues Einhalten der Arbeitstiefe.

Ein Absinken der Geräte bei abgestelltem Motor ist nicht möglich (erhöhte Sicherheit).

Zapfwellengetriebene Maschinen wie Bindemäher, Sammelpressen, Anbaumäher und Feldhäcksler lassen sich durch die IH-Agriomatic auf einfachste Weise den ständig wechselnden Bedingungen anpassen. Gerade bei zapfwellengetriebenen Maschinen wird der Landwirt die Vorteile der IH-Agriomatic zu schätzen wissen. Ein leichter Zug am Bedienungshebel, die Fahrgeschwindigkeit verringert sich, die Drehzahl der Zapfwelle bleibt konstant, so daß eine drohende Verstopfung der Maschine, z. B. bei Lagergetreide, rechtzeitig verhindert werden kann.
Beim Übergang von der Straße auf den Acker oder bei Steigungen kann der Fahrer den Ackergang einlegen, ohne zu kuppeln und zu schalten — das bedeutet größere Sicherheit an Gefällstrecken.

Verlangsamen und Anhalten des Schleppers bei voller Zapfwellendrehzahl.

Müheloses Wechseln von den Straßen- in die Ackergänge ohne Kuppeln und Schalten.

Mehr Sicherheit bei Gefällstrecken durch Überwechseln in die Ackergänge ohne Kuppeln und Schalten.

Anhalten und Ingangsetzen des Schleppers in den Ackergängen — durch Fernbedienung auch im Nebenhergehen

Agriomatic MIT FERNBEDIENUNG

4

Getriebe

Den gerade in der Landwirtschaft auftretenden harten Belastungen hält das IH-Getriebe stand. Die Zahnräder sind aus hochwertigem Stahl hergestellt. Das Getriebe ist auf günstige Geschwindigkeitsbereiche abgestuft.

 D-215 15 PS

 D-219 19 PS

 D-322 22 PS

D-326 26 PS

D-432 32 PS

D-439 39 PS

TECHNISCHE EINZELHEITEN DES D-326

MOTOR:

IH-3-Zylinder-Dieselreihenmotor, 4-Takt, 4-fach gelagerte Kurbelwelle, Bosch-Einspritzvorrichtung mit Verstellregler, Walzendüsen, Wirbelvorkammern, Leichtmetall-Vollschaftkolben, Ölfilter, Ölbadluftfilter, Druckumlaufschmierung, Kraftstoffilter, Wasserumlaufkühlung mit Pumpe, Temperaturregelung durch Thermostat und Kurzschlußkreis-Umlauf.

Höchstleistung	26 PS
Dauerleistung	24 PS
Nenndrehzahl	1900 U/min
Bohrung	87,3 mm
Hub	101,6 mm
Gesamthubraum	1825 cm³
Verdichtung	19 : 1
Ölfüllung im Motor	4,9 Ltr.
Kühlwassermenge	11 Ltr.
Kraftstoffvorrat	30 Ltr.

RIEMENSCHEIBE:

Drehzahl	1440 U/min
Durchmesser	242 mm
Breite	162 mm

ZAPFWELLE:

Drehzahl	577 U/min
Durchmesser	1 3/8"

GETRIEBE:

6-Gang-Präzisionsgetriebe
(1. Gang als Kriechgang ausgebildet)

Getriebeölfüllung	20 Ltr.

GESCHWINDIGKEITEN (km/h):

6 Vorwärtsgänge:

1. Gang (Kriechgang)	0,7—1,4
2. Gang	3,0
3. Gang	4,5
4. Gang	6,0
5. Gang	10,9
6. Gang	ca. 20,0
Rückwärtsgang	3,8

ABMESSUNGEN und GEWICHTE:

Länge	2750 mm
Breite	1640 mm
Höhe	1550 mm
Gewicht ohne Zusatzgewichte	1398 kg
Gewicht mit Kraftheber und Dreipunktaufhängung	1565 kg
Bodenfreiheit	383 mm
Spurweite vorn:	
(nicht ausziehbare Achse)	1250 u. 1500 mm
(ausziehbare Achse)	1250 — 1900 mm
hinten:	1250 — 1900 mm
Radstand	1780 mm
Kleinster Spurkreishalbmesser (mit Lenkbremse)	2550 mm
Größte Bruttoanhängelast (im 6. Gang auf trockener, ebener Straße)	17 t

NORMALAUSRÜSTUNG:

Gefederte Vorderachse, Differentialsperre für Hand- und Fußbedienung, Zapfwelle, Zapfwellenschutzschild, Betriebsfußbremse kombiniert mit Lenkbremse, unabhängige Handbremse mit Feststellhebel, Handgashebel und Fußgaspedal kombiniert, Auspuffrohr nach hinten verlängert, Schalldämpfer, elektrischer Anlasser mit Vorglüheinrichtung — 12-Volt-Batterie, elektrische Beleuchtung, Blinklichtanlage, Begrenzungsleuchten, Rücklicht und Rückstrahler, Anschluß für Anhängerbeleuchtung, elektrisches Signalhorn, Öldruckanzeiger, Fernlichtkontrolle, Kühlwassertemperaturanzeige, Ladekontrolle, Zugrahmen mit Anhängegeräteschiene, vordere Anhängekupplung, drehbare hintere Anhängerkupplung im Anschlußbock verstellbar, Parallelogramm-Fahrersitz (Muldensitz), Beifahrersitz, Hinterradschutzbleche, Werkzeug.

BEREIFUNG:

vorn 5.00-16 AS, hinten 8-32 AS.

SONDERAUSRÜSTUNG:

IH-Agriomatic (8-Ganggetriebe), Motorzapfwelle, Fernbedienungshebel, Exact-Hydraulicsystem mit Dreipunktaufhängung DIN 9674, Kategorie I, Lastübertragungswinkel, langer Geräteschiene, Seitenführung und Einstellkurbel, Frontlader (500 kg), zweites Steuergerät, Plattform zum regulären Zugrahmen, hintere Geräteschiene zum regulären Zugrahmen, schwenkbare Gerätezugstange, Drehpunktverlagerungsstreben, Riemenscheibe mit Antrieb, Polstersitz, Zweiter Beifahrersitz, Traktormeter (Motor- und Zapfwellendrehzahl, Geschwindigkeitsmesser, Betriebsstundenzähler), Vorreinigeraufsatz für Luftfilter, Rückscheinwerfer, Vertikalauspuff, Vorderradschutzbleche, Vorder- und Hinterradgewichte, Vorderachsgewicht, seitlicher Anbaumäher, ausziehbare Vorderachse.

INTERNATIONAL HARVESTER
INTERNATIONAL HARVESTER COMPANY M.B.H.
WERKE: NEUSS AM RHEIN UND HEIDELBERG
Niederlassungen: Berlin · Hamburg · München · Neuss/Rhein

Alle Angaben und Abbildungen sind annähernd und unverbindlich. Konstruktionsänderungen vorbehalten.   GER 274 M/2

DER NEUE D-432 DIESEL

INTERNATIONAL HARVESTER

McCORMICK
INTERNATIONAL

mit *exact* HYDRAULIC-SYSTEM

DER NEUE
D-432
DIESELSCHLEPPER

Der McCORMICK - Diesel - Schlepper D-432 gehört zu den Favoriten seiner Klasse. Ausgereifte Technik und geballte Kraft stecken in dem 4-Zylinder-Dieselmotor und verleihen dem Schlepper eine außergewöhnliche Zugkraft. Die Bedienung ist sehr einfach, das Armaturenbrett sehr übersichtlich. Dieser Schlepper wird mit härtesten Bedingungen fertig und ist für Jahre ein unverwüstlicher Helfer.

1

Motor
Das Herz der McCORMICK-Schlepper sind die unverwüstlichen mehrzylindrigen IH-Dieselmotoren, die sich durch Kraft und ruhigen Lauf auszeichnen. Ein Abwürgen des elastischen Motors ist selbst bei plötzlicher Mehrbelastung kaum möglich.

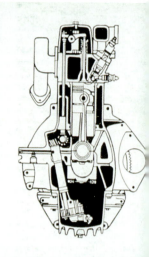

McCORMICK-Schlepper sind vielseitig einsetzbar. Als Zugmaschine beim schweren Holztransport, beim Pflügen, als Antriebskraft stationärer Aggregate, kurz bei allen in der Landwirtschaft vorkommenden Arbeiten. Die Dreipunktaufhängung ist die ideale Verbindung von Schlepper und Gerät. Das Getriebe kann allen starken Belastungen ausgesetzt werden, alle Zahnräder sind aus hochwertigem Stahl angefertigt. Die Wasserkühlung schont den Motor durch gleichmäßige Kühlung und hält in Verbindung mit dem Thermostat die Betriebswärme bei jeder Außentemperatur. Die McCORMICK-Schlepper sind mit den erforderlichen Ausrüstungen versehen. Es macht Freude, mit ihnen zu arbeiten.

3

Bedienung
Übersichtlich angeordnet und bequem zu erreichen und zu bedienen sind sämtliche Bedienungshebel an McCORMICK - Dieselschleppern. Die gute Übersicht erleichtert dem Fahrer die Arbeit und ermöglicht sichere Fahrweise.

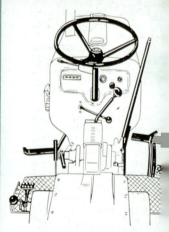

2

Hydraulik

Die Hydraulik-Anlage an McCORMICK-Schleppern hat in den letzten Jahren ständig an Bedeutung zugenommen. Mühelos lassen sich die Geräte einsetzen und ausheben. Ein echter Vorteil, den Sie mit McCORMICK-Schleppern nutzen können.

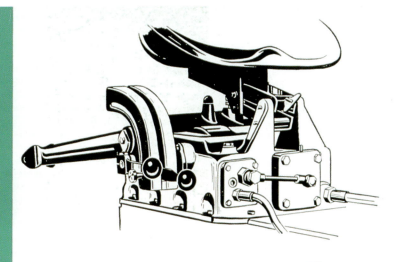

exact HYDRAULIC-SYSTEM

Das neue Hydraulik-System der International Harvester Company bringt dem Landwirt noch mehr Vorteile. In Verbindung mit dem Dreipunktanbau bilden Schlepper und Gerät ein Ganzes. Allein die Hubkraft beträgt schon 900 kg (maximale Hubkraft 1500 kg) an den Anschlußpunkten der unteren Lenker. Eine äußerst exakte Tiefenführung gewährleistet genaues Einhalten der Arbeitstiefe. Besondere Sicherheitsvorkehrungen schalten Unfälle, Überbelastungen und Bedienungsfehler aus. So ist zum Beispiel ein Absinken der Geräte bei abgestelltem Motor nicht möglich. Die IH-Hydraulik kann wahlweise nach dem Regelprinzip oder der herkömmlichen Weise durch Selbstführung der Geräte arbeiten. (Schwimmstellung.) Die Absenkgeschwindigkeit der Arbeitsgeräte kann beliebig geändert werden.

Die Hubkraft beträgt 900 kg an den Anschlußpunkten der unteren Lenker. Maximale Hubkraft bis 1500 kg.

Druck und Arbeitswiderstand werden auf die Hinterachse übertragen, dadurch Erhöhung des Zugvermögens.

Die automatische Tiefenführung gewährleistet genaues Einhalten der Arbeitstiefe.

Ein Absinken der Geräte bei abgestelltem Motor ist nicht möglich (erhöhte Sicherheit).

Zapfwellengetriebene Maschinen wie Bindemäher, Sammelpressen, Anbaumäher und Feldhäcksler lassen sich durch die IH-Agriomatic auf einfachste Weise den ständig wechselnden Bedingungen anpassen. Gerade bei zapfwellengetriebenen Maschinen wird der Landwirt die Vorteile der IH-Agriomatic zu schätzen wissen. Ein leichter Zug am Bedienungshebel, die Fahrgeschwindigkeit verringert sich, die Drehzahl der Zapfwelle bleibt konstant, so daß eine drohende Verstopfung der Maschine, z. B. bei Lagergetreide, rechtzeitig verhindert werden kann.
Beim Übergang von der Straße auf den Acker oder bei Steigungen kann der Fahrer den Ackergang einlegen, ohne zu kuppeln und zu schalten — das bedeutet größere Sicherheit an Gefällstrecken.

Verlangsamen und Anhalten des Schleppers bei voller Zapfwellendrehzahl.

Müheloses Wechseln von den Straßen- in die Ackergänge ohne Kuppeln und Schalten.

Agriomatic MIT FERNBEDIENUNG

Mehr Sicherheit bei Gefällstrecken durch Überwechseln in die Ackergänge ohne Kuppeln und Schalten.

Anhalten und Ingangsetzen des Schleppers in den Ackergängen — durch Fernbedienung auch im Nebenhergehen

4

Getriebe

Den gerade in der Landwirtschaft auftretenden harten Belastungen hält das IH-Getriebe stand. Die Zahnräder sind aus hochwertigem Stahl hergestellt. Das Getriebe ist auf günstige Geschwindigkeitsbereiche abgestuft.

 D-215 15 PS

 D-219 19 PS

 D-322 22 PS

D-326 26 PS

D-432 32 PS

D-439 39 PS

TECHNISCHE EINZELHEITEN DES D-432

MOTOR:

IH-4-Zylinder-Dieselreihenmotor, 4-Takt, 5fach gelagerte Kurbelwelle, Bosch-Einspritzvorrichtung mit Verstellregler, Walzendüsen, Wirbelvorkammern, Leichtmetall-Vollschaftkolben, Ölfilter, Ölbadluftfilter, Druckumlaufschmierung, Kraftstoffilter, Wasserumlaufkühlung mit Pumpe, Temperaturregelung durch Thermostat und Kurzschlußkreis-Umlauf.

Höchstleistung	32 PS
Dauerleistung	30 PS
Nenndrehzahl	1900 U/min
Bohrung	82,6 mm
Hub	101,6 mm
Gesamthubraum	2175 cm³
Verdichtung	19 : 1
Ölfüllung im Motor	6,6 Ltr.
Kühlwassermenge	14 Ltr.
Kraftstoffvorrat	55 Ltr.

RIEMENSCHEIBE:

Drehzahl	1440 U/min
Durchmesser	242 mm
Breite	162 mm

ZAPFWELLE:

Drehzahl	577 U/min
Durchmesser	1 3/8"

GETRIEBE:

IH-„Agriomatic" (8-Gang-Getriebe)
Getriebeölfüllung 20 Ltr.

GESCHWINDIGKEITEN (km/h):

8 Vorwärtsgänge

1. Gang	0,9—1,8
2. Gang	3,6
3. Gang	5,7
4. Gang	7,1
5. Gang	4,8
6. Gang	9,3
7. Gang	14,9
8. Gang	ca. 20,0
1. Rückwärtsgang	3,0
2. Rückwärtsgang	8,0

ABMESSUNGEN und GEWICHTE:

Länge	2930 mm
Breite	1640 mm
Höhe	1550 mm
Gewicht ohne Zusatzgewichte	1494 kg
Gewicht mit Kraftheber Dreipunktaufhängung	1662 kg
Bodenfreiheit	400 mm
Spurweite vorn:	
(nicht ausziehbare Achse)	1250 u. 1500 mm
(ausziehbare Achse)	1250 — 1900 mm
hinten	1250 — 1900 mm
Radstand	1880 mm
Kleinster Spurkreishalbmesser (mit Lenkbremse)	2700 mm
Größte Bruttoanhängelast (im 8. Gang auf trockener, ebener Straße)	20 t

NORMALAUSRÜSTUNG:

Agriomatic wird serienmäßig eingebaut. Gefederte Vorderachse, Differentialsperre für Hand- und Fußbedienung, Motor-Zapfwelle, Betriebsfußbremse komb. mit Lenkbremse, unabhängige Handbremse mit Feststellhebel, Handgashebel und Fußgashebel kombiniert, Auspuffrohr nach hinten verlängert, Schalldämpfer, elektr. Anlasser mit Batterie — 12 Volt, elektr. Beleuchtung, Begrenzungsleuchten, Blinklichtanlage, Rücklicht und Rückstrahler, Anschluß für Anhängerbeleuchtung, elektr. Signalhorn, Vorglüheinrichtung, Öldruckanzeigeleuchte, Fernlichtkontrolle, Kühlwassertemperaturanzeige, Ladekontrolle, Zugrahmen mit Anhängegeräteschiene, Vordere Anhängekupplung, Drehbare hintere Anhängerkupplung im Anschlußbock verstellbar, Zapfwellenschutzschild, Parallelogramm-Fahrersitz (Muldensitz), Beifahrersitz, Hinterrad-Schutzbleche, Werkzeug.

BEREIFUNG:

vorn 5.00-16 AS, hinten 10-28 AS,

SONDERAUSRÜSTUNG:

Fernbedienungshebel für Agriomatic, Exact-Hydraulicsystem mit Dreipkt.-Aufhängung DIN 9674, Kategorie I und II, Lastübertragungswinkel, lange Geräteschiene, Seitenführung und Einstellkurbel, Frontlader (500 und 750 kg), zweites Steuergerät, hintere Geräteschiene zum regulären Zugrahmen, Plattform zum regulären Zugrahmen, schwenkbare Gerätezugstange, Drehpunktverlagerungsstreben, ausziehbare Vorderachse, Riemenscheibe mit Antrieb, Polstersitz, zweiter Beifahrersitz, Traktormeter (Motor- und Zapfwellendrehzahl), Geschwindigkeitsmesser, Betriebsstundenzähler, Vorreinigeraufsatz für Luftfilter, Rückscheinwerfer, Vertikalauspuff, Vorderrad-Schutzbleche, Vorder- und Hinterradgewichte, Vorderachsgewicht, seitlicher Anbaumäher.

INTERNATIONAL HARVESTER
INTERNATIONAL HARVESTER COMPANY M.B.H.
WERKE: NEUSS AM RHEIN UND HEIDELBERG
Niederlassungen: Berlin · Hamburg · München · Neuss/Rhein

Alle Angaben und Abbildungen sind annähernd und unverbindlich. Konstruktionsänderungen vorbehalten.

GER 275 M/2

McCORMICK INTERNATIONAL ...für Arbeiten

Das ist der Hebel für die IH-Agriomatic. Mit ihm kann man ohne zu kuppeln oder zu schalten den Schlepper anhalten oder ingangsetzen, von den Straßengängen in die Ackergänge wechseln. Bei Arbeiten mit zapfwellengetriebenen Maschinen und bei Straßentransport (Steigung, Gefälle) bietet die IH-Agriomatic unübertroffene Vorteile.

Bei Arbeiten auf schwer Böden müssen Bere und Gewicht den beso ren Anforderungen ents chen. Es geht darum, geringstem Bodendruc arbeiten, den Schlupf z duzieren und die volle torleistung an den Bode bringen. Der neue D erfüllt alle diese Vo setzungen voll und ga

Agriomatic
MIT FERNBEDIENUNG

Zapfwellengetriebene Maschinen wie z. B. Sammelpressen oder Anbaum lassen sich durch die IH-Agriomatic einfach den wechselnden Bedingungen an sen. Ein leichter Zug am Bedienungshebel, die Fahrgeschwindigkeit verringert die Drehzahl der Zapfwelle bleibt konstant, so daß eine drohende Verstop der Maschine rechtzeitig verhindert werden kann. Beim Übergang von der St auf den Acker, bei Steigung oder Gefälle kann der Fahrer den Ackergang einle ohne zu kuppeln und zu schalten — das bedeutet größere Sicherheit.

Müheloses Wechseln von den Straßen- in die Ackergänge ohne Kuppeln und Schalten.

Verlangsamen und Anhalten des Schleppers bei voller Zapfwellendrehzahl.

Mehr Sicherheit bei Gefäll ken durch Überwechseln i Ackergänge ohne Kuppel Schalten.

Anhalten und Ingangsetzer Schleppers in den Ackerga — durch Fernbedienung au Nebenhergehen.

f schwersten Böden

torkraft, Gewicht und Bereifung bemmen die Leistungsfähigkeit Ihres leppers. Das gilt grundsätzlich, erst ht aber bei Arbeiten auf schwersten den. Der neue D-439 in extra starker sführung erfüllt diese Bedingungen und ganz. Mit 3420 kg zul. Gesamtvicht und einer Hinterrad-Bereifung 11-32 AS ist er geradezu für den Einz auf schwersten Böden geschaffen. 39 PS Höchstleistung schafft er alle werstarbeiten, ob Sie nun mit einem ischarigen Pflug, einem Miststreuer, er Rüben- oder Kartoffel-Vollerntschine oder mit dem Frontlader arten. Und noch ein entscheidender Vor-: Mittels der neuen Exact-Regelhyulik lassen sich Anbaugeräte wie g, Grubber, Rotorkrümler, Egge, Hack-Drillmaschine noch wirkungsvoller setzen. Mit dem neuen D-439 in extra ker Ausführung werden Sie auf erunlich hohe Flächenleistungen kom-!

elend leicht können Sie der neuen Exact-Regelraulik die Arbeitstiefe Geräte den Bodenvernissen entsprechend stellen, vor Arbeitsbeoder während der t. Bei gleicher Bodenwird die Arbeitstiefe ch die Exact-Regelhyulik automatisch kont gehalten.

Je vielfältiger die Einsatzmöglichkeiten des modernen Schleppers werden, umso mehr kommt es darauf an, daß alle Instrumente und Hebel übersichtlich angeordnet sind und in Griffnähe liegen. Nur dann kann man den Schlepper sicher, schnell und leicht bedienen. Die hier gezeigte Lösung dürfte an Zweckmäßigkeit kaum noch zu überbieten sein.

neue Hydraulik-System bietet dem Landwirt noch mehr Vorteile. In Verbindung dem Dreipunktanbau bilden Schlepper und Gerät ein Ganzes. Allein die Hubt beträgt 900 kg (max. Hubkraft 1500 kg) an den Anschlußpunkten der unteren ker. Eine äußerst exakte Tiefenführung gewährleistet genaue Einhaltung der eitstiefe. Besondere Sicherheitsvorkehrungen schalten Unfälle, Überlastungen Bedienungsfehler aus. Die IH-Exact-Regelhydraulik kann wahlweise nach dem elprinzip oder der herkömmlichen Weise durch Selbstführung der Geräte eiten. (Schwimmstellung)

REGELHYDRAULIK

Hubkraft beträgt 900 kg an Anschlußpunkten der unteren er. Maximale Hubkraft bis kg.

automatische Tiefenführung hrleistet genaues Einhalten Arbeitstiefe.

Druck und Arbeitswiderstand werden auf die Hinterachse übertragen, dadurch Erhöhung des Zugvermögens.

Ein Absinken der Dreipunktanbaugeräte bei abgestelltem Motor ist nicht möglich (erhöhte Sicherheit).

TECHNISCHE DATEN DES D-439

MOTOR:
IH-4-Zylinder-Dieselreihenmotor, 4-Takt, 5fach gelagerte Kurbelwelle, Bosch-Einspritz-Vorrichtung mit Verstellregler, Walzendüsen, Wirbelvorkammern, Leichtmetall-Vollschaftkolben, Ölfilter, Ölbadluftfilter, Druckumlaufschmierung, Kraftstoffilter, Wasserumlaufkühlung mit Pumpe, Temperaturregelung durch Thermostat und Kurzschlußkreisumlauf.

Dauerleistung	36 PS
Höchstleistung	39 PS
Drehzahl	1900 U/min
Bohrung	87,3 mm
Hub	101,6 mm
Gesamthubraum	2434 rm³
Verdichtung	19:1
Ölfüllung im Motor	6,9 Ltr.
Kühlwassermenge	14 Ltr.
Kraftstoffvorrat	55 Ltr.

RIEMENSCHEIBE:

Drehzahl	1440 U/min
Durchmesser	242 mm
Breite	162 mm

MOTORZAPFWELLE:

Drehzahl	577 U/min
Durchmesser	1³/₈"

GETRIEBE:
IH-„Agriomatic" (8-Gang-Getriebe)

Getriebeölfüllung	20 Ltr.

GESCHWINDIGKEITEN (km/h):

8 Vorwärtsgänge:	0,9—1,8
1. Gang	0,9—1,8
2. Gang	3,6
3. Gang	5,8
4. Gang	7,3
5. Gang	4,9
6. Gang	9,6
7. Gang	15,2
8. Gang	ca. 20,0
2 Rückwärtsgänge:	
1. R.W.-Gang	3,1
2. R.W.-Gang	8,2

ABMESSUNGEN UND GEWICHTE:

Länge	2930 mm
Breite	1640 mm
Höhe	1562 mm
Gewicht ohne Zusatzgewichte	1811 kg
Gewicht mit Kraftheber und Dreipunktaufhängung	1999 kg

Zusätzliche Gewichte
Vorderradgewichte:
  Satz 40 kg rund — außen
  Satz 80 kg rund, je 2 Stück — außen
Vorderachsgewicht: 100 kg
Hinterradgewichte:
1. Satz 110 kg — innen
2. Satz 150 kg Ergänzungsgewichte — innen
3. Satz 150 kg Ergänzungsgewichte — innen
1. Satz 170 kg — außen
2. Satz 170 kg Ergänzungsgewichte — außen

Bodenfreiheit	380 mm

Spurweite, vorn
(nicht ausziehbare Achse)	1350 u. 1500 mm
(ausziehbare Achse)	1350 — 1900 mm
hinten	1350 — 1900 mm
Radstand	1880 mm
Kleinster Spurkreishalbmesser (mit Lenkbremse)	2700 mm
Größte Bruttoanhängelast (im 8. Gang auf trockener, ebener Straße)	24 t

NORMALAUSRÜSTUNG:
Agriomatic wird serienmäßig eingebaut. Gefederte Vorderachse, Differentialsperre für Hand- und Fußbedienung, Motor-Zapfwelle, Betriebsfußbremse komb. mit Lenkbremse, unabhängige Handbremse mit Feststellhebel, Handgashebel und Fußgashebel kombiniert, Auspuffrohr nach hinten verlängert, Schalldämpfer, elektr. Anlasser mit Batterie — 12 Volt, elektr. Beleuchtung, Begrenzungsleuchten, Blinklichtanlage, Rücklicht und Rückstrahler, Anschluß für Anhängerbeleuchtung, elektr. Signalhorn, Vorglüheinrichtung, Öldruckanzeigeleuchte, Fernlichtkontrolle, Kühlwassertemperaturanzeige, Ladekontrolle, Zugrahmen mit Anhängegeräteschiene, Vordere Anhängekupplung, Drehbare hintere Anhängerkupplung im Anschlußbock verstellbar, Zapfwellenschutzschild, Parallelogramm-Fahrsitz (Muldensitz), Beifahrersitz, Hinterrad-Schutzbleche, Werkzeug.

BEREIFUNG:
vorn 7.50—16 AS,
hinten 11—32 AS,

SONDERAUSRÜSTUNG:
Fernbedienungshebel für Agriomatic, IH-Regelhydraulik mit Dreipkt.-Aufhängung DIN 9674, Kategorie I und II, Lastübertragungswinkel, lange Geräteschiene, Seitenführung und Einstellkurbel, Frontlader (500 und 750 kg), zweites Steuergerät, hintere Geräteschiene zum regulären Zugrahmen, Plattform zum regulären Zugrahmen, schwenkbare Gerätezugstange, Drehpunktverlagerungsstreben, ausziehbare Vorderachse, Riemenscheibe mit Antrieb, Polstersitz, zweiter Beifahrersitz, Traktormeter (Motor- und Zapfwellendrehzahl, Geschwindigkeitsmesser, Betriebsstundenzähler), Vorreinigeraufsatz für Luftfilter, Rückscheinwerfer, Vertikalauspuff, Vorderrad-Schutzbleche, Vorder- und Hinterradgewichte, Vorderachsgewicht, seitlicher Anbaumäher.

INTERNATIONAL HARVESTER
INTERNATIONAL HARVESTER COMPANY M.B.H.
WERKE: NEUSS AM RHEIN UND HEIDELBERG
Niederlassungen: Berlin - Hamburg - München - Neuss/Rhein

Alle Angaben und Abbildungen sind annähernd und unverbindlich. Konstruktionsänderungen vorbehalten.

GER 347-M

Schlepper

Mc CORMICK International
DIESEL-SCHLEPPER D-215

Normalausrüstung:

IH-2-Zyl.-Viertakt-Diesel-Motor
Höchstleistung 15 PS
Dauerleistung 14 PS
Sechsgang-Getriebe mit Kriechgang
Acker-Luftbereifung 5.00–16 AS vorn
8–24 AS hinten
mit Zugrahmen mit Anhängegeräteschiene DM 6 695.–
mit hydraulischem Kraftheber und Dreipunkt-
Aufhängung, Kategorie I, DIN 9674, mit
langer Geräteschiene, Seitenführung, verstellbarer Aufzugbegrenzung, Einzugswinkel und Einstellkurbel DM 7 675.–
Betriebsstundenzähler serienmäßige Mitlieferung gegen Berechnung von DM 57.–

Sonderausrüstungen D-215

Hydraulischer Kraftheber bei Nachlieferung DM 830.–

Dreipunkt-Aufhängung, Kategorie I, DIN
9674 mit langer Geräteschiene, Seitenführung, verstellbarer Aufzugbegrenzung, Einzugswinkel und Einstellkurbel
bei Nachlieferung DM 265.–
Hintere Geräteschiene zum regulären
Zugrahmen DM 50.–
Plattform zum regulären Zugrahmen DM 32.–
Schwenkbare Gerätezugstange DM 39.–
(paßt nur zum regulären Zugrahmen mit
hinterer Geräteschiene)
Drehpunkt-Verlagerungsstreben DM 19.–

Sonstiges
Riemenscheibe mit Antrieb DM 320.–
Polstersitzkissen DM 17.–
Zweiter Beifahrersitz, rechts DM 18.–
Betriebsstundenzähler DM 57.–
Rückscheinwerfer DM 66.–
Vorderrad-Schutzbleche (Paar) DM 46.–
Zapfwellenschutzschild bei Nachlieferung DM 15.–

Vorderradgewichte
Satz (40 kg) rund – außen DM 70.–
Satz (80 kg) rund, je 2 Stück – außen DM 138.–

Hinterradgewichte
1. Satz (100 kg) DM 143.–
2. Satz (100 kg) Ergänzungsgewichte DM 170.–

Bereifungen anstelle der regulären
8–28 AS hinten DM 171.–
9–24 AS hinten DM 209.–

Anbaumäher
mit Antrieb und Vertikalaufzug (bei Mitlieferung)
D4-51 bei H. R. Reifen 8–24, 8–28, 9–24

	mit Hand- aushebung	mit Kraft- aushebung
4½ Fuß Normal- oder Mittelschnitt	DM 805.–	DM 755.–
Tiefschnitt	DM 825.–	DM 775.–
5 Fuß Normal- oder Mittelschnitt	DM 825.–	DM 775.–
Tiefschnitt	DM 845.–	DM 795.–

Bei späterer separater Nachlieferung von Anbaumähern gelten die Preise der gültigen Erntemaschinen-Preisliste.

Mc CORMICK International
DIESEL-SCHLEPPER D-219

Normalausrüstung:

IH-2-Zyl.-Viertakt-Diesel-Motor
Höchstleistung 19 PS
Dauerleistung 17 PS
Sechsgang-Getriebe mit Kriechgang
Acker-Luftbereifung 5.00–16 AS vorn
8–24 AS hinten
mit Zugrahmen und Anhängegeräteschiene DM 7 825.–
mit hydraulischem Kraftheber und Dreipunkt-
Aufhängung, Kategorie I, DIN 9674, mit
langer Geräteschiene, Seitenführung, verstellbarer Aufzugbegrenzung, Einzugswinkel und Einstellkurbel DM 8 805.–
Betriebsstundenzähler serienmäßige Mitlieferung gegen Berechnung von DM 62.–

Sonderausrüstungen D-219

Hydraulischer Kraftheber bei Nachlieferung DM 830.–

Dreipunkt-Aufhängung, Kategorie I, DIN
9674 mit langer Geräteschiene, Seitenführung, verstellbarer Aufzugbegrenzung, Einzugswinkel und Einstellkurbel
bei Nachlieferung DM 265.–
Hintere Geräteschiene zum regulären
Zugrahmen DM 50.–
Plattform zum regulären Zugrahmen DM 32.–
Schwenkbare Gerätezugstange DM 39.–
(paßt nur zum regulären Zugrahmen mit
hinterer Geräteschiene)
Drehpunkt-Verlagerungsstreben DM 19.–

Sonstiges
Riemenscheibe mit Antrieb DM 320.–
Polstersitzkissen DM 17.–
Zweiter Beifahrersitz, rechts DM 18.–
Betriebsstundenzähler DM 57.–
Rückscheinwerfer DM 66.–
Vorderrad-Schutzbleche (Paar) DM 46.–
Zapfwellenschutzschild bei Nachlieferung DM 15.–

Vorderradgewichte
Satz (40 kg) rund – außen DM 70.–
Satz (80 kg) rund, je 2 Stück – außen DM 138.–

Hinterradgewichte
1. Satz (100 kg) bei Nachlieferung DM 143.–
(ist im Preis des D-219 Schleppers mit
Normalausrüstung eingeschlossen)
2. Satz (100 kg) Ergänzungsgewichte DM 170.–

Bereifungen anstelle der regulären
8–28 AS hinten DM 171.–
9–24 AS hinten DM 209.–

Anbaumäher
mit Antrieb und Vertikalaufzug (bei Mitlieferung)
D4-51 bei H. R. Reifen 8–24, 8–28, 9–24

Schlepper

	mit Hand- aushebung	mit Kraft- aushebung
4½ Fuß Normal- oder Mittelschnitt	DM 805.–	DM 755.–
Tiefschnitt	DM 825.–	DM 775.–
5 Fuß Normal- oder Mittelschnitt	DM 825.–	DM 775.–
Tiefschnitt	DM 845.–	DM 795.–

Bei späterer separater Nachlieferung von Anbaumähern gelten die Preise der gültigen Erntemaschinen-Preisliste.

Mc CORMICK International
DIESEL-SCHLEPPER D-322

Normalausrüstung:
IH-3-Zyl.-Viertakt-Diesel-Motor
Höchstleistung 22 PS
Dauerleistung 20 PS
Sechsgang-Getriebe mit Kriechgang
Vorder- und Hinterräder mit verstellbaren Spurweiten 1250 und 1500 mm vorn, 1250 bis 1900 mm hinten

	Mind.-Bereif.	Stand.-Bereif.
Acker-Luftbereifung vorn	5.00–16 AS	5.00–16 AS
hinten	8–32 AS	9–32 AS
Mit Zugrahmen mit Anhängegeräteschiene	DM 8 895.–	DM 9 102.–
mit hydr. Kraftheber **exact** u. Dreip.-Aufh., Kat. I, DIN 9674, m. lang. Geräteschiene Seitenführung, Einzugswinkel und Einstellkurbel	DM 10 130.–	DM 10 337.–
mit IH-AGRIOMATIC DBP 943 807	mehr DM 480.–	

(einschließlich Motor-Zapfwelle und 8-Gang-Getriebe)
Traktormeter serienmäßige Mitlieferung
gegen Mehrpreis von   DM 62.–

Sonderausrüstungen D-322

Hydraulischer Kraftheber exact
 mit Anschlußbock und drehb. hinterer Anhängerkupplung   bei Nachlieferung DM 1 150.–
Zweites Steuergerät einfach wirkend
   bei Mitlieferung DM 250.–
   bei Nachlieferung DM 265.–

Dreipunkt-Aufhängung, Kategorie I, DIN 9674 mit langer Geräteschiene, Seitenführung, Einzugswinkel und Einstellkurbel
   bei Nachlieferung DM 285.–
Hintere Geräteschiene zum regulären
 Zugrahmen   DM 50.–
Plattform zum regulären Zugrahmen DM 39.–
Schwenkbare Gerätezugstange   DM 60.–
(paßt für 3-Punkt-Aufh. und zum regulären Zugrahmen)
Drehpunkt-Verlagerungsstreben   DM 19.–

Sonstiges
Fernbedienungshebel für Agriomatic DM 28.–
Riemenscheibe mit Antrieb   DM 320.–
Polstersitzkissen   DM 17.–
Zweiter Beifahrersitz, rechts   DM 18.–
Zapfwellenschutzschild   DM 15.–
Rückscheinwerfer   DM 66.–

Senkrechter Auspuff bei Mitlieferung DM 11.–
Senkrechter Auspuff bei Nachlieferung DM 59.–
Vorderradschutzbleche (Paar)   DM 46.–
Vorderradschutzbleche (Paar)
 für 6.00–16 V. R.   DM 48.–
Traktormeter   DM 62.–

Ausziehbare Vorderachse, Spurweite
1250 – 1900 mm, gefedert, bei Mitlieferung
 anst. der regulären   DM 88.–

Bereifungen anstelle der Mindestgrößen
5.50–16 AS vorn   DM 43.–
6.00–16 AS vorn   DM 97.–
10–28 AS hinten   DM 177.–
10–28 AS hinten, 5.50–16 AS vorn DM 220.–
10–28 AS hinten, 6.00–16 AS vorn DM 274.–
9–32 AS hinten   DM 207.–
9–32 AS hinten, 5.50–16 AS vorn   DM 250.–
9–32 AS hinten, 6.00–16 AS vorn   DM 304.–

Anbaumäher
mit Antrieb und Vertikalaufzug (bei Mitlieferung)
DE–22V bei H. R. Reifen 8–32, 9–32, 10–28

	mit Hand- aushebung	mit Kraft- aushebung
4½ Fuß Normal- oder Mittelschnitt	DM 910.–	DM 855.–
Tiefschnitt	DM 930.–	DM 875.–
5 Fuß Normal- oder Mittelschnitt	DM 930.–	DM 875.–
Tiefschnitt	DM 950.–	DM 895.–
6 Fuß Normal- oder Mittelschnitt	DM 970.–	DM 915.–

*mit unabhängigem Hubzylinder
 mit 2. Steuergerät
 Mehrpreis anstelle Handaushebung DM 225.–
* in Vorbereitung

Bei späterer separater Nachlieferung von Anbaumähern gelten die Preise der gültigen Erntemaschinen-Preisliste.

Mc CORMICK International
DIESEL-SCHLEPPER D-326

Normalausrüstung
IH-3-Zyl.-Viertakt-Diesel-Motor
Höchstleistung 26 PS
Dauerleistung 24 PS
Sechsgang-Getriebe mit Kriechgang
Vorder- und Hinterräder mit verstellbaren Spurweiten 1250 und 1500 mm vorn, 1250 bis 1900 mm hinten

	Mind.-Bereif.	Stand.-Bereif.
Acker-Luftbereifung vorn	5.00–16 AS	5.00–16 AS
hinten	8–32 AS	9–32 AS
mit Zugrahmen mit Anhängegeräteschiene	DM 9 590.–	DM 9 797.–
mit hydr. Kraftheber **exact** u. Dreip.-Aufh., Kat. I, DIN 9674, m. lang. Geräteschiene, Seitenführung, Einzugswinkel und Einstellkurbel	DM 10 825.–	DM 11 032.–
mit IH-AGRIOMATIC DBP 943 807	mehr DM 480.–	

(einschließlich Motor-Zapfwelle und 8-Gang-Getriebe)
Traktormeter serienmäßige Mitlieferung
gegen Mehrpreis von   DM 62.–

Schlepper

Sonderausrüstungen D-326

Hydraulischer Kraftheber exact
mit Anschlußbock und drehbarer hinterer
Anhängerkupplung bei Nachlieferung DM 1 150.–
Zweites Steuergerät – einfach wirkend
bei Mitlieferung DM 250.–
bei Nachlieferung DM 265.–

Dreipunkt-Aufhängung, Kategorie I, DIN
9674 mit langer Geräteschiene, Seitenführung, Einzugswinkel und Einstellkurbel
bei Nachlieferung DM 285.–
Hintere Geräteschiene zum regulären
Zugrahmen DM 50.–
Plattform zum regulären Zugrahmen DM 39.–
Schwenkbare Gerätezugstange DM 60.–
(paßt für 3-Pkt.-Aufh. und zum regulären
Zugrahmen)
Drehpunkt-Verlagerungsstreben DM 19.–

Sonstiges
Fernbedienungshebel für Agriomatic DM 28.–
Riemenscheibe mit Antrieb DM 320.–
Polstersitzkissen DM 17.–
Zweiter Beifahrersitz, rechts DM 18.–
Traktormeter DM 62.–
Rückscheinwerfer DM 66.–
Senkrechter Auspuff bei Mitlieferung DM 11.–
Senkrechter Auspuff bei Nachlieferung DM 59.–
Vorderradschutzbleche (Paar) DM 46.–
Vorderradschutzbleche (Paar)
für 6.00–16 V. R. DM 48.–
Zapfwellenschutzschild bei Nachlieferung DM 15.–

Vorderradgewichte
Satz (40 kg) rund – außen DM 70.–
Satz (80 kg) rund, je 2 Stück – außen DM 138.–

Vorderachsgewicht (100 kg) DM 166.–

Hinterradgewichte
1. Satz (110 kg) DM 170.–
2. Satz (150 kg) Ergänzungsgewichte DM 252.–
*3. Satz (150 kg) Ergänzungsgewichte DM 278.–
*(nur f. 10–28 H. R.)

Ausziehbare Vorderachse, Spurweite 1250 –
1900 mm, gefedert, bei Mitlieferung anst.
der regulären DM 88.–

Bereifungen anstelle der Mindestgröße
5.50–16 AS vorn DM 43.–
6.00–16 AS vorn DM 97.–
10–28 AS hinten DM 177.–
10–28 AS hinten, 5.50–16 AS vorn DM 220.–
10–28 AS hinten, 6.00–16 AS vorn DM 274.–
9–32 AS hinten DM 207.–
9–32 AS hinten, 5.50–16 AS vorn DM 250.–
9–32 AS hinten, 6.00–16 AS vorn DM 304.–

Anbaumäher
mit Antrieb und Vertikalaufzug (bei Mitlieferung)
DE–22V bei H. R. Reifen 8–32, 9–32, 10–28

	mit Hand-aushebung	mit Kraft-aushebung
4½ Fuß Normal- od. Mittelschn.	DM 910.–	DM 855.–
Tiefschnitt	DM 930.–	DM 875.–
5 Fuß Normal- od. Mittelschn.	DM 930.–	DM 875.–
Tiefschnitt	DM 950.–	DM 895.–
6 Fuß Normal- oder Mittelschnitt	DM 970.–	DM 915.–

*mit unabhängigem Hubzylinder
mit 2. Steuergerät
Mehrpreis anstelle Handaushebung DM 225.–
* in Vorbereitung

Bei späterer separater Nachlieferung von Anbaumähern
gelten die Preise der gültigen Erntemaschinen-Preisliste.
Frontlader zu D-326 siehe Preise bei D-432

Mc CORMICK International
DIESEL-SCHLEPPER D-432

Normalausrüstung:
IH-4-Zyl.-Viertakt-Diesel-Motor
Höchstleistung 32 PS
Dauerleistung 30 PS
Sechsgang-Getriebe mit Kriechgang
Vorder- und Hinterräder mit verstellbaren Spurweiten 1250
und 1500 mm vorn, 1250 bis 1900 mm hinten

	Mind.-Bereif.	Stand.-Bereif.
Acker-Luftbereifung vorn	5.00–16 AS	5.50–16 AS
hinten	10–28 AS	11–28 AS
mit Zugrahmen mit Anhänge-geräteschiene	DM 11 585.–	DM 11 843.–
mit hydr. Kraftheber **exact** und Dreip.-Aufh., DIN 9674, mit langer Geräteschiene, Seitenführung, Einzugswinkel u. Einstellkurbel Kategorie I	DM 12 820.–	DM 13 078.–
Kategorie II	DM 13 875.–	DM 13 133.–

* mit IH-AGRIOMATIC
DBP 943 807 **mehr** DM 480.–
(einschließlich Motor-Zapfwelle und 8-Gang-Getriebe)
* wird serienmäßig gegen Mehrpreis mitgeliefert
Traktormeter serienmäßige Mitlieferung
gegen Mehrpreis von DM 62.–

Sonderausrüstungen D-432

Hydraulischer Kraftheber exact
mit Anschlußbock und drehbarer hinterer
Anhängerkupplung bei Nachlieferung DM 1 150.–
Zweites Steuergerät – einfach wirkend
bei Mitlieferung DM 250.–
bei Nachlieferung DM 265.–

Dreipunktaufhängung, DIN 9674 mit langer
Geräteschiene, Seitenführung, Einzugswinkel und Einstellkurbel
Kategorie I bei Nachlieferung DM 285.–
Kategorie II bei Nachlieferung DM 340.–
Hintere Geräteschiene zum regulären
Zugrahmen DM 50.–
Plattform zum regulären Zugrahmen DM 39.–
Schwenkbare Gerätezugstange DM 60.–
(paßt für 3-Pkt.-Aufh. und zum regulären
Zugrahmen)
Drehpunkt-Verlagerungsstreben DM 19.–

Schlepper

Sonstiges

Fernbedienungshebel für Agriomatic	DM	28.–
Riemenscheibe mit Antrieb	DM	320.–
Polstersitzkissen	DM	17.–
Zweiter Beifahrersitz, rechts	DM	18.–
Traktormeter	DM	62.–
Rückscheinwerfer	DM	66.–
Senkrechter Auspuff bei Mitlieferung	DM	11.–
Senkrechter Auspuff bei Nachlieferung	DM	59.–
Vorderradschutzbleche (Paar)	DM	46.–
Vorderradschutzbleche (Paar) für 6.00 – 16 V. R.	DM	48.–
Vorderradschutzbleche (Paar) für 7.50 – 16 V. R.	DM	58.–
Zapfwellenschutzschild bei Nachlieferung	DM	15.–

Vorderradgewichte

Satz (40 kg) rund – außen	DM	70.–
Satz (80 kg) rund, je 2 Stück – außen	DM	138.–

Vorderachsgewicht (100 kg)   DM 166.–

Hinterradgewichte

1. Satz (110 kg)	DM	170.–
2. Satz (150 kg) Ergänzungsgewichte	DM	252.–
*3. Satz (150 kg) Ergänzungsgewichte	DM	278.–

* nicht für 9–32 und 9–36 H. R.

Ausziehbare Vorderachse, Spurweite 1250 – 1900 mm, gefedert, bei Mitlieferung anst. der regulären   DM 110.–

Bereifungen anstelle der Mindestgröße

5.50–16 AS vorn	DM	43.–
6.00–16 AS vorn	DM	97.–
11–28 AS hinten, 5.50–16 AS vorn	DM	258.–
11–28 AS hinten, 6.00 AS vorn	DM	312.–
9–32 AS hinten	DM	30.–
9–32 AS hinten, 5.50–16 AS vorn	DM	73.–
9–32 AS hinten, 6.00–16 AS vorn	DM	127.–
9–36 AS hinten, 5.50–16 AS vorn	DM	133.–
9–36 AS hinten, 6.00 AS vorn	DM	187.–
11–32 AS hinten	Hochachse	440.–
11–32 AS hinten, 5.50–16 AS vorn	erforderlich	483.–
11–32 AS hinten, 6.00–16 AS vorn	DM	537.–
11–32 AS hinten, 7.50–16 AS vorn	DM	719.–

Anbaumäher
mit Antrieb und Vertikalaufzug (bei Mitlieferung)
DE-22 V bei H. R. Reifen 9–32, 10–28, 11–28
DE-22 VH bei H. R. Reifen 9–36, 11–32

	mit Hand- aushebung	mit Kraft- aushebung
4½ Fuß Normal- oder Mittelschnitt	DM 910.–	DM 855.–
Tiefschnitt	DM 930.–	DM 875.–
5 Fuß Normal- oder Mittelschnitt	DM 930.–	DM 875.–
Tiefschnitt	DM 950.–	DM 895.–
6 Fuß Normal- oder Mittelschnitt	DM 970.–	DM 915.–

*mit unabhängigem Hubzylinder
mit 2. Steuergerät
Mehrpreis anstelle Handaushebung   DM 225.–

* in Vorbereitung

Bei späterer separater Nachlieferung von Anbaumähern gelten die Preise der gültigen Erntemaschinen-Preisliste.

Sonderausrüstungen D-432

Frontlader 500 kg mit Ladeschwinge,

komplett mit 2. Steuergerät bei Mitlieferung	DM	2 195.–
bei Nachlieferung	DM	2 280.–
Erdschaufel ohne Stahlzähne	DM	273.–
Erdschaufel ohne Stahlzähne – verstärkt	DM	293.–
Erdschaufel mit Stahlzähnen	DM	313.–
Erdschaufel mit Stahlzähnen – verstärkt	DM	333.–
Stalldunggabel	DM	284.–
Entladestempel für Stalldunggabel	DM	137.–
Häckselmistgabel	DM	364.–
Lasthaken	DM	32.–
Kranausleger	DM	263.–
Rübengabel	DM	405.–
Einsatzrost für Rübengabel	DM	121.–
Entladestempel für Rübengabel	DM	147.–
Planierschild	DM	515.–
Schneepflug	DM	662.–

Frontlader 750 kg mit Ladeschwinge,

komplett mit 2. Steuergerät bei Mitlieferung	DM	2 780.–
bei Nachlieferung	DM	2 885.–
Erdschaufel ohne Stahlzähne	DM	326.–
Erdschaufel ohne Stahlzähne – verstärkt	DM	396.–
Erdschaufel mit Stahlzähnen	DM	376.–
Erdschaufel mit Stahlzähnen – verstärkt	DM	446.–
Stalldunggabel	DM	342.–
Entladestempel für Stalldunggabel	DM	147.–
Häckselmistgabel	DM	438.–
Lasthaken	DM	40.–
Kranausleger	DM	294.–
Rübengabel	DM	494.–
Aufsatz zur Rübengabel	DM	65.–
Einsatzrost für Rübengabel	DM	132.–
Entladestempel für Rübengabel	DM	158.–
Planierschild	DM	615.–
Schneepflug	DM	662.–
Koksschaufel mit Tragvorsatz	DM	714.–
Steingabel	DM	693.–

Erntegabel für Frontlader

	Größe Nr. 2	Nr. 3	DM
Grundgerät	×	×	340.–
Satz (2) Lagerrohre		×	26.–
für Rüben – (1200 mm Rückwand)			
Satz (2) Verbreiterungsrohre	×	×	78.–
(für Rückwände 1400, 1800 und 2400 mm)			
Rückwand 1200 mm lang		×	78.–
(für Rüben und-blatt)			
Rückwand 1400 mm lang	×	×	84.–
(für Grünfutter Gr. 2 / für Rüben und -blatt Gr. 3)			
Rückwand 1800 mm lang	×	×	90.–
(für Heu Gr. 2 / für Grünfutter Gr. 3)			
Rückwand 2400 mm lang		×	96.–
(fr Langheu und Stroh)			
Satz (2) Seitenteile für Rüben	×	×	56.–
Satz (2) Seitenteile für Heu	×	×	48.–
Federstahlzinken mit Muttern			
Satz (15) 1100 mm lang		×	405.–
(für Rüben und -blatt)			
Satz (13) 1100 mm lang	×	×	351.–
(für Rüben und -blatt, Grünfutter,			

Schlepper

Kurzheu Gr. 2, für Grünfutter Gr. 3)			
Satz (9) 1400 mm lang	×		252.–
(für Langheu und Stroh)			
Satz (7) 1400 mm lang	×		196.–
(für Langheu und Stroh)			
Heugreifzange (mech.-autom.)	×	×	265.–
Heugreifzange (hydr.-autom.)	×	×	415.–
Schwingenverlängerung 1,5 m	×		397.–
Schwingenverlängerung 2 m		×	481.–

Mc CORMICK International
DIESEL-SCHLEPPER D-439

Normalausrüstung:
IH-4-Zyl.-Viertakt-Diesel-Motor
Höchstleistung 39 PS
Dauerleistung 36 PS
IH-Agriomatic (DBP 943 807) 8 Vorwärtsgänge
Vorder- und Hinterräder mit verstellbaren Spurweiten 1250 und 1500 mm vorn, 1250 bis 1900 mm hinten

	Mind.-Bereif.	Stand.-Bereif.
Acker-Luftbereifung vorn	5.00–16 AS	5.50–16 AS
hinten	10–28 AS	11–32 AS
mit Zugrahmen mit Anhängegeräteschiene	DM 13 145.–	DM 13 628.–
mit hydr. Kraftheber exact und Dreip.-Aufh., DIN 9674, mit langer Geräteschiene, Seitenführung, Einzugswinkel u. Einstellkurbel Kategorie I	DM 14 380.–	DM 14 863.–
Kategorie II	DM 14 435.–	DM 14 918.–
Traktormeter serienmäßige Mitlieferung gegen Mehrpreis von		DM 62.–

Sonderausrüstungen D-439

Hydraulischer Kraftheber exact
mit Anschlußbock und drehb. hinterer
Anhängerkupplung bei Nachlieferung DM 1 150.–
Zweites Steuergerät – einfach wirkend
bei Mitlieferung DM 250.–
bei Nachlieferung DM 265.–

Dreipunktaufhängung, DIN 9674
mit langer Geräteschiene, Seitenführung, Einzugswinkel und Einstellkurbel
Kategorie I bei Nachlieferung DM 285.–
Kategorie II bei Nachlieferung DM 340.–
Hintere Geräteschiene zum regulären
Zugrahmen DM 50.–
Plattform zum regulären Zugrahmen DM 39.–
Schwenkbare Gerätezugstange DM 60.–
(paßt für 3-Pkt.-Aufh. und zum regulären Zugrahmen)
Drehpunkt-Verlagerungsstreben DM 19.–

Sonstiges
Fernbedienungshebel für Agriomatic DM 28.–
Riemenscheibe mit Antrieb DM 320.–
Polstersitzkissen DM 17.–
Zweiter Beifahrersitz, rechts DM 18.–
Traktormeter DM 62.–
Rückscheinwerfer DM 66.–

Senkrechter Auspuff bei Mitlieferung DM 11.–
Senkrechter Auspuff bei Nachlieferung DM 59.–
Vorderradschutzbleche (Paar) DM 46.–
Vorderradschutzbleche (Paar) f.6.00–16 V.R. DM 48.–
Vorderradschutzbleche (Paar) f.7.50–16 V.R. DM 58.–
Zapfwellenschutzschild bei Nachlieferung DM 15.–

Vorderradgewichte
Satz (40 kg) rund – außen DM 70.–
Satz (80 kg) rund, je 2 Stück – außen DM 138.–

Vorderachsgewicht (100 kg) DM 166.–

Hinterradgewichte
1. Satz (110 kg) – innen DM 170.–
2. Satz (150 kg) Ergänzungsgewichte – innen DM 252.–
*3. Satz (150 kg) Ergänzungsgewichte – innen DM 278.–
1. Satz (170 kg) – außen DM 269.–
2. Satz (170 kg) Ergänzungsgewichte – außen DM 294.–
* nicht für 9–36 H. R.

Ausziehbare Vorderachse
Spurweite 1250 – 1900 mm, gefedert,
bei Mitlieferung anstelle der regulären DM 110.–

Bereifungen anstelle der Mindestgröße
5.50–16 AS vorn	DM 43.–
6.00–16 AS vorn	DM 97.–
7.50–16 AS vorn	DM 279.–
11–28 AS hinten, 5.50–16 AS vorn	DM 258.–
11–28 AS hinten, 6.00–16 AS vorn	DM 312.–
11–28 AS hinten, 7.50–16 AS vorn	DM 494.–
9–36 AS hinten, 5.50–16 AS vorn	DM 133.–
9–36 AS hinten, 6.00–16 AS vorn	DM 187.–
9–36 AS hinten, 7.50–16 AS vorn	DM 369.–
11–32 AS hinten	Hochachse 440.–
11–32 AS hinten, 5.50–16 AS vorn	erforderlich 483.–
11–32 AS hinten, 6.00–16 AS vorn	DM 537.–
11–32 AS hinten, 7.50–16 AS vorn	DM 719.–

für Schlepper mit größeren H. R. Schutzblechen und Hinterachsgewichten
11–32 AS hinten	DM 680.–
11–32 AS hinten, 5.50–16 AS vorn	Hochachse 723.–
11–32 AS hinten, 6.00–16 AS vorn	erforderlich 777.–
11–32 AS hinten, 7.50–16 AS vorn	DM 959.–

Anbaumäher
mit Antrieb und Vertikalaufzug (bei Mitlieferung)
DE-22 V bei H. R. Reifen 10–28, 11–28
DE-22 VH bei H. R. Reifen 9–36, 11–32

	mit Handaushebung	mit Kraftaushebung
4½ Fuß Normal- oder Mittelschnitt	DM 910.–	DM 855.–
Tiefschnitt	DM 930.–	DM 875.–
5 Fuß Normal- oder Mittelschnitt	DM 930.–	DM 875.–
Tiefschnitt	DM 950.–	DM 895.–
6 Fuß Normal- oder Mittelschnitt	DM 970.–	DM 915.–

*mit unabhängigem Hubzylinder
mit 2. Steuergerät
Mehrpreis anstelle Handaushebung DM 225.–

* in Vorbreitung

Bei späterer separater Nachlieferung von Anbaumähern gelten die Preise der gültigen Erntemaschinen-Preisliste.

Frontlader zu D-439 siehe Preise bei D-432

Schlepper

NACHTRÄGE

HELA-DIESELSCHLEPPER D 415

Speziell für den kleineren und mittleren Hof geschaffen ist dieser rasante Traktor aus der volltypisierten HELA-Baureihe. Doch schätzen auch Groß-Betriebe seine Leistung, Kraftreserve und hohe Wirtschaftlichkeit und setzen ihn gern als Zweitmaschine ein.

Die Konstruktion des D 415 beinhaltet eine über 30-jährige Erfahrung im Traktorenbau und ist von höchster landtechnischer Zweckmäßigkeit.

Besonderer Wert wurde auf den Bau des Motors gelegt, der das lebendige, kraftvolle Herz des D 415 ist. Dieser leistungsstarke luft- oder wassergekühlte HELA-Viertakt-Dieselmotor besitzt durch seinen besonders großen Drehmomentanstieg hohe Kraftreserven und erlaubt ein elastisches Fahren in weitem Drehzahlbereich.

Die Kurbelwelle ist rollengelagert. Die serienmäßige Ausrüstung mit Ventilzwangsdrehvorrichtung ROTOCAP verhindert den Verzug der Ventile und garantiert stets einwandfreien Ventilsitz.

Die Start- und Stoppeinrichtung erlaubt ein müheloses Starten und Anhalten vom Fahrersitz aus.

Das HELA-Kriechganggetriebe mit 6 Vorwärts- und 2 Rückwärtsgängen ist nahezu unverwüstlich. Serienmäßige Ausrüstung mit Getriebezapfwelle, die auch als Wegzapfwelle umschaltbar ist.

Alle Arbeiten auf Acker, Wiese, Straße und Wald lassen sich im jeweils günstigsten Geschwindigkeitsbereich durchführen.

Die in unverwüstlicher Blockbauweise hergestellte Maschine ist durch günstige Gewichtsverteilung lenkstabil. Die Lage des Schwerpunktes macht den D 415 außerdem sehr hangsicher. Alle modernen Zusatzgeräte wie Dreipunkt-Kraftheber, Raddruckverstärker, hydraul. Mähwerksaushebung, Seilwinde, Riemenscheibe, Frontlader, Allwetterverdeck, HELAMATIC zur Bedienung der Maschine vom Boden aus sind anzubringen.

Mit dieser robusten, formschönen Maschine hat jeder Besitzer über lange Jahre seine helle Freude.

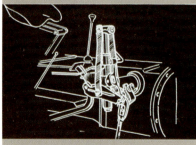

Das interessiert den Praktiker

BILD 1: Der geräumige Führerstand ist bequem auch von der Seite zu erreichen. Sämtliche Bedienungshebel sind hand- und fußgerecht angeordnet. Das komfortable Armaturenbrett ermöglicht eine bequeme Überwachung der Maschine.

BILD 2: Die hydr. Mähwerksaushebung entlastet den Fahrer von jeder körperlichen Anstrengung.

BILD 3: Die HELAMATIC erlaubt die Bedienung der Maschine vom Boden aus und macht den Fahrer frei, so daß er bei vielen Arbeiten selbst mit Hand anlegen kann. Mit nur 1 Hebel kann man fahren, anhalten und lenken. Der Bedienungsmann geht dabei gefahrlos hinter dem linken Schlepperhinterrad.

BILD 4: Ein- und Auslaßventile des HELA-Motors sind mit automatischer Zwangsdrehvorrichtung ROTOCAP versehen. Diese bringt die Ventilteller in steten Umlauf von den heißen in die weniger warmen Zonen. Eine einseitige Abnützung der Ventile und Ventilsitze wird dadurch vermieden und eine hohe Lebensdauer gewährleistet.

BILD 5: Stabile, unverwüstliche Stahlvorderachse mit Gummihohlfederung der Vorderräder. Erschütterungen in unebenem Gelände werden weitgehend aufgefangen und dadurch die Gesundheit des Fahrers geschont.

BILD 6: Arbeits- und zeitentlastend ist der hydr. Kraftheber. Alle Arbeitsgeräte werden mühelos ausgehoben. Die genormte Dreipunkt-Aufhängung macht jedes Anbaugerät schnell arbeits- und transportbereit.

BILD 7: Ein wertvolles Hydraulik-Zusatzgerät ist der RADDRUCKVERSTÄRKER. Ein erheblicher Teil des Gewichtes kann durch ihn vom Anbaugerät über die Hydraulik auf die Hinterachse des Traktors übertragen werden. Der Radschlupf wird verhindert und die Arbeit auch bei ungünstigen Bodenverhältnissen möglich.

Das interessiert den Techniker

Motor	Stehender Einzylinder-Viertakt-Dieselmotor wassergekühlt oder luftgekühlt	
	Leistung	15 PS
	Drehzahl	1980 U/min.
	Hubraum	1082 ccm
	Zylinder ⌀	105 mm
	Hub	125 mm
Lenkung	Kräftige, staub- und öldicht gekapselte Schneckenlenkung, im Ölbad laufend.	
Getriebe	HELA-Getriebe, kugelgelagert mit spiralverzahnten Kegelrädern, 6 Vorwärtsgänge, 2 Rückwärtsgänge, 1. Gang als Kriechgang ausgebildet.	
Fahrgeschwindigkeiten	6 durchschaltbare Vorwärtsgänge, davon 1. Gang Kriechgang, 1,4 – 2,9 – 4,9 – 7,8 – 11,5 – 19,5, 1. Rw.-Gang 2,4, 2. Rw.-Gang 4,7 km/h.	
Kupplung	Einscheiben-Trockenkupplung, Fichtel & Sachs. Keine Wartung!	
Vorderachse	Aus Stahl mit Gummihohlfederung der Vorderräder.	
Bremsen	Doppelte Hinterrad-Innenbacken-Einzelradfußbremse und feststellbare, unabhängige Getriebe-Handbremse.	
Elektrische Ausrüstung	Anlasser- und Beleuchtungsanlage 12 Volt, Bosch-Horn.	
Spurweite	Verstellbar 1,25 – 1,50 m	
Wenderadius	Innen: 1.20 m, bei Benützung der Lenkbremse 0,70 m	

Bereifung		normal	auf Wunsch
	vorne	4.50–16	4.50–16
	hinten	8–28	9–24
Länge		2,70 m	2,70 m
Breite		1,50 m	1,52 m
Höhe bis oben Haube		1,30 m	1,27 m
Radstand		1,72 m	1,72 m
Anhängehöhen	Anhängekupplung	780 mm	750 mm
	Ackerschiene	350 mm	350 mm
Eigengewicht	ohne Mähwerk	1155 kg	1145 kg
	mit Mähwerk	1285 kg	1275 kg

Mähantrieb	Durch Zahnräder, im Ölbad laufend, mit nachstellbarer Konus-Rutschkupplung
Mähwerk	Patentierte HELA-Konstruktion, von Hand spielend leicht auszuheben, oder hydr. Aushebung.
Riemenscheibe	200 ⌀ x 140 mm, 1550 U/min., schwenkbar für Links- und Rechtslauf.
Zapfwelle	Motorabhängig 29/34,9; 560 U/min. DIN 9611. Zusätzlich auf gangabhängig schaltbar (Wegzapfwelle).
Differentialsperre	Betätigung durch Fußhebeldruck.
Tankinhalt	28 Liter.

Sämtliche Angaben sind gewissenhaft, jedoch unverbindlich.

Normalausrüstung	Kriechgang, Gummihohlfederung der Vorderräder, Getriebe-Zapfwelle, umschaltbar auf Weg-Zapfwelle, Differentialsperre, Einzelrad-Fußbremse, unabhängige Getriebe-Handbremse, Hand- und Fußgas, vordere und hintere Anhängevorrichtung, breite Ackerschiene, 2 Beifahrersitze, komplette Anlasser- und Beleuchtungsanlage, Anhängersteckdose, Blink- und Stopplichter.
Sonderausrüstung	Mähantrieb, Mähwerk 4½', hydr. Mähwerksaushebung, Bereifung 9–24, Riemenscheibe, Vorderradkotflügel, Dreipunkt-Kraftheber mit langer Aufsteck-Ackerschiene und RADDRUCKVERSTÄRKER, Holzdoppelsitze Betriebsstundenzähler, Allwetterverdeck, HELAMATIC zur Bedienung der Maschine im Nebenhergehen, Lenkradfeststellvorrichtung.

HELA-SCHLEPPERFABRIK

Hermann Lanz Aulendorf/Württ.

Telefon-Sammel-Nr. (07525) 425　　　Fernschreiber 0732 870　　　Telegramme: Lanz Aulendorf

HELA DIESEL

Überreicht durch:

HD 15 / 11.62 / 50 E

18 PS

HELA-DIESELSCHLEPPER D 218

Voll abgestimmt auf die Forderungen moderner Landtechnik ist die Konstruktion und Ausstattung des neuen HELA D 218. Er eignet sich gleich gut zur Vollmotorisierung von Klein- und Mittelbetrieben, wie auch als Zweitmaschine für Großbetriebe.

Die Kraftquelle des D 218 ist der robuste und elastische Zweizylinder-Viertakt-Dieselmotor mit Luft- oder Wasserkühlung. In fast allen Ländern der Erde hat sich dieser Motor auch unter härtester Dauer-Beanspruchung glänzend bewährt.

Das robuste und besonders stark dimensionierte HELA-Getriebe mit 6 Vorwärts- und 2 Rückwärtsgängen, hat 35 Kugel- und Nadellager, spiralverzahnte Palloid-Kegelräder und Kugelschaltung. Der erste Gang ist dabei ein echter Kriechgang und liegt unter 1,5 km/h.

Für jede Arbeit auf Acker, Hof oder Straße kann im jeweils günstigsten Geschwindigkeitsbereich gefahren werden.

Die Maschine ist serienmäßig mit Getriebezapfwelle, schaltbar auf 2 Drehzahlbereiche und umschaltbar auf Wegzapfwelle, ausgerüstet.

Der Mähantrieb, im Ölbad laufend und mit Sicherheits-Rutschkupplung in der Kurbelscheibe, ist zahnradangetrieben.

Alle modernen Zusatzgeräte wie hydr. Kraftheber, Raddruckverstärker, hydr. Mähwerksaushebung, Helamatic, Frontlader, Seilwinde u. a. können passend geliefert werden. Die hand- und fußgerechte Anordnung aller Bedienungshebel, der geräumige Führerstand mit übersichtlichem Armaturenbrett, die enorme Stabilität und die praxisverbundenen Arbeitseigenschaften bieten höchste Sicherheit für Fahrer und Maschine.

Das interessiert den Praktiker

BILD 1: Der geräumige Führerstand und das übersichtliche Armaturenbrett erleichtern die Bedienung und Überwachung der Maschine.

BILD 2: Der Führerstand ist bequem auch von der Seite zu besteigen.

BILD 3: Stabile Stahlvorderachse mit Gummifederung der Vorderräder. Erschütterungen in unebenem Gelände werden weitgehend aufgefangen und dadurch die Gesundheit des Fahrers geschont.

BILD 4: Die hydr. Mähwerksaushebung mit separatem Hubzylinder entlastet den Fahrer von jeder körperlichen Anstrengung.

BILD 5: Die Helamatic zur Bedienung der Maschine vom Boden aus macht den Fahrer frei, so daß er bei vielen Arbeiten selbst Hand anlegen kann. Mit nur einem Hebel kann man fahren, anhalten und lenken.

BILD 6: Arbeitsentlastend und zeitsparend ist der hydraulische Kraftheber mit Dreipunkt-Aufhängung. Die Zapfwelle ist bequem zugänglich.

BILD 7: Ein wertvolles Hydraulik-Zusatzgerät ist der Raddruckverstärker. Ein erheblicher Teil des Gewichtes kann durch ihn vom Anbaugerät über die Hydraulik auf die Hinterachse des Traktors übertragen werden. Der Radschlupf wird verhindert und damit die Arbeit auch bei ungünstigen Bodenverhältnissen möglich.

Das interessiert den Techniker

Motor — Stehender 2-Zylinder-Viertakt-Dieselmotor, Druckumlaufschmierung mittels Zahnradölpumpe, Spaltfilter, automat. Kipphebelschmierung.

Leistung — Wasserkühlung — 18 PS mit MWM-Motor KD 211 Z, Zylinderdurchmesser 85 mm, Hub 110 mm, Hubraum 1250 ccm; Luftkühlung — 18 PS mit MWM-Motor AKD 311 Z, Zylinderdurchmesser 90 mm, Hub 110 mm, Hubraum 1400 ccm.

Motordrehzahl — Regulierbar durch Hand- und Fußgashebel bis 1980 U/min.

Wasserkühlung — Umlaufkühlung durch Wabenkühler, Ventilator und Umwälzpumpe.

Luftkühlung — Durch besonders geräuscharmes Kühlluftgebläse.

Lenkung — Kräftige, staub- und öldicht gekapselte Schneckenlenkung im Ölbad laufend.

Getriebe — Besonders stark dimensioniertes HELA-Getriebe mit 35 Kugel- und Nadellagern, spiralverzahnten Kegelrädern, 6 Vorwärtsgängen einschließ. Kriechgang, 2 Rückwärtsgängen, mit einem Schalthebel durchschaltbar.

Fahrgeschwindigkeiten — Bei Bereifung 9-24: 1,4 — 3,3 — 5,3 — 7,6 — 12,5 — 19,5 km/h. Rückwärtsgang 4,5-7,2 km/h.

Kupplung — Einscheiben-Trockenkupplung, Fichtel & Sachs. Keine Wartung!

Vorderachse — Aus Stahl mit Gummifederung, pendelnd aufgehängt.

Bremsen — Doppelte Hinterrad-Innenbacken-Einzelradfußbremse und feststellbare, unabhängige Getriebehandbremse.

Elektrische Ausrüstung — Bosch-Lichtanlage und Bosch-Horn, 12 Volt Batterie, 84 Ah, Anlasser und Zahnkranz (Vorglühanlage bei wassergekühltem Motor).

Spurweite — Verstellbar 1,25 und 1,50 m.

Wenderadius — 3,10 m, bei Benützung der Lenkbremse 2,70 m.

		normal		auf Wunsch
Bereifung	vorne	5.00—16	5.00—16	5.00—16
	hinten	9—24	10—28	9—30
Eigengewicht	ohne Mähwerk	1390 kg	1425 kg	1440 kg
	mit Mähwerk	1500 kg	1555 kg	1570 kg
Länge		2,90 m	2,90 m	2,90 m
Breite		1,49 m	1,52 m	1,49 m
Höhe bis oben Haube		1,20 m	1,27 m	1,27 m
Bodenfreiheit		275 mm	350 mm	350 mm
Anhängehöhen	Anhängekupplg.	v. 640—775	715—850	715—850
	Ackerschiene	400 mm	400 mm	400 mm

Mähantrieb — Durch Zahnräder im Ölbad laufend mit Sicherheits-Rutschkupplung in der Kurbelscheibe.

Mähwerk — Spielend leicht auszuheben oder hydr. Aushebung mit separatem Hubzylinder.

Riemenscheibe — Hinten am Getriebegehäuse 200x140 mm, 1540 U/min. abstellbar, schwenkbar für Rechts- und Linkslauf.

Zapfwelle — 29/35 nach DIN 9611, Normdrehzahl 559 U/min., Schnelldrehzahl 980 U/min., umschaltbar als Wegzapfwelle, benutzbar im 1.—3. Gang.

Differentialsperre — Das einseitige Gleiten der Hinterräder bei glitschigem Boden kann durch Sperren des Differentials vermieden werden. Betätigung durch Fußhebel.

Tankinhalt — 28 Liter.

Sämtliche Angaben sind gewissenhaft, jedoch unverbindlich.

Normalausrüstung — Kriechgang, gefederte Vorderachse, Getriebezapfwelle mit 2 Drehzahlbereichen, umschaltbar als Wegzapfwelle, Differentialsperre, kompl. Anlasser- und Beleuchtungsanlage, Hand- und Fußgas, Einzelradfußbremse, unabhängige, feststellbare Getriebehandbremse, vorderes Zugmaul, hintere Anhängevorrichtung, höhenverstellbar, drehbar und gefedert, breite Ackerschiene, Anhängersteckdose, 2 Beifahrersitze.

Sonderausrüstung — Mähantrieb, Mähwerk 4½', hydraulische Mähwerksaushebung, Bereifung 9—24, 10—28, 9—30, Kühlerjalousie, Fernthermometer, Vorderradkotflügel, Riemenscheibe, 2 Stopplichter, Dreipunkt-Kraftheber mit Raddruckverstärker, Holzdoppelsitze, Gerätescheinwerfer, Betriebsstundenzähler, Allwetterverdeck, Seilwinde, Frontlader, Helamatic zur Fernbedienung des Schleppers.

HELA-SCHLEPPERFABRIK

Hermann Lanz Aulendorf/Württ.

Telefon (07525) 425　　Fernschreiber 0732 870　　Telegramme: Lanz Aulendorf

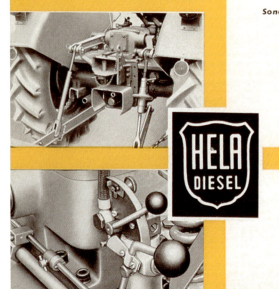

Überreicht durch:

HD 18 VI.61/200

25 PS

HELA-DIESELSCHLEPPER D 225

Die moderne Konstruktion dieses kraftvollen HELA-Dieselschleppers entspricht den landtechnischen Forderungen unserer Zeit. Er eignet sich in idealer Weise zu allen Arbeiten während des ganzen Jahres. Sämtliche Arbeitsgeräte, gleich ob zum Anhängen, Aufsatteln oder mit Dreipunkt-Anschluß, sind verwendbar.

Über Zapfwelle und Riemenscheibe lassen sich alle Arbeitsmaschinen antreiben.

Das kraftvolle Herz des D 225, sein 2-Zylinder HELA-Motor, ist mit Vorzügen ausgestattet, die jeder Praktiker schnell zu schätzen weiß. Erwähnt seien nur die automatische Ventilzwangsdrehvorrichtung Rotocap, der automatische Drehzahlverstellregler, der Direktantrieb der Hydraulikpumpe, die Kaltstart- und Stoppeinrichtung u. a.

Durch seinen großen Drehmomentanstieg besitzt dieser moderne HELA-Viertakt-Dieselmotor hohe Kraftreserven und erlaubt ein elastisches Fahren in weitem Drehzahlbereich.

Das stark dimensionierte HELA-Getriebe hat 35 Kugel- und Nadellager und spiralverzahnte Palloidkegelräder. Bei 6 Vorwärts- und 2 Rückwärtsgängen ist der 1. Gang ein echter Kriechgang und liegt unter 1,5 km/h. Serienmäßig ausgerüstet ist die Maschine mit Getriebezapfwelle, schaltbar auf 2 Drehzahlbereiche und umschaltbar auf Wegzapfwelle.

Auf Wunsch kann die Maschine auch mit Motorzapfwelle (kupplungsunabhängig) ausgerüstet werden.

Das Getriebe kann auch als Schnellgang-Ausführung geliefert werden. Die Höchstgeschwindigkeit beträgt dann je nach Reifengröße bis 25 km/h.

Alle modernen Zusatzgeräte wie hydr. Kraftheber, Raddruckverstärker, Frontlader, Helamatic, hydr. Mähwerksaushebung u. a. können zu dieser Maschine geliefert werden.

Bei der modernen Konstruktion des D 225 wurde die seit Jahrzehnten bewährte und stabile HELA-Bauweise beibehalten, weil die Erfahrung lehrte, daß nur damit dem Landwirt am besten gedient ist.

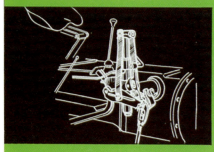

Das interessiert den Praktiker

BILD 1: Der geräumige Führerstand und das übersichtliche Armaturenbrett erleichtern die Bedienung und die Überwachung aller für den Betrieb notwendigen Instrumente.

BILD 2: Die hydraulische Mähwerksaushebung modernster Konstruktion entlastet den Fahrer von jeder körperlichen Anstrengung.

BILD 3: Die stabile Stahlvorderachse ist mit einer Blattfeder pendelnd aufgehängt. Erschütterungen in unebenem Gelände werden weitgehend aufgefangen und die Gesundheit des Fahrers geschont.

BILD 4: Das Kurbeltriebwerk des HELA-Motors ist besonders stark dimensioniert. Die Rollenlagerung ergibt leichtesten Lauf und niedrigsten Anlaßwiderstand bei Kaltstart. Der Massenausgleich erfolgt direkt an der Kurbelwelle durch Gegengewichte.

BILD 5: Die neue HELAMATIC zur Bedienung der Maschine vom Boden aus macht den Fahrer frei, so daß er bei vielen Arbeiten selbst Hand anlegen kann. Mit nur einem Hebel kann man anfahren, anhalten und lenken.

BILD 6: Arbeits- und zeitentlastend ist der hydr. Kraftheber. Alle Arbeitsgeräte werden mühelos ausgehoben. Die genormte Dreipunkt-Aufhängung macht jedes Anbaugerät schnell arbeits- und transportbereit. Die Zapfwelle ist bequem zugänglich.

BILD 7: Ein wertvolles Hydraulikzusatzgerät ist der Raddruckverstärker. Ein erheblicher Teil des Gewichtes kann durch ihn vom Anbaugerät über die Hydraulik auf die Hinterachse des Traktors übertragen werden. Der Radschlupf wird vermieden und die Arbeit auch bei ungünstigen Bodenverhältnissen möglich.

Das interessiert den Techniker

Motor	Stehender Zweizylinder-Viertakt-Dieselmotor, wassergekühlt, Type AZ 3, Fabrikat HELA, Leistung 25 PS, Drehzahl 1660 U/min., Hubraum 2164 ccm, Zylinder-$\varnothing$ 105 mm, Hub 125 mm.
Lenkung	Kräftige, staub- und öldicht gekapselte Schneckenlenkung, im Ölbad laufend.
Getriebe	6 Vorwärtsgänge einschl. Kriechgang, 2 Rückwärtsgänge, mit 35 Kugel- und Nadellagern, spiralverzahnten Palloid-Kegelrädern und Kugelschaltung.
Fahrgeschwindigkeiten	1,4 – 3,3 – 5,4 – 7,7 – 12,7 – 20,0, Rückwärtsgänge: 4,5 – 7,5
Kupplung	Einscheiben-Trockenkupplung Fichtel & Sachs oder bei Motorzapfwelle Fichtel & Sachs Doppelkupplung. Keine Wartung!
Vorderachse	Aus Stahl mit Blattfeder, pendelnd aufgehängt.
Bremsen	Doppelte Hinterrad-Innenbacken-Einzelrad-Fußbremse und unabhängige, feststellbare Getriebehandbremse.
Elektrische Ausrüstung	Lichtanlage und Signalhorn, 12 Volt Batterie, 90 Ah, Anlasser mit Zahnkranz am Motor, Vorglühanlage.
Spurweite	Verstellbar 1,25 bis 1,50 m.
Radstand	1,90 m
Wenderadius	Außen 3,20 m, bei Benützung der Lenkbremse 2,80 m.

Bereifung		normal		auf Wunsch		
	vorne	5.00–16		5.00–16	5.00–16	5.00–16
	hinten	10–28		10–24	9–32	9–30
Eigengewicht	ohne Mähwerk	1580 kg		1595 kg	1540 kg	1590 kg
	mit Mähwerk	1710 kg		1725 kg	1670 kg	1720 kg
Länge		3,00 m		3,00 m	2,95 m	3,00 m
Breite		1,55 m		1,55 m	1,55 m	1,55 m
Höhe bis oben Haube		1270 mm		1300 mm	1220 mm	1270 mm
Bodenfreiheit		350 mm		380 mm	300 mm	350 mm

Mähantrieb	Durch Zahnräder im Ölbad laufend mit Sicherheits-Rutschkupplung in der Kurbelscheibe.
Mähwerk	Patentierte HELA-Konstruktion, von Hand spielend leicht auszuheben oder hydraulische Aushebung mit separatem Hubzylinder.
Riemenscheibe	Hinten am Getriebegehäuse, abstellbar, 200x140 mm, 1563 U/min., schwenkbar für Rechts- und Linkslauf.
Zapfwelle	Genormt, 29/35, Normdrehzahl 558, Schnelldrehzahl 981 U/min.
Differentialsperre	Das einseitige Gleiten der Hinterräder bei glitschigem Boden kann durch Sperren des Differentials vermieden werden. Die Differentialsperre wird durch einen Fußhebel betätigt.
Tankinhalt	35 Liter.

Sämtliche Angaben sind gewissenhaft, jedoch unverbindlich.

Normalausrüstung	Kriechgang, gefederte Vorderachse, Getriebezapfwelle mit 2 Drehzahlbereichen, umschaltbar als Wegzapfwelle, Differentialsperre, Anlasseranlage, Hand- und Fußgas, Einzelrad-Fußbremse, unabhängige, feststellbare Getriebehandbremse, vorne starre, hinten höhenverstellbare, drehbare und gefederte Anhängevorrichtung, breite Ackerschiene, 2 Beifahrersitze, Fernthermometer, Start- und Stoppeinrichtung, Blink- und Stopplichter.
Sonderausrüstung	Mähantrieb, Mähwerk 5', hydraul. Mähwerksaushebung, Bereifung 9–32, 9–30, Kühlerjalousie, Vorderradkotflügel, Riemenscheibe, Drei-Punkt-Kraftheber mit Raddruckverstärker, Holz-Doppelsitze, Gerätescheinwerfer, Betriebsstundenzähler, Allwetterverdeck, Seilwinde, Frontlader, HELAMATIC zum Anfahren, Anhalten und Lenken des Schleppers vom Boden aus, Lenkradfeststellung, Motorzapfwelle (kupplungsunabhängig).

HELA-SCHLEPPERFABRIK
Hermann Lanz Aulendorf / Württ.

Telefon-Sammel-Nr. (07525) 425   Fernschreiber 0732 870   Telegramme: Lanz Aulendorf

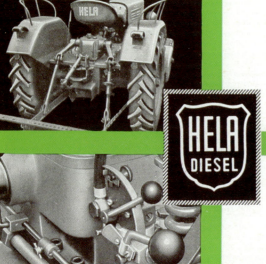

HELA DIESEL

Überreicht durch:

HD 225 XII.61 100

30 PS

HELA-DIESELSCHLEPPER D 230

Jahrzehntelange Erfahrung, neueste Erkenntnisse der Landtechnik und die bekannt robuste HELA-Bauweise wurden in diesem neuen HELA - D 230 vereint.

Das Ergebnis sind praxisverbundene Arbeitseigenschaften, enorme Stabilität und höchste Sicherheit für Fahrer und Maschine.

Der bewährte HELA-Zweizylinder-Motor, als kraftvolles Herz der Maschine, ist temperamentvoll, leistungsstark und wirtschaftlich. Die Kurbelwelle ist besonders stark dimensioniert und 3-fach rollengelagert. Alle wichtigen Lagerstellen sind mit Präzisions-Kugel- und Rollenlagern versehen. Der Kenner schätzt besonders die technischen Feinheiten des HELA-Motors wie Kaltstart- und Stopp-Einrichtung, automat. Ventilzwangsdrehvorrichtung ROTOCAP, automat. Drehzahlverstellregler, Direktantrieb der Hydraulikpumpe u. a. m.

Das besonders robuste HELA-Getriebe mit 6 Vorwärts- und 2 Rückwärtsgängen hat 35 Kugel- und Nadellager und spiralverzahnte Palloid-Kegelräder. Der 1. Gang ist dabei ein echter Kriechgang unter 1,5 km/h.

Auf Wunsch kann das Getriebe auch als Schnellgang-Ausführung bis 28 km/h geliefert werden.

Die Maschine ist serienmäßig mit Motorzapfwelle (umschaltbar auf Wegzapfwelle) mit Norm- und Schnelldrehzahl ausgerüstet. Über Zapfwelle und Riemenscheibe lassen sich alle, auch modernste Arbeitsmaschinen, antreiben. Sämtliche Arbeitsgeräte, gleich ob zum Anhängen, Aufsatteln oder mit Dreipunkt-Anschluß sind verwendbar.

Die in unverwüstlicher Blockbauweise hergestellte Maschine ist lenkstabil und hangsicher.

Der geräumige Führerstand ist auch bequem von der Seite zu besteigen. Alle Bedienungshebel sind hand- und fußgerecht angebracht. Jeder, der auf der Maschine im bequemen Reitsitz Platz nimmt, spürt sofort die Kraft und Sicherheit, die diesem neuen Glied einer bewährten Baureihe eigen sind.

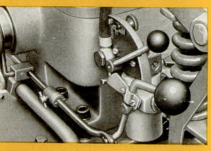
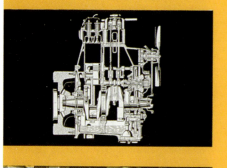

Das interessiert den Praktiker

BILD 1: Der geräumige und komfortable Führerstand besitzt hand- und fußgerechte Anordnung aller Bedienungshebel und ist bequem auch von der Seite zu besteigen.
BILD 2: Stabile Stahlvorderachse mit Gummifederung der Vorderräder. Erschütterungen in unebenem Gelände werden weitgehend aufgefangen und dadurch die Gesundheit des Fahrers geschont.
BILD 3: Der hydr. Kraftheber macht jedes Anbaugerät schnell arbeits- und transportbereit. Die Zapfwelle ist bequem zugänglich.
BILD 4: Ein wertvolles Hydraulik-Zusatzgerät ist der RADDRUCK-VERSTÄRKER. Ein erheblicher Teil des Gewichtes kann durch ihn vom Anbaugerät über die Hydraulik auf die Hinterachse des Traktors übertragen werden. Der Radschlupf wird verhindert und damit die Arbeit auch bei ungünstigen Bodenverhältnissen möglich.
BILD 5: Der kraftvolle und wirtschaftliche HELA-Motor ist die zuverlässige Antriebsquelle des D 230. Durch seinen großen Drehmomentanstieg hat er hohe Leistungsreserven und erlaubt ein elastisches Fahren in einem weiten Drehzahlbereich.
BILD 6: Die hydr. Mähwerksaushebung entlastet den Fahrer von jeder körperlichen Anstrengung.
BILD 7: Die HELAMATIC zur Bedienung der Maschine vom Boden aus macht den Fahrer frei, so daß er bei vielen Arbeiten selbst Hand anlegen kann. Mit nur einem Hebel kann man fahren, anhalten und lenken.

Das interessiert den Techniker

Motor	Stehender Zwei-Zylinder-Viertakt-Dieselmotor, wassergekühlt, Type AZ 2, Fabrikat HELA, Leistung 30 PS, Drehzahl 2000 U/min., Hubraum 2164 ccm, Zylinder-⌀ 105 mm, Hub 125 mm.
Lenkung	Kräftige, staub- und öldicht gekapselte Schneckenlenkung, im Ölbad laufend.
Getriebe	6 Vorwärtsgänge einschließlich Kriechgang, 2 Rückwärtsgänge mit 35 Kugel- und Nadellagern, spiralverzahnten Palloid-Kegelrädern und Kugelschaltung. Der 1. Gang ist als Kriechgang voll belastbar.
Fahrgeschwindigkeiten	Bei Bereifung 10–28 AS: 1,4 – 3,1 – 5,4 – 7,7 – 12,6 – 20 km/h. Rückwärtsgänge: 4,6 – 7,5 km/h.
Kupplung	Doppelkupplung für kupplungsunabhängigen Zapfwellenbetrieb.
Vorderachse	Aus Stahl mit Gummifederung, pendelnd aufgehängt.
Bremsen	Doppelte Hinterrad-Innenbacken-Einzelradfußbremse, feststellbare, unabhängige Getriebe-Handbremse.
Elektrische Ausrüstung	Lichtanlage 12 V, Batterie 90 Ah, Anlasser mit Zahnkranz am Motor, Vorglühanlage.
Spurweite	1,25 m, verstellbar auf 1,50 m.
Radstand	1900 mm
Wenderadius	Außen 3,50 m ohne Lenkbremse; 3,00 m mit Lenkbremse.

Bereifung	normal	auf Wunsch	
vorne	6.00–16	6.00–16	6.00–16
hinten	10–28	9–32	11–28
Eigengewicht ohne Mähwerk	1600 kg	1620 kg	1635 kg
mit Mähwerk	1750 kg	1770 kg	1785 kg
Länge	3,00 m	3,00 m	3,00 m
Breite	1,55 m	1,52 m	1,58 m
Höhe bis oben Haube	1,27 m	1,30 m	1,30 m
Bodenfreiheit	350 mm	380 mm	380 mm

Anhängehöhen	Anhängekupplung von 765–855 mm verstellbar. Ackerschiene 400 mm.
Mähantrieb	Durch Zahnräder im Ölbad laufend mit Sicherheits-Rutschkupplung in der Kurbelscheibe.
Mähwerk	Patentierte HELA-Konstruktion, spielend leicht auszuheben oder hydraulische Mähwerksaushebung mit separatem Hubzylinder.
Riemenscheibe	Hinten am Getriebegehäuse, abstellbar, 200x140 mm, 1560 U/min., schwenkbar für Rechts- und Linkslauf.
Zapfwelle	Nach DIN 9611 / Form A 1. Motorzapfwelle mit 560 und 980 U/min. 2. Wegzapfwelle mit gangabhängiger Drehzahl, benutzbar im 1.–3. Gang für den Antrieb von Triebachsanhängern u. a. m.
Differentialsperre	Das einseitige Gleiten der Hinterräder bei glitschigem Boden kann durch Sperren des Differentials vermieden werden. Die Differentialsperre wird durch einen Fußhebel betätigt.
Tankinhalt	35 Liter.
	Sämtliche Angaben sind gewissenhaft, jedoch unverbindlich.
Normalausrüstung	Kriechgang, gefederte Vorderachse, Motorzapfwelle mit Norm- und Schnell-Drehzahl, umschaltbar als Wegzapfwelle, Differentialsperre, Anlasseranlage, Fernthermometer, Hand- und Fußgas, Einzelradfußbremse, feststellbare, unabhängige Getriebe-Handbremse, vorderes Zugmaul, hintere Anhängevorrichtung höhenverstellbar, drehbar und gefedert, breite Ackerschiene, 2 Beifahrersitze, Start- und Stoppeinrichtung, Blink- und Stopplichter.
Sonderausrüstung	Mähantrieb, Mähwerk 5', hydr. Mähwerksaushebung, Bereifung 9–32, 11–28, Kühlerjalousie, Vorderradkotflügel, Lenkradfeststellung, Riemenscheibe, Dreipunkt-Kraftheber mit Raddruckverstärker, Holzdoppelsitze, Gerätescheinwerfer, Betriebsstundenzähler, Allwetterverdeck, Seilwinde, Frontlader, HELAMATIC zur Fernbedienung des Schleppers.

HELA-SCHLEPPERFABRIK

Hermann Lanz Aulendorf/Württ.

Telefon-Sammel-Nr. (07525) 425   Fernschreiber 0732 870   Telegramme: Lanz Aulendorf

HELA DIESEL

Überreicht durch:

HD 230 XII.61 100

Schlepper

HELA-Dieselschlepper 15 PS
Type 415

Motor: Wasser- oder luftgekühlter HELA-Einzylinder-Viertakt-Dieselmotor, Bohrung 105 mm, Hub 125 mm, Hubraum 1082 ccm, Drehzahl 1980 U/min.

Getriebe: HELA-Kriechganggetriebe mit 6 Vorwärts- und 2 Rückwärtsgängen.

Gewicht: 1130 kg

Bereifung: hinten 8–28, vorne 4.50–16
                          Preis ab Werk DM **6 900.–**
Lieferumfang wie oben, jedoch
mit Bereifung 9–24, Mehrpreis DM 80.– = DM **6 980.–**

HELA-Dieselschlepper 18 PS
Type D 218

Motor: Luftgekühlter MWM-Zweizylinder-Viertakt-Dieselmotor, Bohrung 90 mm, Hub 110 mm, Hubraum 1400 ccm, Drehzahl 1980 U/min. oder
wassergekühlter MWM-Zweizylinder-Viertakt-Dieselmotor, Bohrung 85 mm, Hub 110 mm, Hubraum 1250 ccm, Drehzahl 1980 U/min.

Getriebe: HELA-Kriechganggetriebe mit 6 Vorwärts- und 2 Rückwärtsgängen.

Gewicht: 1390 kg

Bereifung: hinten 9–24, vorne 5.00–16
                          Preis ab Werk DM **8 820.–**
Lieferumfang wie oben, jedoch
mit Bereifung 10–28, Mehrpreis DM 200.– = DM **9 020.–**
mit Bereifung 9–30, Mehrpreis DM 200.– = DM **9 020.–**

HELA-Dieselschlepper 25 PS
Type D 225

Motor: Wassergekühlter HELA-Zweizylinder-Viertakt-Dieselmotor, Leistung 25 PS, Bohrung 105 mm, Hub 125 mm, Hubraum 2164 ccm, Drehzahl 1660 U/min.

Getriebe: HELA-Kriechganggetriebe mit 6 Vorwärts- und 2 Rückwärtsgängen.

Gewicht: 1580 kg

Bereifung: hinten 10–28 oder 9–30, vorne 5.00–16
                          Preis ab Werk DM **10 320.–**
Lieferumfang wie oben, jedoch
mit Bereifung 9–32, Mehrpreis DM 60.– = DM **10 380.–**

HELA-Dieselschlepper 30 PS
Type D 230

Motor: Wassergekühlter HELA-Zweizylinder-Viertakt-Dieselmotor, Bohrung 105 mm, Hub 125 mm, Hubraum 2164 ccm, Drehzahl 2000 U/min.

Getriebe: HELA-Kriechganggetriebe mit 6 Vorwärts- und 2 Rückwärtsgängen.

Gewicht: 1600 kg

Bereifung: hinten 10–28, vorne 6.00–16
                          Preis ab Werk DM **11 460.–**
Lieferumfang wie oben, jedoch
mit Bereifung 9–32, Mehrpreis DM 60.– = DM **11 520.–**
mit Bereifung 11–28, Mehrpreis DM 240.– = DM **11 700.–**

HELA-Dieselschlepper 38 PS
Type D 38

Motor: Wassergekühlter HELA-Dreizylinder-Viertakt-Dieselmotor, Bohrung 105 mm, Hub 125 mm, Hubraum 3246 ccm, Drehzahl 1650 U/min.

Getriebe: HELA-Kriechganggetriebe mit 6 Vorwärts- und 2 Rückwärtsgängen.

Gewicht: 1870 kg

Bereifung: hinten 11–28, vorne 6.00–16
                          Preis ab Werk DM **13 160.–**
Lieferumfang wie oben, jedoch
mit Bereifung 11–32, Mehrpreis DM 220.– = DM **13 380.–**

DEUTZ-Schlepper und andere auf Anfrage!

Schlepper

Zusätzliche Ausrüstung und Arbeitsgeräte

Bezeichnung des Gerätes	D 415 15 PS	D 218 18 PS	D 225 25 PS	D 230 30 PS	D 38 38 PS	D 45 45 PS
	DM	DM	DM	DM	DM	DM
Mähantrieb	200.—	240.—	240.—	240.—	260.—	260.—
Mähwerk, einschl. Messerbalken 4½', komplett						
bei Mitlieferung	580.—	590.—	—	—	—	—
bei Nachlieferung, Aufpreis DM 60.—						
Mähwerk, einschl. Messerbalken, 5', komplett						6' Balken
bei Mitlieferung	—	620.—	620.—	620.—	700.—	800.—
bei Nachlieferung, Aufpreis DM 60.—						
Cormick-Messerbalken 4½' und 5' nur Mittelschnitt	20.—	20.—	20.—	20.—	20.—	—
Mähwerksaushebung durch Hydraulik mit sep. Hubzylinder	65.—	65.—	65.—	65.—	65.—	65.—
Hydr. Kraftheber (Fabr. Bosch) mit 3-Punktgestänge einschl. langer Ackerschiene und Feststellung						
bei Mitlieferung	1180.—	1240.—	1400.—	1400.—	1560.—	1560.—
bei Extrabezug (Austauschteile werd. nicht zurückgenomm.)	1340.—	1420.—	1600.—	1600.—	1760.—	1760.—
Raddruckverstärker für Bosch-Hydraulik	serienm.	100.—	serienm.	serienm.	serienm.	serienm.
Zwillingssteuergerät	—	180.—	100.—	100.—	120.—	120.—
Lenkradfeststellvorrichtung	30.—	30.—	30.—	30.—	—	—
HELAMATIC ohne Lenkeinrichtung	180.—	180.—	180.—	180.—	180.—	—
HELAMATIC mit Lenkeinrichtung	300.—	300.—	300.—	300.—	—	—
Feststellung zur HELAMATIC-Lenkeinrichtung	40.—	40.—	40.—	40.—	—	—
Riemenscheibe mit durchg. Zapfwelle	250.—	300.—	300.—	300.—	300.—	—
Riemenscheibe mit Gelenkwelle z. Hydr.-3-Punkt-Gestänge	—	460.—	460.—	460.—	480.—	—
Motor-Zapfwelle (kupplungsunabhängig)	—	—	480.—	serienm.	780.—	serienm.
Betriebsstundenzähler	65.—	65.—	65.—	65.—	65.—	65.—
Tachometer mit Antrieb	—	—	80.—	80.—	80.—	80.—
Kühlerjalousie (bei Wasserkühlung)	35.—	35.—	35.—	35.—	40.—	40.—
2 vordere Kotflügel	30.—	30.—	30.—	30.—	50.—	50.—
1 Holzdoppelsitz bei Mitlieferung	24.—	24.—	24.—	24.—	24.—	24.—
1 Holzdoppelsitz bei Extrabezug	30.—	30.—	30.—	30.—	30.—	30.—
Sitzpolster für Fahrersitz (rot oder grün)	20.—	20.—	20.—	20.—	20.—	20.—

* Preise für Kraftheber-Nachlieferungen zu älteren Schleppertypen, die in dieser Liste nicht aufgeführt sind, auf Anfrage!

GEORG FRITZMEIER KG
Spezial-Allwetterverdecke · Patentsitze · Polster

M 200 SPEZIAL-ALLWETTERVERDECK

GF

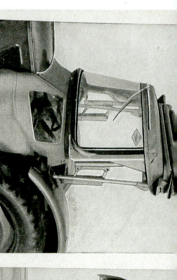

Schlepper-Komfort kein Schlagwort mehr:

Zu jedem modernen Schlepper gehört als fester Bestandteil das 100.000-fach bewährte FRITZMEIER-Allwetterverdeck. Jahrzehntelange Erfahrung und Erprobung, ständige Zusammenarbeit mit der Schlepperindustrie und vor allem dauernde Fühlunghaltung mit Fahrern im praktischen Einsatz, schaffen das FRITZMEIER-Allwetterverdeck in seiner hervorragenden Qualitätsausführung.

Ob Sonne, Regen, Wind oder Kälte: Mit dem FRITZMEIER-Allwetterverdeck sind Sie und Ihr Schlepper jederzeit einsatzbereit.

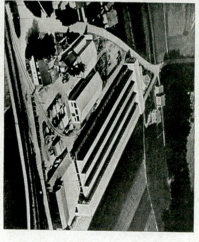

In dem neuen Werk II entsteht eine Fabrikationsstätte modernster Prägung, die eine bedeutende Erweiterung der Kapazität und Rationalisierung gewährleistet.

M 200
Fritzmeier-Allwetterverdeck
mit Fronteinstieg
passend für alle Schleppertypen

GEORG FRITZMEIER KG
Größte Spezialfabrik für Baumaschinen- und Schlepperverdecke
8011 Großhelfendorf über München 8
Telefon Aying 213 · Fernschreiber 05/23089

Oberster FRITZMEIER-Grundsatz:
QUALITÄT ÜBER ALLEM!

Überreicht durch:

Nur bei unbehinderter Sicht voller Arbeitseinsatz:

Die Großpanoramascheibe mit elektrischer Scheibenwischeranlage überwölbt in voller Breite das Fahrerhaus und schafft bei freier Sicht nach allen Seiten große Arbeitserleichterung und Verkehrssicherheit. Mit einem Handgriff schwingt sie die Frontscheibe nach oben. Eine Druckfeder hält sie in dieser Lage fest. Ein zweiter Handgriff öffnet den bequemen Fronteinstieg. Klarsichtfenster im Frontschutz geben den Blick frei auf Arbeitsweg und Frontanbaugeräte. Die 3-teilige Rundumverkleidung mit großen eingeschweißten Freisichtfenstern ist einfach an- und abzumontieren und ergibt aufgebaut eine vollständige Kabine.

Das freitragende Verdeckdach ist leicht hochklappbar und samt dem Gestänge zusammenzuschieben. Der Verdeckstoff wird dabei in ordentliche Falten gelegt. Die Patent-Parallelogrammfederung mit 2-Punkt-Aufhängung ist die einzige Verbindung zwischen Verdeck und Schlepper. Sie fängt alle Stöße elastisch und schwingungsfrei ab. Kein lästiges Dröhnen mehr.

Allwetterverdeck M 200
mit Fronteinstieg

Verdeckrahmen
solide, bruchsichere Präzisionsstahlrohr-Konstruktion
In- und Auslandspatente

Windschutzscheibe
aufklappbare Groß-Panoramascheibe aus Sicherheitsglas, in Stahlrohrrahmen, gummigelagert

Dachplane
aus qualitativ hochwertigem PVC-beschichtetem Perlonstoff von außerordentlicher Reißfestigkeit, kälte- und tropenbeständig, öl- und säurefest, abwaschbar

Parallelogrammfederung
mit 8 Gummitorsions-Federn, als eine allseitig wirkende Federung

2-Punkt-Aufhängung
ermöglicht schnellen An- und Abbau des Verdeckes

Frontschutz
zweiseitig mit Spezial-Gummiabschluß, mit eingeschweißten Klarsichtfenstern aus biegsamem, glasklarem Polyglas, geprüft und genehmigt vom Kraftfahrzeug-Bundesamt

Zubehörteile:

Seitenverkleidung,
zweiseitig (PVC-beschichteter Perlonstoff) mit großen eingeschweißten Klarsichtfenstern aus Polyglas und Spezial-Gummiabschluß

Rückenverkleidung
mit eingeschweißten Klarsichtfenstern aus Polyglas

Scheibenwischer
elektrische Scheibenwischeranlage mit Spezialwischerblatt für Großpanoramascheibe

Rückblickspiegel,
allseitig verstellbar

Für jeden Schleppertyp das passende FRITZMEIER-Allwetterverdeck, mit jedem Verdeck vielseitige Anpassungsmöglichkeiten, das sind überragende Vorteile des umfangreichen FRITZMEIER-Programmes.

Verdecke

FRITZMEIER VERDECKE

M 200 und M 201 mit Fronteinstieg — Bruttopreise
mit hochschwenkbarer ungeteilter Panorama-Frontscheibe aus Sicherheitsglas mit Dachbezug aus kunststoffbeschichtetem Perlongewebe, passend für alle Schleppertypen von 11 – 60 PS ab Baujahr 1957 ... DM **560.–**

Elektr. Scheibenwischer-Anlage mit Spezialwischerblatt lt. StVZO ... DM **36.–**

Blinklichtanlage verstärkt, auch für zusätzlichen Anschluß der Blinkleuchten am Anhänger, lt. StVZO ... DM **32.–**

Rückblickspiegel lt. StVZO ... DM **12.–**

M 100 ohne Fronteinstieg
mit ungeteilter Panorama-Frontscheibe aus Sicherheitsglas mit Dachbezug aus kunststoffbeschichtetem Perlongewebe
passend für alle Schleppertypen von 11 – 40 PS einschl. Geräteträger, Spurweite 1250 mm ... DM **440.–**

Elektr. Scheibenwischer-Anlage mit Spezialwischerblatt lt. StVZO ... DM **36.–**

Blinklichtanlage mit Verlängerung lt. StVZO ... DM **44.–**

Rückblickspiegel lt. StVZO ... DM **12.–**

ZUBEHÖR

Seitenverkleidung für M 100, M 200 und M 201 — Bruttopreise
aus kunststoffbeschichtetem Perlongewebe, welches abwaschbar sowie säure- und ölabstoßend ist. 2-seitig mit Spezial-Gummiabschluß ... DM **105.–**

Rückenteil für M 100, M 200 und M 201
Stoffmaterial wie oben ... DM **40.–**

Rückblickspiegel
bei Verwendung einer Seitenverkleidung mit Rückenteil wird die Anbringung des zweiten Rückblickspiegels notwendig. ... DM **12.–**

Sonnenblendschutzschild ... DM **17.50**

Verpackung zum Selbstkostenpreis
bei M 100 ... DM **9.50**
bei M 200 und M 201 ... DM **15.–**

Mähdrescher-Sonnenschutz-Verdeck
passend für alle Selbstfahrer-Typen
Dachbezug aus tropenbeständigem Material ... DM **280.–**

Bei Bestellungen sind unbedingt anzugeben: Schlepperfabrikat, Schleppertype, PS-Zahl, Baujahr, Bereifung.

PEKO-VERDECKE

Modell 220
Fronteinstieg, vergrößerte Panorama-Schwenkscheibe, Cabrio-Dach
Ges.-Baulg. 1,50 m; Ges.-Br. 1,48 m; Dachbr. 1,41 m. Eine neue weiter verbesserte Ausführung unseres Modells 220 Baujahr 1961 ... DM **594.–**

Garnitur Seitenverkleidungen mit bauartgenehmigtem Sicherheitsglas (Vorschrift nach STVZO) ... DM **120.–**

Modell 320
Fronteinstieg, vergrößerte Panorama-Schwenkscheibe, Cabrio-Dach
Ges.-Baulg 1,70 m; Ges.-Br. 1,48 m; Dachbr. 1,41 m. Ausführung wie Modell 220, jedoch mit 20 cm längerem Dach für besonders langgestreckte Schlepper und Traktoren mit Quersitzbank ... DM **614.–**

Garnitur Seitenverkleidungen mit bauartgenehmigtem Sicherheitsglas (Vorschrift nach STVZO) ... DM **130.–**

Modell 030
Leichtes Fahrerschutzverdeck mit Fronteinstieg
Ges.-Baulg. 1,48 m; Dachbr. 1,15 m. SEKURIT-Scheibe, verstellbar; TREVIRA-Rolldach, Vierpunkthalterung, eine weiter verbesserte Ausführung des Modells 030, Baujahr 1961 ... DM **381.–**

kompl. mit Seitenverkleidungen, mit bauartgenehmigtem Sicherheitsglas (Vorschrift nach STVZO), Handscheibenwischer, für die meisten Typen mit Heizung
auf Wunsch Wischermotor 12 V Mehrpreis ... DM **28.–**

Verpackung ... DM **8.–**

Nur in Grau lieferbar

Nur lieferbar für die Schlepper David Brown-Typen, Ferguson MF 25 und FE 35, Fordson-Super-Major, Fordson-Dexta, IHC-D 320-D 436, Porsche Standard Star 219 und 238, Super Export 329, Deutz D 30 S bzw. D 25,2, John Deere Lanz T 300 und T 500, für sämtliche Renault-Typen.

Neues Modell 216
Vergrößerte Panoramascheibe, Zweipunkthalterung, Cabrio-Dach
Ges.-Baulg. 1,50 m; Ges.-Br. 1,48 m; Dachbr. 1,41 m. Verdeckausführung wie Modell 220, jedoch ohne Schwenkscheibe und somit ohne Fronteinstieg ... DM **504.–**

Garnitur Seitenverkleidungen mit bauartgenehmigtem Sicherheitsglas (Vorschrift nach STVZO) ... DM **120.–**

Verdecke

Neues Modell 316
Vergrößerte Panoramascheibe, Zweipunkthalterung, Cabrio-Dach

Ges.-Baulg. 1,70 m; Ges.-Br. 1,48 m; Dachbr. 1,41 m. Ausführung wie Modell 216, jedoch mit 20 cm längerem Dach für besonders langgestreckte Schlepper … DM 524.–

Garnitur Seitenverkleidungen mit bauartgenehmigtem Sicherheitsglas (Vorschrift nach STVZO) … DM 130.–

Modell 215
Dreischeibenverdeck, Vierpunkthalterung

Ges.-Baulg. 1,48 m; Ges.-Br. 1,47 m; Dachbr. 1,41 m. TREVIRA-Rolldach, abnehmbare Seitenfenster, DLG-geprüfte Bauart, wie unser bewährtes II-S … DM 520.–

Garnitur Seitenverkleidungen mit bauartgenehmigtem Sicherheitsglas (Vorschrift nach STVZO) … DM 120.–

Weiteres Zubehör

Verstärkte elektrische Scheibenwischeranlage DM 44.–
(Vorschrift nach STVZO)
um 65% vergrößertes Sichtfeld

Elektrische Blinkanlage … DM 40.–

Rückspiegel (beidseitiger Rückspiegel Vorschrift der STVZO bei Verwendung einer Rückwand) … p. St. DM 11.–

Rückwand (D. B. G. M. angem.) … DM 55.–

Handscheibenwischer … DM 15.–

Verpackung und Transport-Versicherung DM 16.– pro Verdeck.

Bei Bestellung anzugeben: Fabrikat, Type, PS, Baujahr, Bereifung, Volt, Farbe: grün, grau, rot.

Je nach Schleppertype zweckmäßige Verdeckausführung lt. „Empfehlungsliste" (Bitte anfordern! Bei Anforderung Fabrikat angeben!)

Sirocco-Schlepperverdeck

komplett mit Sekurit-Windschutzscheibe, drehbare Plexischeiben, Plastik-Seitensegel, Motorverkleidung und elektr. Scheibenwischer … DM 345.–

Lieferbar für:
Fordson Major, Fordson Dexta, Cormick D 215, D 219, D 322, D 326, D 432, D 439, Porsche Standard-T 20 PS, Standard-Star 26 PS, Standard-Star 30 PS, Super-Export 35 PS, David Brown, Ferguson.

Bei Auftragserteilung bitte genaue Type und PS-Zahl angeben.

PATENT-MÄHDRESCHER SUPER AUTOMATIC

SUPER AUTOMATIC - der Wirtschaftliche

Ein Mähdrescher mit vielen Besonderheiten ist der moderne schleppergezogene CLAAS - „SUPER AUTOMATIC". Er ist die geglückte Verbindung der patentierten Quer/Längsfluß - Bauart mit den bedeutenden Bedienungserleichterungen durch die Hydraulik und bietet einen Bedienungskomfort, wie er bisher nur bei Selbstfahrern bekannt war. Hervorragende Eigenschaften, allen voran die unübertroffene Wirtschaftlichkeit, machten den „SUPER AUTOMATIC" zum international begehrten Mähdrescher. Seine außergewöhnliche Leistungsfähigkeit wird besonders von Großbetrieben geschätzt.

CLAAS - QUALITÄT AUS PRINZIP

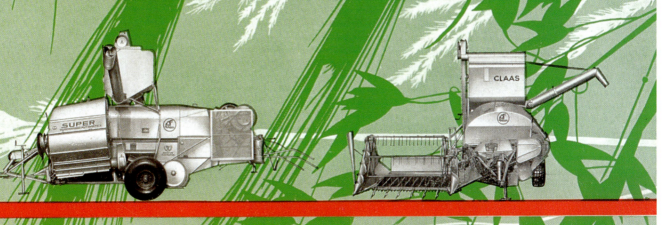

TECHNISCHE DATEN:

Kraftbedarf:
Schlepper ab 35 PS mit Zapfwellen-Antrieb oder ab 20 PS mit Zusatzmotor (CLAAS-Patent). Bei Standdrusch Elektro-Motoren ab 15 kW.

Schneidwerk:
Schnittbreite 7 Fuß = 2,10 m (zwischen den Halmteilern), federnd aufgehängt zur automatischen Anpassung an Bodenunebenheiten. – Stoppelhöhe hydraulisch verstellbar von 7–40 cm; 8 Ährenheber für Lagergetreide serienmäßig mitgeliefert.

Haspel:
gesteuerte Federzinken-Pick Up-Haspel mit hydraulischer Höhenverstellung.

Einzugsorgane:
durchgehendes, korndichtes Untertuch, durch Sofortstop stillzusetzen; pendelnd aufgehängtes Obertuch.

Dreschtrommel:
450 mm ⌀, 1250 mm breit, 6 Schlagleisten, Drehzahl von 1100 – 1400 U/min. stufenlos verstellbar, (auf Wunsch Wechselscheiben für 540–1100 U/min.).

Dreschkorb:
mit Momentverstellung und Steinfangmulde

Schüttler:
Schwingschüttler, 1360 x 3100 mm lang.

Reinigung:
1. Druckwindreinigung mit verstellbarem Lamellensieb und auswechselbarem Untersieb (4 Siebe serienmäßig mitgeliefert).
2. Sortierzylinder mit Wechselsieb (4 Siebe serienmäßig mitgeliefert), Sortierung in 3 Qualitäten.

Bereifung:
12 - 18 AM

Spurweite:
2350 mm

Gewicht:
ca. 2640 kg (mit Rototeiler, Absackstand und Strohpresse).
ca. 2670 kg (mit Rototeiler, Korntank und Strohpresse).

Maße:
mit Korntank in Arbeitsstellung: Länge = 7375 mm, Breite = 6240 mm, Höhe = 3850 mm, (bei Absackung Breite = 6180 mm, Höhe = 3750 mm)

in Transportstellung: Länge = 6300 mm, Breite = 3070 mm, Höhe = 3850 mm, (bei zurückgeklapptem Elevator: Höhe: 3390 mm).

Technische Angaben, Maße und Gewichte sind unverbindlich - Konstruktionsänderungen vorbehalten.

Lieferbare Sonderausrüstungen auf Wunsch:
rotierender Halmteiler – Strohpresse – Federzinken-Pick Up-Trommel – Strohhäcksler – Korntank – Tankabsackung – Maisdrusch-Einrichtung – Sonderdruscheinrichtungen u. a.

Die moderne wirtschaftliche Einmann-Maschine für die vollmechanisierte Getreideernte: „SUPER AUTOMATIC" mit Korntank und loser Strohablage. Als echter „Allesdrescher" verarbeitet er alle dreschbaren Feldfrüchte gleich gut und kann wahlweise im Mäh-, Schwad-, Hocken- oder Standdrusch eingesetzt werden.

Das flach liegende Seitenschneidwerk — ein typisches Merkmal der kombinierten Quer/Längsfluß-Bauart — nimmt Lagergetreide vorbildlich sauber auf. Haspel- und Schneidwerkstellung werden vom Schleppersitz aus durch die Hydraulik den wechselnden Getreideverhältnissen mühelos angepaßt.

Günstiger Anschaffungspreis, hohe Leistung, einfache Bedienung und Wartung, geringste Unterhalts- und Reparaturkosten und vielseitige Einsatzmöglichkeiten sind ausschlaggebende Vorteile des schleppergezogenen „SUPER AUTOMATIC". Sie ergeben eine nicht zu übertreffende Wirtschaftlichkeit.

GEBR. CLAAS · MASCHINENFABRIK GMBH · HARSEWINKEL/WESTFALEN

BBB. AA. LB (Vo) 150.

PATENT-MÄHDRESCHER COLUMBUS

COLUMBUS - mehr wert, als er kostet

Geradezu beispielhaft ist die Ausrüstung des COLUMBUS, des kleinsten CLAAS-Selbstfahrers. Alles Zubehör, das zur reibungslosen Mähdrusch-Arbeit gehört, ist „im Preis einbegriffen". Der COLUMBUS läßt so keine Wünsche offen: zur Serienausstattung gehören die Motorhydraulik für Haspel, Schneidwerk und Vorfahrt ebenso wie Ährenheber, Schneidwerk-Federung, Steinfangmulde, Entgranungseinrichtung oder die 7-Zoll-Lenkachsbereifung — um nur einiges zu nennen. In Ausrüstung und Bedienungskomfort jedem Großselbstfahrer ebenbürtig: das spricht eindeutig für den CLAAS-COLUMBUS.

CLAAS - QUALITÄT AUS PRINZIP

COLUMBUS = 27 PS-VW-Motor • COLUMBUS D = 34 PS-PERKINS-DIESEL-MOTOR

TECHNISCHE DATEN:

Schneidwerk: Schnittbreite 1,80 m, hydraulisch verstellbar für Stoppelhöhe von 6 bis 60 cm. Schneidwerk zur selbsttätigen Anpassung an Bodenunebenheiten durch Federn ausgewogen, Messer, Haspel und Einzugsorgane unabhängig vom Dreschwerk mit einem Handgriff abschaltbar, 12 Ährenheber für Lagergetreide serienmäßig mitgeliefert.

Haspel: gesteuerte Pick Up-Haspel mit Federzinken, hydraulisch höhenverstellbar.

Dreschtrommel: 450 mm Ø, 800 mm breit, 6 Schlagleisten, Trommeldrehzahl durch Wechselräder von 620–1380 U/min. verstellbar.

Dreschkorb: 8 Korbleisten (11 bei eingeschalteter Entgrannung), Steinfangeinrichtung, Momentverstellung.

Schüttler: dreiteiliger Hordenschüttler auf 2 Kurbelwellen gelagert.

Reinigung: 1. Reinigung: Druckwindeinrichtung mit verstellbarem Lamellensieb und auswechselbarem Untersieb (4 Untersiebe serienmäßig mitgeliefert). 2. Reinigung: Sortierzylinder mit Wechselsieb, ebenfalls 4 Siebe serienmäßig bei der Maschine, Sortierung in 3 Qualitäten.

Absackstand: auf der linken Seite der Maschine, zum wahlweisen Überladen oder Ablegen der vollen Säcke.

Sicherheitskupplungen: federbelastete Doppelscheiben-Sicherheitskupplungen gegen Überlastung an Haspel. Einzugswalze, Messerantrieb u. a. Zahlreiche andere Sicherheitseinrichtungen.

Motor: VW-Industriemotor, 27 PS, luftgekühlt oder 4-Zylinder-Perkins-Diesel, 34 PS, wassergekühlt.

Getriebe: Dreigang-Getriebe (3 Vorwärtsgänge, 1 Rückwärtsgang) mit Einscheiben-Trockenkupplung, Geschwindigkeit innerhalb der einzelnen Gänge hydraulisch stufenlos regelbar.

Bereifung: vorn 9–24 AS, hinten 7,00–12 AM.

Spurweite: vorn 1600 mm, hinten 1000 m.

Radstand: 2900 mm.

Bremsen: mechanische Fußbremse (auch als Einzelradbremse wirkend), unabhängig davon mechanische Handbremse.

Gewicht des Mähdreschers: ca. 2100 kg.

Gewicht der Strohpresse: ca. 310 kg.

Maße: in Arbeitsstellung: Länge 8700 mm, Breite 2800 mm, Höhe 2450 mm; in Transportstellung: Länge 7050 mm, Breite 2350 mm, Höhe 2680 mm.

Technische Angaben, Maße und Gewichte sind unverbindlich. Konstruktionsänderungen vorbehalten.

Lieferbare Sonderausrüstungen auf Wunsch:

Federzinken-Pick Up-Trommel, Korntank, Tankabsackung, Strohpresse, Strohhäcksler (für COLUMBUS D), Sonderdruscheinrichtungen u. a.

Für besonders schwierige Einsatzbedingungen und bei Verwendung eines Strohhäckslers empfiehlt es sich, den COLUMBUS D zu wählen. Er wird mit dem 34 PS starken 4-Zylinder-Perkins-Dieselmotor ausgerüstet, der auch unter extremen Verhältnissen noch genügend Kraftreserven besitzt.

Griffnah neben dem Lenkrad liegt das Steuerventil für die Motorhydraulik. Von hier werden Schnitthöhe und Haspelstellung verändert und die Fahrgeschwindigkeit stufenlos geregelt. Mühelos sind Mähwerk und Vorfahrt den wechselnden Getreideverhältnissen sekundenschnell anzupassen.

Entsprechend der großen Leistungsfähigkeit sind Schüttler und Reinigung des COLUMBUS reichlich bemessen. Auch bei größtem Korn- und Strohanfall wird sauber ausgeschüttelt und das Korn marktfertig gereinigt. Am Absackstand wird marktfertig in drei Qualitäten sortiert.

GEBR. CLAAS MASCHINENFABRIK GMBH · HARSEWINKEL/WESTFALEN

BBA. AT. LB. (Schn) 300

PATENT-MÄHDRESCHER EUROPA

EUROPA – Selbstfahrer der Mittelklasse

Eigens für die europäischen Erntebedingungen wurde der CLAAS-EUROPA entwickelt: für hohe Erträge und große Strohmassen, Lagergetreide, Feuchtigkeit, verunkrautete und hängige Felder. Deshalb der starke Motor von 45 PS, deshalb die großvolumige Bereifung und die reichlich bemessenen „Verdauungsorgane" mit besonders langem Schüttler. Zur Serienausrüstung gehört die Motorhydraulik für Schneidwerk und Haspelverstellung und stufenlose Regelung der Fahrgeschwindigkeit. Vorfahrt, Schnitthöhe und Haspelhöhe können sekundenschnell allen Einsatzverhältnissen angepaßt, die Leistungsfähigkeit der Maschine dadurch stets voll ausgenutzt werden.

CLAAS – QUALITÄT AUS PRINZIP

TECHNISCHE DATEN:

Motor: 4-Zylinder-Diesel-Motor, 45 PS.

Getriebe: Dreiganggetriebe mit Einscheiben-Trockenkupplung (3 Vorwärtsgänge, 1 Rückwärtsgang), Geschwindigkeit innerhalb der einzelnen Gänge hydraulisch stufenlos regelbar (1,3–16,0 km/std).

Schneidwerk: Schnittbreite 2,10 m, hydraulisch verstellbar für Stoppelhöhe von 6 bis 60 cm, Schneidwerk zur selbsttätigen Anpassung an Bodenunebenheiten federnd ausgewogen, Messer, Haspel und Einzugsorgane getrennt vom Dreschwerk abschaltbar (Sofortstopp). 14 Ährenheber für Lagergetreide serienmäßig mitgeliefert.

Haspel: gesteuerte Pick Up-Haspel mit Federzinken, hydraulisch verstellbar.

Dreschtrommel: 450 mm Ø, 800 mm breit, 6 Schlagleisten, Trommeldrehzahl durch Wechselräder von 620–1380 U/min. verstellbar.

Dreschkorb: mit Momentverstellung und vorgesetzter Steinfangmulde.

Entgrannung: neuartige, auch bei Feuchtigkeit sicher arbeitende Entgrannungseinrichtung (Patent angem.).

Schüttler: langer, dreiteiliger Hordenschüttler, auf 2 Kurbelwellen laufend.

Reinigung: 1. Reinigung: Druckwindreinigung mit verstellbarem Lamellensieb und auswechselbarem Untersieb (4 Untersiebe serienmäßig mitgeliefert).
2. Reinigung: Sortierzylinder mit Wechselsieb (4 Siebe serienmäßig bei der Maschine), Sortierung in 3 Qualitäten.

Absackstand: auf der linken Seite der Maschine, zum wahlweisen Überladen oder Ablegen der vollen Säcke (Patent angem.).

Bereifung: vorn 10–28 AS, hinten 7.00–12 AM.

Spurweite: vorn 1800 mm, hinten 1000 mm.

Radstand: 2900 mm.

Bremsen: mechanische Fußbremse (auch als Einzelradbremse wirkend), unabhängig davon mechanische Handbremse.

Sicherheitskupplungen: federbelastete Doppelscheiben-Sicherheitskupplungen gegen Überbelastung an Haspel, Einzugswalze, Messerantrieb u. a. Zahlreiche andere Sicherheitseinrichtungen.

Gewicht des Mähdreschers: ca. 2790 kg (ohne Strohpresse).

Gewicht der Strohpresse: ca. 310 kg.

Maße: mit Strohpresse in Arbeitsstellung: Länge 9120 mm, Breite 3150 mm, Höhe 2850 mm, in Transportstellung: Länge 7700 mm, Breite 2750 mm, Höhe 2850 mm.

Technische Angaben, Maße und Gewichte sind unverbindlich. Konstruktionsänderungen vorbehalten.

Lieferbare Sonderausrüstungen auf Wunsch:

Strohpresse, Federzinken-Pick-Up-Trommel, Korntank, Tankabsackung, Strohpresse, Strohhäcksler, Sonderdruscheinrichtungen, Maisdruscheinrichtung u. a.

GEBR. CLAAS MASCHINENFABRIK GMBH · HARSEWINKEL/WESTFALEN

Eine ideale Einmann-Maschine ist der EUROPA mit Korntank und loser Strohablage. Die pressenlose Maschine leistet mehr, die Strohbergung kann mechanisiert werden. Eine sinnvolle Ergänzung zum Mähdrescher ist die Sammelpresse (z. B. CLAAS-Pick Up HD oder Pick Up LD).

Das Herz des CLAAS-EUROPA ist sein 45-PS-Diesel-Motor. Er wurde bewußt so stark gewählt, damit die Maschine auch unter erschwerten Bedingungen genügend Kraftreserven zur Verfügung hat. Das gibt hohe Leistungen am Hang, bei Feuchtigkeit oder Lagergetreide.

Besonders bei der Arbeit an hängigen Feldern ist die ausgeglichene Gewichtsverteilung von Bedeutung. Der starke Motor wurde gegenüber vom Fahrerstand und der Absackplattform angeordnet und die Spurweite extra groß bemessen.

BBT. AT. LB. (Schn) 300

PATENT-MÄHDRESCHER „SFB"

SELBSTFAHRER „SFB" - ein echter Claas

Überragende Arbeitsleistungen unter allen nur denkbaren Einsatzverhältnissen in Europa und Übersee und die beispielhafte technische Ausstattung machten den CLAAS-Selbstfahrer „SFB" zu einem Begriff in der Landwirtschaft. Immer wieder wurde er verbessert, aber die bewährte Grundbauweise blieb seit langem unverändert — ein Beweis für die Vollkommenheit der Konstruktion. Für Großbetriebe, Lohndrescher und Maschinengemeinschaften ist er die geeignete Vollerntemaschine, die kaum noch Wünsche offen läßt. Ein besonderer Vorteil: die hydraulisch stufenlos während der Arbeit regelbare Dreschtrommel-Drehzahl!

CLAAS — QUALITÄT AUS PRINZIP

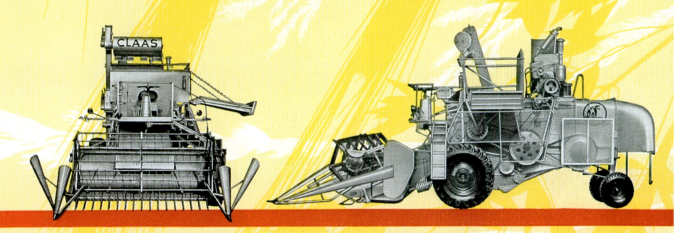

TECHNISCHE DATEN

Schneidwerk: Schnittbreite 8½ Fuß (2,60 m), automatische Anpassung an Bodenunebenheiten, hydraulische Schnitthöhenverstellung von 6 bis 75 cm, serienmäßig 17 Ährenheber.

Halmteiler: dreiteilig, verstellbar, beweglich angebracht (Anpassung an Bodenunebenheiten), wahlweise in kurzer oder langer Ausführung, serienmäßig 2 Stück.

Haspel: gesteuerte Pick Up-Haspel mit Federzinken, hydraulisch verstellbar.

Dreschtrommel: 450 mm Durchmesser, 1250 mm breit, 6 Schlagleisten, Trommeldrehzahl hydraulisch stufenlos zu regulieren von 650 bis 1400 Umdrehungen pro Minute, Drehzahl am Tourenzähler ablesbar.

Entgrannung: neuartige, auch bei Feuchtigkeit sicher arbeitende Entgrannungseinrichtung, die bei Einschaltung den Korb um 3 Leisten verlängert (Patent angem.).

Dreschkorb: 10 Korbleisten (13 bei eingeschaltetem Entgranner), Steinfangeinrichtung, Momentverstellung.

Schüttler: vierteiliger Hordenschüttler, auf 2 Kurbelwellen gelagert, Schüttlerfläche 3 qm.

Reinigung: Hochleistungssiebkasten mit Zweistufen-Druckwindreinigung, 1. Siebstufe: Nasensieb 0,5 qm — 2. Siebstufe: Lamellensieb 1,15 qm, Untersieb 1,0 qm (vier Stück serienmäßig mitgeliefert).

Absackstand: auf dem Dach der Maschine mit verstellbarer Sackrutsche zum Überladen der Säcke auf einen Wagen oder zum wahlweisen Abwerfen auf das Feld. Ca. 15 Zentner können auf der Maschine mitgeführt werden.

Korntank: mit Verteilerschnecke zur vollständigen Füllung, Sichtfenster zur Füllungskontrolle.

Sicherheitskupplungen: federbelastete Doppelscheiben-Sicherheitskupplungen gegen Überlastungen an Haspel, Einzugswalze, Messerantrieb, Schrägförderer, Kornschnecke und Überkehrschnecke, zahlreiche andere Sicherheitsvorrichtungen, wie Scherstifte, -schrauben u. ä.

Motor: 4-Zylinder-Diesel 60 PS oder 6-Zylinder Benzin 56 PS.

Getriebe: Dreiganggetriebe mit Einscheiben-Trockenkupplung, Geschwindigkeitsbereich: 1,4—15 km/h, Rückwärtsgang 2,5—7 km/h. Geschwindigkeit über den gesamten Bereich mit hydraulisch gesteuertem Regeltrieb stufenlos verstellbar.

Bremsen: mechanische Handbremse, mechanische Fußbremse (auch als Einzelradbremse wirkend).

Bereifung: vorn 13—26 AS, hinten 8,50—12 AM, Spurweite: vorn 2200 mm (8½ Fuß), hinten 1280 mm, Radstand 3200 mm.

Beleuchtung: Scheinwerfer und Rückstrahler (Begrenzungsleuchten, Rück- und Blinkleuchten und Rückspiegel gegen Mehrpreis).

Gewicht: ca. 4200 kg.

Maße: * in Arbeitsstellung: Länge 8,26 m (bei langem Halmteiler)
    Breite ca. 3,30 m (je nach Stellung der Halmabweiser)
    Höhe 3,80 m
  beim Transport: Länge 6,94 m
    Breite 3,04 m
    Höhe 3,50 m
(Elevator zurückgeklappt, Schalldämpfer abgenommen)
* SFB ohne Presse.

Technische Angaben, Maße und Gewichte sind unverbindlich — Konstruktionsänderungen vorbehalten.

Lieferbare Sonderausrüstungen nach Wunsch:

Strohpresse, Strohhäcksler, Korntank, Tankabsackung, Sonnendach, Federzinken-Pick Up-Trommel, Maisdruscheinrichtung, Sonderdruscheinrichtungen u. a.

Das hochwertige Dreigang-Getriebe des CLAAS-„SFB" (zusammen mit dem Differential im Vollölbad) wurde eigens für diesen selbstfahrenden Großmähdrescher konstruiert. Die Einscheiben-Trockenkupplung mit Kupplungsbremse erlaubt schnelles Schalten — wie man es vom Schlepper gewohnt ist.

Der große Absackstand auf dem Maschinendach läßt dem Bedienungsmann genügend Bewegungsfreiheit. Auf der seitlich herausragenden Sackrutsche können etwa 10 Säcke gestapelt und von hier nach Wunsch bequem auf einen bereitstehenden Wagen übergeladen oder — bei abwärts geneigter Rutsche — im Fahren auf dem Feld abgesetzt werden.

Für die Strohbergung gibt es verschiedene Lösungen. Nach Wahl wird der „SFB" mit loser Strohablage, Strohhäcksler, Strohpresse oder mit einer Kombination von Presse und Häcksler ausgerüstet. Presse und Häcksler kombiniert (siehe Bild), das bedeutet, daß wahlweise gehäckselt oder gepreßt werden kann (zum Pressen wird der Häcksler hochgeschwenkt).

GEBR. CLAAS · MASCHINENFABRIK GMBH · HARSEWINKEL/WESTFALEN

BAH. AT. LB. (Fa) 250

Mähdrescher

Patent-Mähdrescher „CLAAS-Super-Automatic"

	Preis DM	b. Nachlief. DM
Grundpreis der Maschine	DM 10 125.–	
Zusatzeinrichtungen gegen Mehrpreis:		
Strohpresse 2 x bindend	DM 1 980.–	2 190.–
rotierender Halmteiler	DM 425.–	483.–
Abdeckbleche für Raps	DM 50.–	
Federzinken-Pick Up Trommel	DM 609.–	
Strohhäcksler (für Masch. mit Presse)	DM 1 218.–	
Strohhäcksler (f. Masch. ohne Presse)	DM 1 386.–	1 723.–
Korntank statt Absackstand u. Sackrutsche	DM 668.–	951.–
Korntank mit Sortierung statt Absackstand und Sackrutsche, ab Masch. Nr. 402 883	DM 959.–	1 242.–
Absackvorrichtung für Korntank *)	DM 119.–	
Korntank mit Sortierung statt Absackstand und Sackrutsche, bis Masch. Nr. 402 882	DM	1 427.–
Bremse	DM 536.–	
Bohnendruscheinrichtung	DM 183.–	

*) nur für SUPER-AUTOMATIC ab Maschinen-Nr. 411758
Benötigte Ausführung von Gelenkwelle und Hydraulikschläuchen angeben!

Patent-Mähdrescher „CLAAS-Columbus"

Grundpreis der Maschine, VW-Motor DM **14 130.–**
Grundpreis der Maschine mit 34 PS- 4 Zylinder Perkins-Dieselmotor 4/99 DM **16 950.–**

Zusatzeinrichtungen gegen Mehrpreis:

	Preis DM	b. Nachlief. DM
Strohpresse 2 x bindend	DM 1 450.–	1 610.–
Federzinken-Pick Up-Trommel	DM 640.–	
Korntank ohne Sortierung statt Absackstand	DM 903.–	1 187.–
Absackvorrichtung für Korntank *)	DM 119.–	
Abdeckbleche für Raps	DM 36.–	
Lenkachsbereifung 8.50–12 AM anstelle Normalbereifung	DM 167.–	
Beleuchtungsanlage entspr. Straßenverkehrszulassungsordnung	DM 61.–	70.–
Strohhäcksler (für COLUMBUS-D mit Presse)	DM 1 218.–	

*) ab Masch.-Nr. 904800

Patent-Mähdrescher "CLAAS-Europa"

	Preis DM	b. Nachlief. DM
Grundpreis der Maschine	DM 19 070.–	
Zusatzeinrichtungen gegen Mehrpreis:		
Strohpresse 2 x bindend	DM 1 450.–	1 610.–
Federzinken-Pick Up-Trommel	DM 640.–	
Korntank ohne Sortierung statt Absackstand	DM 903.–	1 317.–
Absackvorrichtung für Korntank *)	DM 119.–	
Strohhäcksler (f. Maschine ohne Presse)	DM 1 381.–	
Strohhäcksler (f. Maschine mit Presse)	DM 1 218.–	
Abdeckbleche für Raps	DM 36.–	
Lenkachsbereifung 8.50–12 AM anstelle Normalbereifung	DM 167.–	
Beleuchtungsanlage entspr. Straßenverkehrszulassungsordnung	DM 61.–	70.–

Patent-Mähdrescher „CLAAS-Selbstfahrer SFB"

	Preis DM	b. Nachlief. DM
Grundpreis der Maschine mit 4 Ltr. 56 PS Benzin-Motor	DM 23 500.–	
Mehrpreis für 4,4 Ltr. 62 PS Perkins-Diesel-Motor wassergekühlt (statt Benzin-Motor)	DM 2 647.–	
Mehrpreis für 4,7 Ltr. 66 PS Diesel-Motor LD 40 luftgekühlt (statt Benzin-Motor)	DM 4 172.–	
Zusatzeinrichtungen gegen Mehrpreis:		
Strohpresse 2 x bindend	DM 2 150.–	2 360.–
Korntank statt Absackstand und Sackrutsche	DM 547.–	831.–
Korntank mit Sortierung statt Absackstand und Sackrutsche	DM 788.–	1 071.–
Absackvorrichtung für Korntank *)	DM 119.–	
Federzinken-Pick Up-Trommel	DM 788.–	
Strohhäcksler (f. Masch. mit Presse)	DM 1 218.–	
Strohhäcksler (f. Masch. ohne Presse)	DM 1 479.–	
Beleuchtungsanlage entspr. Straßenkehrszulassungsordnung	DM 194.–	
Abdeckbleche für Raps	DM 36.–	

*) ab Masch.-Nr. 511939

Patent-Mähdrescher „CLAAS-Matador Standard"

	Preis DM	b. Nachlief. DM
Grundpreis der Maschine mit 4 Ltr. 56 PS Benzin-Motor	DM 26 250.–	
Mehrpreis für 4,4 Ltr 62 PS Perkins-Dieselmotor, wassergekühlt (statt Benzin-Motor)	DM 2 647.–	
Mehrpreis für 4,7 Ltr. 66 PS Diesel-Motor LD 40, luftgekühlt (statt Benzin-Motor)	DM 4 172.–	
Zusatzeinrichtungen gegen Mehrpreis:		
Strohpresse 2 x bindend	DM 2 450.–	2 660.–

Mähdrescher

	Preis DM	b. Nachlief. DM
Korntank statt Absackstand und Sackrutsche	DM 547.–	1 241.–
Korntank mit Sortierung statt Absackstand und Sackrutsche	DM 788.–	1 071.–
Absackvorrichtung für Korntank	DM 119.–	
Federzinken-Pick Up-Trommel	DM 788.–	
Strohhäcksler (f. Masch. m. Presse)	DM 1 218.–	
Strohhäcksler (f. Masch. o. Presse)	DM 1 479.–	
Hydraulische Lenkhilfe (nur f. Masch. mit Presse)	DM 650.–	nicht möglich!
Beleuchtungsanlage entspr. Straßenverkehrszulassungsordnung	DM 194.–	
Abdeckbleche für Raps	DM 36.–	

Patent-Mähdrescher „CLAAS-Matador"

Grundpreis der Maschine — DM 34 130.–

Zusatzeinrichtung gegen Mehrpreis:

Strohpresse 2 x bindend	DM 2 450.–
Federzinken-Pick Up-Trommel	DM 788.–
Strohhäcksler (für Maschinen mit Presse)	DM 1 218.–
Strohhäcksler (für Maschinen ohne Presse)	DM 1 479.–
Absackvorrichtung für Korntank	DM 119.–
Abdeckbleche für Raps	DM 36.–

Ausführungen mit Minderpreis:

Absackstand statt Korntank	DM 650.–
8½'-Schneidwerk (2,60 m) und Triebradbereifung 13-30 AS	DM 600.–

FÜR SCHWERSTE VERHÄLTNISSE

Der neue Bautz-Selbstfahrer mit dem Kontinuum-Druschverfahren

T 600

Für Betriebe mit hohen Korn- und Stroherträgen,

für Großbetriebe, die mit 2 oder 3 Maschinen auf mehreren Feldern gleichzeitig ernten,

für Lohndrusch und Gemeinschaftshaltung, bei denen die Möglichkeit des schnellen Standortwechsels eine wichtige Rolle spielt.

Das sind die Vorteile des T 600:

Motorhydraulische Schneidtischaushebung. Schneidtisch mit gesteuerter Haspel (für alle Getreideverhältnisse). Elastisch aufgehängte Förderkette, die sich jeder Getreidemenge anpaßt und sie störungsfrei zur Trommel bringt. Ungewöhnlich große Dreschtrommel mit 600 mm ⌀ – kein Trommelwickeln! Ausgezeichnete Dreschleistung – vorzügliche Reinigung. Praktische Anordnung aller Bedienungshebel an der verkleideten Lenksäule (Lenkradschaltung). Stufenlose Geschwindigkeitsregelung innerhalb der Gänge, unabhängig vom Dreschantrieb – stets volle Ausnutzung der Motor-Energie. Geräumiger Absackstand, günstige Ab- und Umladehöhe. Übersichtliche und sinnvolle Anordnung aller wichtigen Riemenantriebe auf einer Seite des Selbstfahrers. Verstellung der Windmenge, Windrichtung und des Kurzstrohsiebes vom Absackstand aus. Günstige Schwerpunktlage durch tiefliegenden Motor und Getriebe. Geringes Eigengewicht. Großer Lenkeinschlag, große Wendigkeit. Hangsicherheit.

Mähdrusch im Kontinuum-Verfahren

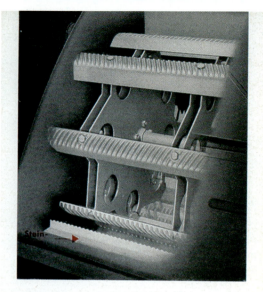

Blick in das Herz des T600

TECHNISCHE DATEN DES T 600

Schnittbreite . . 1,90 m oder 2,20 m
Höhenverstellung des Schneidtisches motorhydraulisch
5-flügelige Haspel mit gesteuerten Zinken

Schlagleistentrommel
Breite . . . . 735 mm
Durchmesser . . . . . . 600 mm
Schlagleisten 8
Veränderliche Trommelumfangsgeschwindigkeit 32,7 m/sek., 25,8 m/sek., 18,6 m/sek.
Steinfang
Dreiteiliger Hordenschüttler
Verstellung der Windmenge und Windrichtung vom Absackstand
4 austauschbare Körnersiebe, Körnersiebfläche 6312 cm²
1 Jalousiesieb, Jalousiesiebfläche 8073 cm²
Rückführ-Elevator, Körner-Elevator
Sortier-Anlage für 3 Sorten
Absackstandhöhe . . . . 860 mm

Antrieb bei Schnittbreite 1,90 m
mit Ottomotor luftgekühlt VW 29 PS, 3000 U/min. oder mit 3 Zylinder-Dieselmotor luftgekühlt 30 PS, 3000 U/min. oder 4 Zylinder-Dieselmotor, luftgekühlt 3000 U/min. 40 PS.

Bei Schnittbreite 2,20 m
4 Zyl.-Dieselmotor 3000 U/min. 40 PS luftgekühlt

Bereifung
vorn 9—24 AS / hinten 4.50—16 AS (Lenkräder). Wahlweise in Sonderausrüstung auch 10—24 vorn und 7.00—12 hinten (siehe Preisliste)

Geschwindigkeiten bei voller Motordrehzahl
Stufenloser Fahrantrieb innerhalb der Gänge, unabhäng. vom Dreschantrieb
1. Gang 1,3 — 3,3 km/h
2. Gang 2,8 — 6,6 km/h
3. Gang 6,2 —15,0 km/h
R.-Gang 2,6 — 6,2 km/h

Bremsen
Fußbremse (Innenbackenbremsen) für die Antriebsräder - Handbremse, feststellbar, für das Getriebe

Spurweiten je nach Bereifung
vorn 1,54 m hinten 0,91 m
oder vorn 1,60 m hinten 1,00 m

Kleinster Spurkreisradius (am inneren Triebrad gemessen) 2,40 m

Abmessungen Transport Betrieb
Länge mit Presse 7,68 m 9,03 m
Höhe 2,42 m 2,42 m
bei Schnittbreite 1,90 m
Breite 2,50 m 2,90 m
bei Schnittbreite 2,20 m
Breite 2,80 m 3,20 m

Gewicht 1,90 m 2,20 m
mit Presse 2260 kg 2450 kg
ohne Presse 2130 kg 2320 kg

Flächenleistung
0,35-0,50 ha/h 0,40-0,60 ha/h

Körnerleistung
12—22 dz/h 14—26 dz/h

Strohpresse
Welger-Presse in Stahlbauart, zweimal bindend, stufenlose Einstellung der Ballengröße

Preßkanal
Breite 800 mm Höhe 300 mm

Beleuchtung
nach den gesetzlichen Vorschriften

Zubehör
Ersatzmesser, Entgrannerleisten, Werkzeug, Feuerlöscher.

Zusatzausrüstung
Siebe und Sortierzylinder für Raps- und Hülsenfrüchte, 5 oder 6 Ährenheber, Betriebsstundenzähler, Pick-up-Einrichtung etc.

JOSEF BAUTZ GMBH SAULGAU/WÜRTT.

Beachten Sie die ungewöhnlich große Dreschtrommel von 600 mm ⌀ und den langen, großen Dreschkorb. Im Vordergrund der Steinfang zum Schutz der Dreschorgane. Acht schwere Schlagleisten verleihen der Trommel ihre gleichbleibende dynamische Wucht. Leichter Ein- und Ausbau der Trommel. Leichtes Säubern des Dreschkorbes. Vorzügliche Getreidereinigung durch gleiche Breite der Dresch- und Reinigungsorgane.

Die riesige Dreschtrommel mit ihren vielen Schlagleisten und dem langgestreckten Dreschkorb verhindert das gefürchtete Trommelwickeln und drischt so intensiv, weich und schonend aus, daß unter allen Umständen hervorragende Ergebnisse erzielt werden.

Die Reinigung erfolgt über mehrere Siebe in Verbindung mit einem wirbelfreien Wind. Das Getreide wird so sauber gereinigt, daß schärfste Ansprüche befriedigt werden.

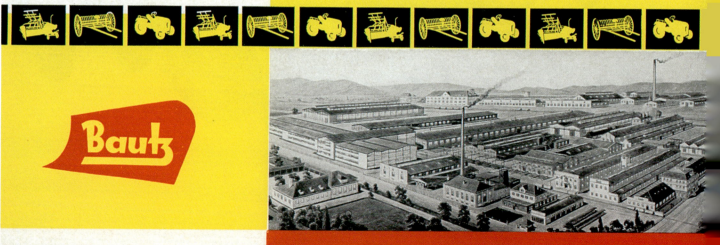

Die Bautz-Werke Saulgau/Württ. und Großauheim/Main

Mähdrescher

BAUTZ Selbstfahrender Mähdrescher T 600

Grundausrüstung:
Frontschneidwerk mit langen Halmteilern
Höhenverstellung des Schneidtisches motorhydraulisch
In Höhe und Fahrtrichtung verstellbare Exzenterhaspel
Kanalweite 74 cm
Dreschtrommeldurchmesser 60 cm, 8 Schlagleisten
Veränderl. Trommelgeschwindigkeit v. 590, 820 u. 1040 U/min.
Großer Dreschkorb mit 10 Korbleisten
3 Hordenschüttler
2 Spritztücher
Verstellbares Kurzstrohsieb
4 Körnersiebe 7, 8, 12 mm Rundloch u. 4,5x20 mm Langloch, Sortieranlage für 3 Sorten mit 3,15x15 u. 2,2x15 mm Lochung (wahlweise statt dessen auch andere Lochung – siehe Zusatzausrüstung)
Geräumiger Absackstand
3-Gang-Getriebe und Rückwärtsgang
Stufenlose Geschwindigkeitsregelung v. 1,3 bis 15 km/h
Bereifung 9–24 vorn, 7.00–12 hinten
Beiderseits wirkende Innenbackenbremsen und unabhängige Feststellbremse
Beleuchtung, Rückstrahler, Signalhorn und Warnschilder gemäß Straßenverkehrsordnung

Zubehör: 2 Mähmesser, 3 Entgrannerleisten, Schutzvorrichtungen, Werkzeug, Feuerlöscher.
Bei Lieferung **ohne Presse**: Ausgleichsgewichte, Strohauslauf- und Segeltuchhaube.

Verkaufspreis:

Schnittbreite 1,90 m
mit VW-Industriemotor, 29 PS — DM **15 340.—**
mit 3 Zyl. MWM-Dieselmotor, 30 PS — DM **17 470.—**
mit 4 Zyl. MWM-Dieselmotor, 40 PS — DM **17 990.—*)**

Schnittbreite 2,20 m
mit 4 Zyl. MWM-Dieselmotor, 40 PS — DM **18 950.—*)**

*) bei 1.90 m 40 PS in Ausrüstung ohne Presse jedoch mit Korntank und bei 2,20 m in Ausrüstung ohne Presse ist Bereifung 10 – 24 **verstärkt** erforderlich (siehe Zusatzausrüstung)

Zusatzausrüstung:

	Mitl.-Preis	Nachl.-Preis
Anbaustrohpresse, 74 cm Kanalweite, zweimal bindend	DM 1 620.—	1 980.—
2 Gewichte für Hinterräder und 1 Zusatzgewicht für Hinterachse als Ausgleichsgewichte sowie Strohauslauf- und Segeltuchhaube, falls Presse abgebaut wird	DM —	340.—
Bereifung 10 – 24 vorn	DM 110.—	—
Bereifung 10 – 24 **verstärkt**, vorn	DM 175.—	—
Ährenheber – je Stück (1 Satz: bei Schnittbreite 1,90 m = 5 Stück, bei Schnittbreite 2,20 m = 6 Stück)	DM 12.—	12.—
Gewicht für Vorderrad (für Hanglagen)	DM 160.	175.—
Körnersiebe 2.5, 4, 6 und 16 mm Rundloch je St.	DM 48.—	54.—
Zusätzliches Wechselkettenrad mit 28 Zähnen für Dreschtrommelgeschwindigkeit 705 U/min.	DM 28.—	32.—
Sortierzylinder zusätzlich mit 2,5x 15 und 2 x 15 mm (für Kleinsamen) oder 5 x 15 und 2,2x 15 mm Lochung (für Hafer-Bohnen-Gemenge)	DM 98.—	115.—
Pick-up-Einrichtung für 1,90 m	DM 865.—	895.—
für 2,20 m	DM 890.—	925.—
Betriebsstundenzähler	DM 60.—	60.—
Korntank, 1100 l Inhalt (nur bei Bereifung 10 – 24) wahlweise Entleerung in Körnerwagen oder Absackung auf Wagen	DM 730.—	1 470.—*
Unkrautsortierung zum Korntank (Sortierzylinder 2,2x15 mm), mit Absackstand und Absackstutzen zum Absacken von Korntank auf Absackstand	DM 460.—	—
Unkrautsortierung wie zuvor, jedoch ohne Absackstand (der Nachlieferungspreis versteht sich bei Nachlieferung mit dem Korntank)	DM —	310.—
Korntank-Sortierzylinder zusätzlich für Hafer-Bohnen-Gemenge 5 x 15 mm	DM 64.—	74.—

*) Nachlieferung möglich ab Fahrgestell-Nr.: bei VW-Motor 2520 / bei Dieselmotor 10 461

Mähdrescher

KÖLA Selbstfahrender Mähdrescher FAVORIT

Betriebserlaubnis Nr. 2962

Normalausrüstung:
Dieselmotor Fordson wassergekühlt Typ Major 592 E/AF 8, 68 PS, Schalldämpfer, Ölbadluftfilter, Kraftstofftank 80 Ltr., Ganzstahlausführung, Antriebsachse mit Leicht-Schaltgetriebe und geschlossener in Öl laufender Portalübersetzung, motorhydr. höhenverstellbares Frontschneidwerk mit Einzugsschnecke und motorhydraulisch verstellbarer Rechenhaspel, 10 Stück Ährenheber, Schnittbreite am Messer 2,55 m, stufenlose Fahrgeschwindigkeitsregelung von 1,5 – 15,7 km/h durch Motorhydraulik, Luftbereifung (vorn 13–26 AS, hinten 8.00–12 AM), Handbremse (Feststellbremse), Fußbremse als Einzelradbremse, Schneidwerkskupplung, verstellbare Trommeldrehzahl, Momentverstellung für Dreschkorb, Absackstand, zum Körnertank verwandelbar, Sortierung durch rotierenden Siebzylinder, Siebe für 1. und 2. Reinigung: 1 Abreutersieb (Spezial-Mähdrescher-Verstellsieb), 4 Wechselsiebe (8, 10, 12, 14 mm Rundlochung), 2 Siebzylinder (2,5 und 4,5 bzw. 2,5 und 6,5 mm Schlitzlochung), 1 Entgrannerblech, lange dreiteilige Abteiler, alle schnelllaufenden Wellen auf Kugel- oder Nadellagern, 2 Mähmesser, sämtliche Riemen und Ketten, Werkzeug, Schutzvorrichtungen, Betriebsanleitung, Ersatzteilliste, Schmierplan   DM 25 718.–

Mindestlieferumfang gegen Berechnung folgender Preise:

	Favorit
Normalausführung	DM 25 718.–
Beleuchtung	DM 136.–
Signalhorn	DM 28.–
Motorbetriebsstundenzähler	DM 68.–
	DM 25 950.–

Sonderausrüstungen gegen Extraberechnung für Mähdrescher FAVORIT:

	bei Mitlieferung DM	bei Nachlieferung DM
Anbaustrohpresse zweimal bindend 1000 mm Kanalbreite, mit stufenloser Bundgrößeneinstellung	1 654.–	1 784.–
Reserve-Ährenheber, pro Stück	11.–	11.–
Zusätzliche Siebzylinder für Hülsenfrüchte pro Stück	150.–	150.–
Zusätzliche Reinigungssiebe für Sämereien oder Hülsenfrüchte¹) pro Stück	62.–	62.–
Pick-up-Vorrichtung für Schwaddrusch	704.–	704.–
Strohschneider statt Strohpresse (Biso)	1 500.–	1 500.–
Strohschneider hinter Strohpresse (Biso)	1 400.–	1 400.–

Fortsetzung der Sonderausrüstungen gegen Extraberechnungen für Mähdrescher FAVORIT:

	bei Mitlieferung DM	bei Nachlieferung DM
Körnertank **ohne** Sortierung **ohne** Staubabscheidung	988.–	
Körnertank **mit** Sortierung **ohne** Staubabscheidung	1 097.–	
Körnertank **mit** Sortierung **mit** Staubabscheidung	1 259.–	
Ergänzungsteile bei Umrüstung von Absackstand auf Körnertank **ohne** Staubabscheidung	1 097.–	ohne Montage
Ergänzungsteile bei Umrüstung von Absackstand auf Körnertank **mit** Staubabscheidung	1 259.–	ohne Montage

Die Ergänzungsteile für Umrüstung von Absackstand auf Körnertank sind nur für die Mähdrescher Modell 1963 erhältlich.

Körnertank bei Nachlieferung für Modell 1962 und früher		Preis auf Anfrage

Mähdrescher

KÖLA Selbstfahrender Mähdrescher
COMBI-special

Betriebserlaubnis Nr. 2608

Normalausrüstung:
38-PS-Mercedes-Dieselmotor, Schalldämpfer, Ölbadluftfilter, Ganzstahlausführung, motorhydraulisch höhenverstellbares Frontschneidwerk (kombinierte Hand/Fußbetätigung) mit Einzugsschnecke und hydraulisch verstellbarer Rechenhaspel, 8 Stück Ährenheber, Schnittbreite am Messer 2.05 m, zwischen den Abteilerspitzen 2,15 m, stufenlose Fahrgeschwindigkeitsregelung von 1,4 bis 15,7 km/h, Luftbereifung (vorn 10-28 AS 6 Ply, hinten 5.00-16 AS Front), Spurweite vorn 1725 mm, Handbremse (Feststellbremse), Fußbremse (Einzelradbremse), Dreschtrommel ⌀ 560 mm, verstellbare Trommeldrehzahl, Momentverstellung für Dreschkorb, Schneidwerkkupplung, Absackstand, zum Körnertank verwandelbar, Sortierung durch rotierende Siebzylinder, Siebe für 1. und 2. Reinigung: 1 Abreutersieb (Spezial-Mähdrescher-Verstellsieb), 4 Reinigungssiebe (8 10, 12, 14 mm Rundlochung), 2 Siebzylinder (2,5 und 4,5 bzw. 2,5 und 6,5 mm Schlitzlochung), lange dreiteilige Abteiler, Kraftstofftank 60 l, alle schnellaufenden Wellen auf Kugel- oder Nadellagern, Entgrannerblech, 2 Mähmesser, sämtliche Riemen und Ketten, Werkzeug, Schutzvorrichtungen, Betriebsanleitung, Schmierplan, Ersatzteilliste   DM **18 986.—**

Selbstfahrender Mähdrescher COMBI-standard

Normalausrüstung: 38 PS Mercedes-Dieselmotor
Schnittbreite am Messer 1,90 m, zwischen den Abteilerspitzen 2,00 m, durch Handkraftheber höhenverstellbares Frontschneidwerk, Dreschtrommel ⌀ 45 mm, Spur vorn 1535 mm, Bereifung 1 — 24 AS, sonst wie KÖLA-Mähdrescher-COMBI-special   DM **17 399.—**

Mindestlieferumfang gegen Berechnung folgender Preise:

	COMBI-standard DM	COMBI-special DM
Normalausrüstung	17 399.—	18 986.—
Beleuchtung	136.—	136.—
Signalhorn	28.—	28.—
Motorbetriebsstundenzähler	68.—	68.—
	17 631.—	19 218.—

Sonderausrüstungen gegen Extraberechnung für Mähdrescher COMBI-standard und COMBI-special

	bei Mitlieferung DM	bei Nachlieferung DM
Anbaustrohpresse zweimal bindend, 800 mm, Kanalbreite, mit stufenloser Bundgrößeneinstellung	1 570.—	1 682.—
Reserve-Ährenheber pro Stück	11.—	11.—
Zusätzliche Siebzylinder für Hülsenfrüchte [1] pro Stück	83.—	83.—
Zusätzliche Reinigungssiebe für Sämereien oder Hülsenfrüchte [1] pro Stück	44.—	44.—
Pick-up-Vorrichtung für Schwaddrusch	663.—	663.—
Strohschneider statt Strohpresse (Biso)	1 450.—	1 450.—
Strohschneider hinter Strohpresse (Biso)	1 300.—	1 300.—

Fortsetzung der Sonderausrüstungen gegen Extraberechnung für Mähdrescher COMBI:

	bei Mitlieferung DM	bei Nachlieferung DM
Körnertank **ohne** Sortierung, **ohne** Staubabscheidung	805.—	
Körnertank **mit** Sortierung **ohne** Staubabscheidung	914.—	
Körnertank **mit** Sortierung **mit** Staubabscheidung	1 034.—	
Ergänzungsteile bei Umrüstung von Absackstand auf Körnertank **ohne** Staubabscheidung	914.—	ohne Montage
Ergänzungsteile bei Umrüstung von Absackstand auf Körnertank **mit** Staubabscheidung	1 034.—	ohne Montage

Die Ergänzungsteile für Umrüstung von Absackstand auf Körnertank sind nur für die Mähdrescher Modelle 1963 erhältlich.

Körnertank bei Nachlieferung für Modell 1962 und früher   Preis auf Anfrage

Dungstreuwagen

KEMPER Fräse 2 to *Typgeprüft*

Technische Daten:

1. Tragfähigkeit — 2000 kg
2. Eigengewicht — ca. 750 kg
3. Bremsachse
4. Spur — 125 cm
5. Seilzugbremse mit Bremshebel zur Anbringung am Schlepper
6. Handbremse (Feststellbremse)
7. Bereifung — 10–15 6 ply
8. Spindelwinde mit großem Laufrad
9. Gelenkwelle mit Schutz- und Sicherheitskupplung
10. Rückleuchte mit beiderseitigem Blinklicht für 12 Volt, Stecker 7-polig, mit Kennzeichenschild
11. Vorlegekeil
12. Plattformlänge — 310 cm
13. Plattformbreite — 170 cm
14. Bordwandhöhe — 30 cm
15. Kettentransportboden, ganz mit Querstäben belegt
16. Ladehöhe — 55 cm
17. Streuwerk, Fräse 2 Walzen
18. Streubreite 2,5 – 4 – 5 – 6,5 – 8 m (fast stufenlos einstellbar)
19. Streudichte vom Schlepper aus einstellbar
20. Kraftbedarf — ab 11 PS

Grundpreis für typgeprüfte Ausführung — DM 3 895.–

KEMPER Fräse 2,5 to *Typgeprüft*

Technische Daten:

1. Tragfähigkeit — 2500 kg
2. Eigengewicht — ca. 750 kg
3. Bremsachse
4. Spur — 125 cm
5. Seilzugbremse mit Bremshebel zur Anbringung am Schlepper
6. Handbremse (Feststellbremse)
7. Bereifung — 10–15 6 ply
8. Spindelwinde mit Laufrad
9. Gelenkwelle mit Schutz- und Sicherheitskupplung
10. Rückleuchte mit beiderseitigem Blinklicht für 12 Volt, Stecker 7-polig, mit Kennzeichenschild
11. Vorlegekeil
12. Plattformlänge — 310 cm
13. Plattformbreite — 170 cm
14. Bordwandhöhe — 40 cm
15. Kettentransportboden, ganz mit Querstäben belegt
16. Ladehöhe — 70 cm
17. Streuwerk, Fräse 2 Walzen
18. Streubreite 2,5–4–5–6,548 m (fast stufenlos einstellbar)
19. Streudichte vom Schlepper aus einstellbar
20. Kraftbedarf — ab 11 PS

Grundpreis für typgeprüfte Ausführung — DM 3 990.–

KEMPER Fräse 3 to *Typgeprüft*

Technische Daten:

1. Tragfähigkeit — 3000 kg
2. Eigengewicht — ca. 920 kg
3. Bremsachse
4. Spur — 125 cm
5. Seilzugbremse m. Bremshebel zur Anbringung am Schlepper
6. Handbremse (Feststellbremse)
7. Bereifung — 10–15 8 ply
8. Spindelwinde mit Laufrad
9. Gelenkwelle mit Schutz und Sicherheitskupplung
10. Rückleuchte mit beiderseitigem Blinklicht für 12 Volt, Stecker 7-polig, mit Kennzeichenschild
11. Vorlegekeil
12. Plattformlänge — 365 cm
13. Plattformbreite — 170 cm
14. Bordwandhöhe — 40 cm
15. Kettentransportboden, ganz mit Querstäben belegt
16. Ladehöhe — 70 cm
17. Streuwerk, Fräse 2 Walzen
18. Streubreite 2,5-4-5-6,5-8 m (fast stufenlos einstellbar)
19. Streudichte vom Schlepper aus einstellbar
20. Kraftbedarf — ab 15 PS

Grundpreis für typgeprüfte Ausführung — DM 4 585.–

KEMPER Fräse 3,5 to *Typgeprüft*

Technische Daten:

1. Tragfähigkeit — 3500 kg
2. Eigengewicht — ca. 1050 kg
3. Bremsachse
4. Spur — 136 cm
5. Auflaufbremse
6. Handbremse
7. Bereifung — 10–18 8 ply
8. Spindelwinde mit großem Laufrad
9. Gelenkwelle mit Schutz- und Sicherheitskupplung
10. Rückleuchte mit beiderseitigem Blinklicht für 12 Volt, Stecker 7-polig, mit Kennzeichenschild
11. Vorlegekeil
12. Plattformlänge — 400 cm
13. Plattformbreite — 170 cm
14. Bordwandhöhe — 40 cm
15. Kettentransportboden, ganz mit Querstäben belegt
16. Ladehöhe — 85 cm
17. Streuwerk, Fräse 2 Walzen
18. Streubreite 2,5–4–5–6,5–8 m (fast stufenlos einstellbar)
19. Streudichte vom Schlepper aus einstellbar
20. Kraftbedarf — ab 20 PS

Grundpreis für typgeprüfte Ausführung — DM 4 985.–

Dungstreuwagen

KEMPER Fräse 4 to Typgeprüft

Technische Daten:
1. Tragfähigkeit 4000 kg
2. Eigengewicht ca. 1120 kg
3. Bremsachse
4. Spur 136 cm
5. Auflaufbremse
6. Handbremse
7. Bereifung 12–18
8. Spindelwinde mit großem Laufrad
9. Gelenkwelle mit Schutz- und Sicherheitskupplung
10. Rückleuchte mit beiderseitigem Blinklicht für 12 Volt, Stecker 7-polig, mit Kennzeichenschild
11. Vorlegekeil
12. Plattformlänge 400 cm
13. Plattformbreite 170 cm
14. Bordwandhöhe 60 cm
15. Kettentransportboden, ganz mit Querstäben belegt
16. Ladehöhe 85 cm
17. Streuwerk, Fräse 2 Walzen
18. Streubreite 2,5–4–5–6,5–8 m (fast stufenlos einstellbar)
19. Streudichte vom Schlepper aus einstellbar
20. Kraftbedarf ab 25 PS

Grundpreis für typgeprüfte Ausführung DM 5 640.–

Anmerkung:
Mindesthöhe der Anhängerkupplung am Schlepper 90 cm

Bezeichnung	2 to DM	2,5 to DM	3 to DM	3,5 to DM	4 to DM
Spindelwinde mit großem Laufrad	25.–	25.–	25.–	–	–
Zahnstangenwinde mit großem Laufrad	170.–	170.–	170.–	155.–	155.–
Gelenkwelle, verst. Ausführung und verst. Rutschkupplung	195.–	195.–	195.–	195.–	195.–
Antrieb rechts oder links	90.–	90.–	90.–	90.–	90.–
Kettentransportboden ganz mit Querstäben belegt nur für Standard	80.–	80.–	80.–	100.–	100.–
getypte hintere Anhängekupplung nur für Fräse	30.–	30.–	30.–	30.–	30.–
verl. Anhängekupplung nur für Fräse	60.–	60.–	60.–	60.–	60.–
1 Satz Schrägstellstützen	35.–	35.–	35.–	35.–	35.–
Ladegatter vorn und hinten einschl. 6 Schrägstellstützen, (Verlängerung der Ladefläche 60 cm)	210.–	210.–	210.–	210.–	210.–
Aufsatzbretter für 3 Seiten, ca. 20 cm hoch	130.–	130.–	135.–	135.–	i. Grundpr.
Häckselaufbau	650.–	650.–	680.–	710.–	710.–
Auflaufbremse	115.–	115.–	115.–	im Grundpreis	
Ferguson-Deichsel für Hitch-Aufhängung (nur mit Seilzugbremse ausrüstbar)	220.–	220.–	220.–	–	–
Vorderwagen	360.–	360.–	360.–	360.–	360.–
Bereifung 10–15 8 ply	80.–	80.–	–	–	–
Bereifung 10–18 6 ply	310.–	310.–	230.–	–	–
Bereifung 10–18 8 ply	360.–	360.–	280.–	–	–
Bereifung 12–18	–	–	400.–	120.–	–
Kemper-Triebachse, fabrikneu	1550.–	1550.–	1550.–	1550.–	–
Aufbaulader kpl. für alle Typen	1350.–	1350.–	1350.–	1350.–	1350.–
Minderpreise bei Nichtmitlieferung folgender Teile:					
Bei Lieferung des Wagens ohne Streuwerk: Fräse	600.–	630.–	630.–	650.–	650.–
Standard 2 Walzen	–	450.–	450.–	450.–	450.–
Standard 1 Walzen	250.–	250.–	–	–	–

KEMPER Zweiachser-Fräse 3 to Typgeprüft

Technische Daten:
1. Tragfähigkeit 3000 kg
2. Eigengewicht ca. 1200 kg
3. Bremsachse vorn, Laufachse hinten
4. Spur 125 cm
5. Auflaufbremse
6. Handbremse
7. Bereifung 7.00–16 AW
8. Gelenkwelle mit Schutz und Sicherheitskupplung
9. Rückleuchte mit beiderseitigem Blinklicht für 12 Volt, Stecker 7-polig, mit Kennzeichenschild
10. Vorlegekeil
11. Plattformlänge 400 cm
12. Plattformbreite 170 cm
13. Bordwandhöhe 40 cm
14. Kettentransportboden ganz mit Querstäben belegt
15. Ladehöhe 70 cm
16. Streuwerk, Fräse 2 Walzen
17. Streubreite 2,5–4–5–6,5–8 m (fast stufenlos einstellbar)
18. Streudichte vom Schlepper aus einstellbar
19. Kraftbedarf ab 20 PS

Grundpreis für typgeprüfte Ausführung DM 5 410.–

Dungstreuwagen

KEMPER Zweiachser-Fräse 3,5 to Typgeprüft

Technische Daten:

1. Tragfähigkeit — 3500 kg
2. Eigengewicht — ca. 1200 kg
3. Bremsachse vorn, Laufachse hinten
4. Spur — 125 cm
5. Auflaufbremse
6. Handbremse
7. Bereifung — 10–15 6 ply
8. Gelenkwelle mit Schutz und Sicherheitskupplung
9. Rückleuchte mit beiderseitigem Blinklicht für 12 Volt, Stecker 7-polig, mit Kennzeichenschild
10. Vorlegekeil
11. Plattformlänge — 400 cm
12. Plattformbreite — 170 cm
13. Bordwandhöhe — 40 cm
14. Kettentransportboden ganz mit Querstäben belegt
15. Ladehöhe — 85 cm
16. Streuwerk, Fräse 2 Walzen
17. Streubreite 2,5–4–5–6,5–8 m (fast stufenlos einstellbar)
18. Streudichte vom Schlepper aus einstellbar
19. Kraftbedarf — ab 20 PS

Grundpreis für typgeprüfte Ausführung — DM 5 700.–

KEMPER Zweiachser-Fräse 4 to Typgeprüft

Technische Daten:

1. Tragfähigkeit — 4000 kg
2. Eigengewicht — ca. 1250 kg
3. Bremsachse vorn, Laufachse hinten
4. Spur — 136 cm
5. Auflaufbremse
6. Handbremse
7. Bereifung — 7,50–16 AW
8. Gelenkwelle mit Schutz und Sicherheitskupplung
9. Rückleuchte mit beiderseitigem Blinklicht für 12 Volt, Stecker 7-polig, mit Kennzeichenschild
10. Vorlegekeil
11. Plattformlänge — 450 cm
12. Plattformbreite — 170 cm
13. Bordwandhöhe — 40 cm
14. Kettentransportboden ganz mit Querstäben belegt
15. Ladehöhe — 85 cm
16. Streuwerk, Fräse 2 Walzen
17. Streubreite 2,5–4–5–6,5–8 m (fast stufenlos einstellbar)
18. Streudichte vom Schlepper aus einstellbar
19. Kraftbedarf — ab 30 PS

Grundpreis für typgeprüfte Ausführung — DM 5 925.–

Mehrpreise für Zusatzausrüstungen ZWEIACHS-STALLDUNGSTREUER

(nicht im Grundpreis mit einbegriffen)

Nr.	Bezeichnung	3 to DM	3,5 to DM	4 to DM
1.	zweite Bremsachse	190.–	190.–	250.–
2.	Anhängekupplung	30.–	30.–	30.–
3.	verlängerte Anhängekupplung	60.–	60.–	60.–
4.	Anhängekupplung für Standard	55.–	55.–	55.–
5.	1 Satz Schrägstellstützen	35.–	35.–	35.–
6.	Ladegatter vorn und hinten einschl. 6 Schrägstellstützen Verlängerung der Ladefläche um 60 cm	210.–	210.–	210.–
7.	Aufsetzbretter für 3 Seiten, ca. 20 cm hoch	135.–	135.–	140.–
8.	Häckselaufbau	710.–	710.–	810.–
9.	Blattfederung	400.–	400.–	400.–
10.	Kemper-Triebachse fabrikneu, gleichzeitig als zweite Bremsachse	1735.–	1735.–	1735.–
11.	Gelenkwelle, verstärkte Ausführung und verstärkte Rutschkupplung	175.–	175.–	175.–
12.	Bereifung 10–15 6 ply	160.–	–	–
	Bereifung 10–15 8 ply	320.–	160.–	–
	Bereifung 10–18 6 ply	–	–	620.–
	Bereifung 10–18 8 ply	–	–	720.–
13.	Spurverbreiterung 1500 mm	–	75.–	75.–

kemper

STALLDUNGSTREUER UNIVERSAL-FRÄSE
Ein- und Zweiachsstreuer

Der Universal-KEMPER-Frässtreuer als Ein- oder Zweiachsfahrzeug mit dem bewährten Fräs-Streuwerk (System Roiser)

erfüllt alle Voraussetzungen, die ein fortschrittlicher Landwirt heute an ein solches Fahrzeug stellen muß. Durch die besondere Konstruktion und Arbeitsweise des Fräs-Streuwerkes kann das Fahrzeug bis zu 80 cm hoch beladen werden, wodurch die äußerste Ausnutzung des Dungstreuers und der Zugmaschine möglich wird.

Durch die Fräseigenschaft des Streuaggregates sind die Fräszinken nur punktweise mit dem Streugut in Berührung, wodurch eine feinste Zerkleinerung und Ausstreuung der Dungteilchen erfolgt. Hierdurch ergibt sich auch der niedrige Kraftbedarf im Verhältnis zur großen Streuleistung.

Durch die patentierte Streubreitenverstellung können Streubreiten von 2,5 m bis 8 m eingestellt werden. Die Breiten- und Feinstreuung ist vor allen Dingen für die Wiesendüngung von großem Nutzen.

Selbstverständlich kann auch das Streuwerk mit wenigen Handgriffen abgenommen werden, wodurch der Stalldungstreuer als Transportfahrzeug mit automatischem Abladeboden das ganze Jahr eingesetzt werden kann.

kemper

STALLDUNGSTREUER UNIVERSAL-STANDARD
mit Ein- und Zweiwalzenschneckenstreuwerk
Ein- und Zweiachsstreuer

Der Universal-KEMPER Standard-Streuer als Ein- oder Zweiachsfahrzeug

mit Ein- oder Zweiwalzen-Schneckenstreuwerk ist für die Verarbeitung von allen üblichen Dung- und Kompostarten geeignet.

Die feinste Wiesendüngung sowie auch starke Dunggaben für die Ackerdüngung werden von dem Streuwerk bewältigt. Die Zerkleinerung und Verteilung des Streugutes wird durch die mit Reißzinken versehenen Schneckenwalzen besonders gut gewährleistet. Die Streubreite ist gut spurüberdeckend und je nach Dungart noch über Wagenbreite hinaus.

Die Ladehöhe beträgt beim Einwalzenstreuwerk 40 cm und beim Zweiwalzenstreuwerk 70 cm. Der Kraftbedarf ist durch die besondere Ausbildung der Streuwalzen gering. Nach dem Einsatz als Stalldungstreuer und nach Abnehmen des Streuwerkes steht ein formschöner und zweckmäßiger Einachsanhänger für alle Transportarbeiten zur Verfügung. Ganz abklapp- und schrägstellbare Seitenbordwände sowie vollautomatisches Abladen von Schüttgütern sind hierbei von größtem Vorteil.

Technische Daten siehe Rückseite

TECHNISCHES

STALLDUNGSTREUER UNIVERSAL-FRÄSE

Technische Daten	2 to Einachser	2,5 to Einachser	3 to Einachser	3 to Zweiachser	3,5 to Einachser	3,5 to Zweiachser	4 to Einachser	4 to Zweiachser
Nutzlast kg	2000	2500	3150	2990	3415	3360	3980	4000
Eigengew. ca. kg	880	955	1085	1210	1195	1250	1230	1250
Streubreite ca. m	Bei allen Typen 2,5-4-5-6,5-8 m - fast stufenlos einstellbar.							
Kasteninnenmaße m	3,00x1,65 x0,30	3,00x1,65 x0,40	3,55x1,65 x0,40	3,90x1,65 x0,40	3,90x1,65 x0,40	3,90x1,65 x0,40	3,90x1,65 x0,60	4,40x1,65 x0,40
Spurweite m	1,25	1,25	1,25	1,25	1,36	1,25	1,36	1,25
Bereifung (norm)	10-15 AM 6 ply	10-15 AM 6 ply	10-15 AM 8 ply	7,00-16 AW 6 ply	10-18 AM 8 ply	10-15 AM 6 ply	12-18 AM 8 ply	7,50-16 AW 8 ply
erf. Zugkraft	ab 11 PS	ab 11 PS	ab 15 PS	ab 20 PS	ab 20 PS	ab 20 PS	ab 25 PS	ab 30 PS

STALLDUNGSTREUER UNIVERSAL-STANDARD

Technische Daten	Einwalzen-Streuer 2 to Einachser	Ein od. Zweiwalz.-Streuer 2,5 to Einachser	Zweiwalzenstreuer 3 to Einachser	Zweiwalzenstreuer 3 to Zweiachser	Zweiwalzenstreuer 3,5 to Einachser	Zweiwalzenstreuer 3,5 to Zweiachser	Zweiwalzenstreuer 4 to Einachser	Zweiwalzenstreuer 4 to Zweiachser
Nutzlast kg	2000	2500	3150	2990	3415	3360	3980	
Eigengew. ca. kg	800	930	1060	1210	1155	1250	1200	
Streubreite ca. m	1,8	1,8	1,8	1,8	1,8	1,8	1,8	
Kasteninnenmaße m	3,00x1,65 x0,30	3,00x1,65 x0,40	3,55x1,65 x0,40	3,90x1,65 x0,40	3,90x1,65 x0,40	3,90x1,65 x0,40	3,90x1,65 x0,60	
Spurweite m	1,25	1,25	1,25	1,25	1,36	1,25	1,36	
Bereifung (norm)	10-15 AM 6 ply	10-15 AM 6 ply	10-15 AM 8 ply	7,00-16 AW 6 ply	10-18 AM 8 ply	10-15 AM 6 ply	12-18 AM 8 ply	
erf. Zugkraft	ab 11 PS	ab 11 PS	ab 15 PS	ab 20 PS	ab 20 PS	ab 20 PS	ab 25 PS	

Sämtliche Stalldungstreuertypen entsprechen den neuen Vorschriften der StVZO und sind typgeprüft.

Bilder oben:
Universal mit Häckselkastenaufbau
Universal als Erntewagen
Universal mit Vorderwagen

Bilder unten:
Universal Differential-Triebachse
Universal Federungsbock

Zahlreiche Sonder- und Zusatzausrüstungen sind möglich. Verlangen Sie unverbindlich Spezial-Prospekte

LANDMASCHINENFABRIK
Wilhelm **KEMPER** Stadtlohn i. W.
Fernruf: Kennzahl 02563 - Sammel-Nr. 735
Fernschreiber 0893 426

KEMPER-Fabrikate führt:

Abbildungen und technische Angaben unverbindlich • Änderungen vorbehalten.

Druck: KEMPER Hausdruckerei

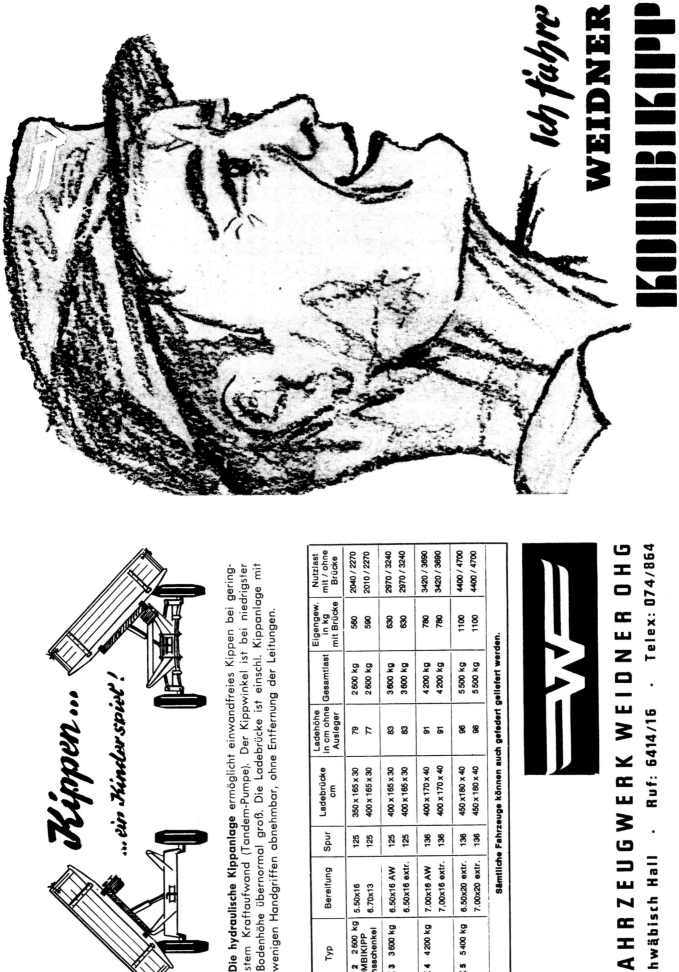

Ich fahre
WEIDNER KOMBIKIPP

Kippen...
...ein Kinderspiel!

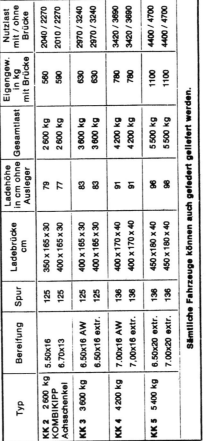

Die hydraulische Kippanlage ermöglicht einwandfreies Kippen bei geringstem Kraftaufwand (Tandem-Pumpe). Der Kippwinkel ist bei niedrigster Bodenhöhe übernormal groß. Die Ladebrücke ist einschl. Kippanlage mit wenigen Handgriffen abnehmbar, ohne Entfernung der Leitungen.

Typ	Bereifung	Spur	Ladebrücke cm	Ladehöhe in cm ohne Ausleger	Gesamtlast	Eigengew. in kg mit Brücke	Nutzlast mit / ohne Brücke
KK 2 2600 kg KOMBIKIPP Achsschenkel	5.50x16	125	350 x 165 x 30	79	2 600 kg	560	2040 / 2270
	6.70x13	125	400 x 165 x 30	77	2 600 kg	590	2010 / 2270
KK 3 3600 kg	6.50x16 AW	125	400 x 165 x 30	83	3 600 kg	630	2970 / 3240
	6.50x16 extr.	125	400 x 165 x 30	83	3 600 kg	630	2970 / 3240
KK 4 4200 kg	7.00x18 AW	136	400 x 170 x 40	91	4 200 kg	780	3420 / 3690
	7,00x16 extr.	136	400 x 170 x 40	91	4 200 kg	780	3420 / 3690
KK 5 5400 kg	6.50x20 extr.	136	450 x 180 x 40	96	5 500 kg	1100	4400 / 4700
	7.00x20 extr.	136	450 x 180 x 40	98	5 500 kg	1100	4400 / 4700

Sämtliche Fahrzeuge können auch gefedert geliefert werden.

FAHRZEUGWERK WEIDNER OHG
Schwäbisch Hall · Ruf: 6414/16 · Telex: 074/864

Ich fahre WEIDNER KOMBIKIPP

sagen tausende zufriedener Bauern, und sie wissen warum

Kennen Sie ihn von allen Seiten?

- Niedrige Ladehöhe bei größter Bodenfreiheit
- Bordwände mit Stahlscheuerleisten eingefaßt.
- Spann- und Auslegeketten
- Öffnungen für Heulade-Verlängerungen
- Achsen mit Doppel-Schrägrollenlager, überdimensioniert
- Innenbackenbremsen
- Stahl-Scheibenräder mit fabrikneuer Bereifung
- Achsschenkel-Lenkung mit Turmführung, kugelgelagert, 90° Lenkeinschlag
- Unbedingte Standfestigkeit auch in unebenem Gelände
- Kein Deichselschlag
- Betriebserlaubnis. Typisierte Auflaufbremse und hintere Anhänge-Kupplung. Beleuchtung entspr. Straßen-Verkehrs-Zulassungsordnung (StVZO)
- Gabelrahmen aus hochwertigen Preßprofilen
- Verwindungsfähiger Hinterwagen mit Geländeausgleich
- Nachträglicher Einbau einer Kippanlage in kürzester Zeit ohne Veränderung des Fahrgestells
- Sonderausrüstung: Doppel-Trapezquerfederung - 2-seitig verwendbarer Klappsitz - Hintere Heuladeverlängerung zur Vergrößerung der Ladefläche - Gespann-Ausrüstung - Aufsatzbretter mit Spannkette und Verschlüssen - usw.

Sein Fahrgestell

Der verwindungsfähige Hinterwagen mit Geländeausgleich bürgt für unbedingte Gelände-Anpassung und verhindert Rahmenbrüche. Das Fahrgestell ist in der Länge verstellbar.

Er ist ganz nach Bedarf zu kombinieren. Er kann auf Wunsch als Normal-Wagen oder Kipper geliefert oder auch erst später mit Kippanlage ausgerüstet werden.

Warum heißt er „KOMBIKIPP"?

Kombinationsmöglichkeiten

- Fahrgestell allein
- Fahrgestell verwendet als **Langholzfahrzeug**
- Fahrgestell mit Pritsche als **Brückenwagen** evtl. mit verlängerter Heuladevorrichtung
- weitere Verwendung mit Ausstellmöglichkeit als **Erntewagen** (Häckselwagen, usw.)

SPEISER Scampolo-H

Ein Feldhäcksler mit enormen Leistungen für Großbetriebe - zu einem erstaunlich günstigen Preis - vorzüglich auch als Lademaschine für mittlere und kleinere Betriebe

- universal verwendbar für alle Grün- und Trockenfutterarten, auch Rübenblätter, Mais, Markstammkohl usw.
- mit schwerem Stahlscheibenrad und ziehendem Schnitt
- mit geringem Kraftbedarf und hohen Leistungen
- für exakte Schnittlängen von 15 bis 180 mm wahlweise einstellbar

- Einfache Anpassung der Pick-up-Drehzahl an die Schleppergeschwindigkeit durch Umlegen eines Keilriemens – Vorschub 3fach abgestuft
- Niedrige Tourenzahl des Stahlscheibenrads
- bei 400 Umdr./min. sehr gute Anpassung an Trockenfutter und Rübenblatt – wenig Kraftbedarf – keine Bröckelverluste und kein Vermusen
- bei 500 Umdr./min. Garantie für größtmögliche Wurfweite auch bei nassem oder angewelktem Ladegut, kürzeste Schnittlänge 15 mm
- **serienmäßig mit Dreigelenkwelle für sicheren Betrieb in engen Kurven**

- Pick-up gegen Maiserntegerät schnell auswechselbar
- Tiefeneinstellung und großer Aushub der Pick-up vom Schleppersitz aus – besonders wichtig in unebenem Gelände
- Fließender Einzug durch bewegliche Schnecke – Einzugskanal strömungstechnisch abgerundet, daher keine Futterstauung
- Schwenkbarer Auswurfkrümmer zum gleichmäßigen Füllen der Häckselwagen
- Günstiger Gewichtsausgleich beim Transport – von 1 Mann bequem umzustellen und zu transportieren

SPEISER-*Scampolo-H*

ein Feldhäcksler, dessen Leistungen dem Bedarf der Großbetriebe entspricht, der jedoch mit Schleppern ab 18 PS bereits eine hervorragende Arbeit ermöglicht – zum Aufnehmen, Häckseln und Fördern aller Grün- und Trockenfutterarten einschließlich Rübenblatt, Mais, Markstammkohl usw.

Konstruktionsmerkmale - Grundausrüstung - Arbeitsvorteile - Sicherheitsvorrichtungen

Die Aufnahme des Erntegutes im 1-Mann-Betrieb erfolgt seitlich hinten, der Schlepper fährt auf dem bereits abgeernteten Feld.

Der Kraftbedarf ist gering und die Leistungen des SCAMPOLO-H sind enorm – Pick-up durch ein Maiserntegerät auswechselbar.

Schnittkasten und Einzugsorgane: Sehr tiefliegend, dadurch günstige Schwerpunktlage – größtmögliche Stabilität – unteres Wurfgehäuse vollständig elektrisch geschweißt – deshalb absolute Sicherheit.

Pick-up: Durch Handhebel momentverstellbar – Federzinken gesteuert und sehr bequem einzeln auszuwechseln – Aufnahmebreite 1,35 m – schnell gegen ein Maiserntegerät austauschbar.

Tiefenregelung der Pick-up: Vom Schleppersitz aus durch Handhebel mit großer Aushubhöhe.

Futtertransport und Einzugsorgane: Fließender, verstopfungsfreier Durchgang, Kanalecken strömungstechnisch günstig abgerundet, Einzug durch Schneckenwalze mit Greifzähnen und Gummitransportband – absolut halbheusicher durch die seit Jahren bewährte SPEISER-Einzugswalzenkonstruktion.

Schneideinrichtung: Serienmäßig mit schwerem Stahlscheibenrad (große Schwungmasse) mit 3 Messern – auf Wunsch mit 6 Messern – schneller Messerwechsel – bequeme Messerverstellung.

Scheibenraddrehzahl und -antrieb: Schnell veränderlich von 400 Umdr./min. auf 500 Umdr./min. durch Umlegen nur eines Keilriemens – mit Freilauf zur Vermeidung von Verstopfungen.

Schnittlängenverstellung: Exakt von 15 bis 180 mm.

Schnittlängen bei	400 Umdr./min.	500 Umdr./min.
mit 6 Messern	20, 30, 40 mm	15, 20, 30 mm
„ 3 „	40, 60, 80 mm	30, 40, 60 mm
„ 2 „	60, 90, 120 mm	45, 60, 90 mm
„ 1 Messer	120, 180, entfällt	90, 120, 180 mm

Vorschubgeschwindigkeit: Wahlweise in drei Stufen jeweils der günstigsten Schleppergeschwindigkeit anzupassen.

Antrieb: Über Schlepperzapfwelle und **serienmäßig** mitgelieferter Dreigelenkwelle.

Prallblech: Beweglich und momentverstellbar, zur sicheren Aufnahme auch sehr kurzer Schnittgüter, **serienmäßig** enthalten.

Auswurfkrümmer: Vom Schleppersitz aus leicht schwenkbar.

Bereifung: 7.00–12 AM. Genügend groß, um auch auf regenweichen Böden arbeiten zu können.

Kraftbedarf: Mit nur 18 PS bereits Stundenleistungen von 60 Zentner (3 to) Trockenfutter oder 160 Zentner (8 to) Grünfutter.

Leistungen: 150 Zentner (7,5 to) Trockenfutter oder 500 Zentner (25 to) Grünfutter – max. Leistungen richten sich nach den örtlichen Verhältnissen – Informationen auf Anfrage.

Sonderausrüstungen: Maiserntegerät – zum Auswechseln gegen Pick-up. – 3 weitere Messer einschließl. Messerträger – Ausgleichsgewicht für Ein-Messer-Betrieb – Deichselstütze – Deichselverlängerung – Flachriemenscheibe D 500 für stationären Betrieb – Körnerrutsche – **Sonder**-Anhängevorrichtung hinten Mitte für Transport – Strohverteiler zum Abblasen auf das Feld.

Das serienmäßig mitgelieferte und momentverstellbare Prallblech garantiert auch sichere Aufnahme kurzer Schnittgüter und Rübenblätter.

Einzelheiten gewissenhaft – Änderungen vorbehalten

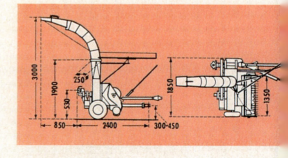

SEI EIN WEISER
NIMM NUR

W. SPEISER, MASCHINENFABRIK UND EISENGIESSEREI, GÖPPINGEN-WÜRTT., GEGR. 1864

Fernruf 26 44/45 und 44 09

SPEISER
Scampolo-S

Ein Feldhäcksler für enorme Leistungen passend für jeden Großbetrieb, leichtzügige, universelle Lademaschine zu einem günstigen Preis auch für mittlere und kleinere Betriebe.

Pluspunkte:

SPEISER-Seitenwagensystem, daher besonders wendig, hangsicher und kürzer im Zug ● **ohne zusätzliche Anbauteile an jeden Schlepper passend** ● **schneller An- und Abbau ohne Schraubenschlüssel durch einfachen Steckverschluß an vorderer Schlepperkupplung und an der Ackerschiene** ● absolut sicherer Einachsanhängerbetrieb ● jederzeit unbehinderter Schlepper- und Geräteeinsatz ● Transportstellung durch einfaches Drehen der Deichsel ● Pick-up schnell und bequem gegen einreihiges Maisterntegerät austauschbar

● geringer Kraftbedarf ● Kraftausgleich durch schweres Stahlscheibenrad ● ziehender Schnitt ● exakte Schnittlängen-Verstellung von 15 bis 180 mm ● niedrige Tourenzahl der Messerscheibe ● bei 400 U/min. ideale Anpassung an Trockenheu und Rübenblatt ● keine Bröckelverluste, kein Vermusen ● bei 500 U/min. Garantie für größtmögliche Wurfweite auch bei nassem oder angewelktem Ladegut ● kürzeste Schnittlänge 15 mm ● alle schnellaufenden Teile kugelgelagert.

Aufnehmen, häckseln und fördern aller Rauh- und Trockenfutterarten erfolgt in einem Arbeitsgang.

Die Ersparnisse an Zeit und Arbeitskräften sind ganz enorm — auch Rübenblätter, Markstammkohl, Tobinambur werden damit sauber und verlustlos geerntet.

Zur Grünmaisernte wird die Pick-up schnell gegen ein Maisernegerät ausgewechselt und im 1-Mann-Betrieb gearbeitet.

Durch die Seitenwagen-Bauweise des Scampolo S ist der gesamte Zug kürzer, wendiger und hangsicher — durch niedrige Messerdrehzahl werden Bröckelverluste und Vermusen vermieden.

Einzelheiten gewissenhaft — Änderungen vorbehalten

SPEISER-*SCAMPOLO-S*
zur Arbeit im Schau-Voraus-System
ein Feldhäcksler, der an jeden Schlepper paßt!
Ganz besonders hangsicher durch SPEISER-Beiwagensystem. Ideal im 1-Mann-Betrieb

Konstruktionsmerkmale - Grundausrüstung - Vorteile - Sicherheitseinrichtungen

Schnittkasten und Einzugsorgane: Sehr tiefliegend, dadurch günstige Schwerpunktlage — größtmögliche Stabilität — unteres Wurfgehäuse vollständig elektrisch geschweißt — deshalb absolute Sicherheit.

Pick-up: Aufnahme des Futters stets im Blickfeld des Fahrers — durch Handhebel momentverstellbar — Federzinken gesteuert und leicht einzeln auszuwechseln — Aufnahmebreite 1,35 m, Pick-up schnell gegen ein Maisernegerät auszutauschen.

Tiefenregelung der Pick-up: Durch Handhebel mit großer Aushubhöhe vom Schleppersitz aus.

Futtertransport und Einzugsorgane: Fließender, stopfungsfreier Einzug durch Schneckenwalze mit Greifzähnen und Gummitransportband mit Förderwalzen — Einzugskanal strömungstechnisch günstig abgerundet — absolut halbheusicher durch die seit Jahren bewährte SPEISER-Einzugswalzenkonstruktion.

Schneideinrichtung: Serienmäßig mit schwerem Stahlscheibenrad (große Schwungmasse) mit 3 Messern — auf Wunsch mit 6 Messern — schneller Messerwechsel — leichte Messerverstellung.

Scheibenraddrehzahl: Schnell veränderlich von 400 Umdr./min. auf 500 Umdr./min. durch Umlegen nur eines Keilriemens.

Scheibenradantrieb: Mit Freilauf zur Vermeidung von Verstopfungen.

Schnittlängenverstellung: Exakt möglich von 15 bis 180 mm

Schnittlängen bei	400 Umdr./min.	500 Umdr./min.
mit 6 Messern	20, 30, 40 mm	15, 20, 30 mm
" 3 "	40, 60, 80 mm	30, 40, 60 mm
" 2 "	60, 90, 120 mm	45, 60, 90 mm
" 1 Messer	120, 180, entfällt	90, 120, 180 mm

Vorschubgeschwindigkeit: Wahlweise in drei Stufen der jeweils günstigsten Schleppergeschwindigkeit anzupassen.

Antrieb: Über Schlepperzapfwelle und Präzisionsrollenketten-Antrieb.

Prallblech: Beweglich und momentverstellbar, zur sicheren Aufnahme auch sehr kurzer Schnittgüter, **serienmäßig** enthalten.

Auswurfkrümmer: Vom Schleppersitz aus leicht schwenkbar.

Bereifung: 7–10 AM

Kraftbedarf: Mit nur 18 PS bereits Stundenleistungen von 60 Zentner (3 to) Trockenfutter oder 160 Zentner (8 to) Grünfutter.

Leistungen: 150 Zentner (7,5 to) Trockenfutter oder bis 500 Zentner (25 to) Grünfutter — max. Leistungen richten sich nach den örtlichen Verhältnissen — Informationen auf Anfrage.

Sonderausrüstungen: Maisernegerät zum Auswechseln gegen Pick-up — 3 weitere Messer einschl. Messerträger — Ausgleichsgewicht für Ein-Messer-Betrieb — Flachriemenscheibe D 500 zum stationären Betrieb — Körnerrutsche — Strohverteiler zum Abblasen auf das Feld.

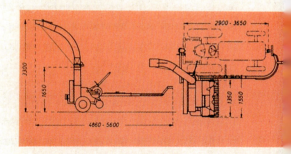

SEI EIN WEISER,
NIMM NUR
SPEISER

W. SPEISER, MASCHINENFABRIK UND EISENGIESSEREI, GÖPPINGEN-WÜRTT., GEGR. 1864
Fernruf 2644/45 und 4409

F 892 11.60/20

Feldhäcksler

Feldhäcksler SCAMPOLO-H (Hintenanhängung)

Serienmäßige Ausrüstung:
Federnde Pick-up mit Schleifschuhen, Prallblech, Messerscheibe mit 3 Messern, verstellbarer Auswurfkrümmer, **Ausgleichsgewicht** erforderlich beim Schneiden mit 1 Messer), Rohrstutzen D 250 mm, Bereifung: 7.00–12 AM, Werkzeug, Betriebsanleitung, Ersatzteilliste **einschl. Dreigelenkwelle mit Zwischenlagerung** DM 4 990.–

Sonderausrüstungen gegen Extraberechnung:
Maiserntegerät (einreihig) mit Schneidvorrichtung	DM 1 930.–
3 weitere Messer einschließlich Messerträger	DM 110.–
Ersatzmesser p. Stck.	DM 13.–
Deichselverlängerung	DM 34.–
Deichselstütze	DM 55.–
Strohverteiler zum Abblasen auf das Feld	DM 184.–
Aufhängebügel für obere Einzugswalze zum vorteilhaften Einzug von Rübenblättern mit großen Kopfstücken einschl. 2 Aufnehmerblenden	DM 25.–
Zwischenrohr zur Erhöhung des Auswurfkrümmers	DM 27.–
Zwischenrohr für Rohrleitungsanschluß zum Scampolo-H, S und U	DM 16.–
Sonderausrüstungen für Spezial-Kurzschnitt (z. B. Harvestore und Schwemmentmischung)	Preis auf Anfrage
Gekröpfte Deichsel für Anhängung in die Schlepperkupplung	DM 45.–
Wagen-Anhänge-Vorrichtung zum Schwenken in Transport- oder Arbeitsstellung (bei nachträglicher Lieferung Anfrage erbeten)	DM 94.–

Feldhäcksler SCAMPOLO-S (Seitenwagenbauweise)

Feldhäcksler SCAMPOLO-U
(Seitenwagenbauweise für UNIMOG)

	Scampolo S DM	Scampolo U DM
Serienmäßige Ausrüstung: Federnde Pick-up mit Schleifschuhen, Prallblech, Messerscheibe mit 3 Messern, Gelenkwelle, verstellbarer Auswurfkrümmer, **Ausgleichsgewicht** (erforderlich beim Schneiden mit 1 Messer), Rohrstutzen D 250 mm, komplett mit Anbau-Antriebsteilen, Bereifung: 7 – 10 AM, Werkzeug, Betriebsanleitung, Ersatzteilliste	5 600.–	5 820.–
Sonderausrüstungen gegen Extraberechnung:		
Maiserntegerät (einreihig) mit Schneidvorrichtung	1 930.–	1 930.–
3 weitere Messer einschließlich Messerträger	110.–	110.–
Ersatzmesser p. Stck.	13.–	13.–
Strohverteiler zum Abblasen auf das Feld	184.–	184.–
Aufhängebügel für obere Einzugswalze zum vorteilhaften Einzug von Rübenblättern mit großen Kopfstücken einschl. 2 Aufnehmerblenden	25.–	25.–
Zusätzlicher Abtrieb für Scampolo Mehrpreis	39.–	49.–
Bei Nachlieferung ohne Montage	58.–	86.–
Zwischenstück für versenkte Anhängekupplung	–	20.–
Sonderausrüstung für Spezial-Kurzschnitt (z. B. für Harvestore und Schwemmentmistung)	Preis auf Anfrage	Preis auf Anfrage

Feldhäcksler SCAMPOLO-SUPER

Serienmäßige Ausrüstung:
Federnde Pick-up 1,50 m breit mit Schleifschuhen, Kurzschnittausführung mit 6 Messern, schwere Stahlmesserscheibe (15 mm), Kettenzug, höhenbewegliche Vorpreßwalze, extra starke Pressung an der Vorpreßwalze und oberen Einzugswalze, vom Schleppersitz schaltbares Vor- und Rücklaufgetriebe, Prallblech, verstellbarer Auswurfkrümmer, Ausgleichsgewicht (erforderlich beim Schneiden mit 1 Messer), Rohrstutzen D 250 mm, Bereifung 7.00 – 12 AM, Werkzeug, Betriebsanleitung, Ersatzteilliste DM 6 390.–

Lieferbar in folgenden Ausführungen:

SCAMPOLO-SUPER-HA
(Ackerschienenanhängung)
Grundausrüstung wie oben, mit schwenkbarer Verriegelung in Transport- oder Arbeitsstellung für Anhängedeichsel und Wagenanhängung vom Schleppersitz aus bedienbar, Dreigelenkwelle mit Zwischenhalterung DM 6 390.–

SCAMPOLO-SUPER-HK
(Kupplungsanhängung)
Grundausrüstung und sonstige Ausrüstung wie SCAMPOLO-SUPER-HA

SCAMPOLO-SUPER-S
(Seitenwagenanhängung)
Grundausrüstung wie oben, jedoch mit kpl. schwenkbarer Anhängedeichsel für Transport- und Arbeitsstellung, hinterem Ausleger für Antrieb und Arretierung an der Ackerschiene mit Gelenkwelle DM 6 650.–

Preise für nachträgliche Umrüstung in sämtlichen 3 Typen Auf Anfrage

Schlegelfeldhäcksler NURMI

Serienmäßige Ausrüstung:
Zapfwellenantrieb mit Freilauf, Wagenanhängekupplung, drehbarer Auswurfkrümmer mit verstellbarer Abweisklappe, Bereifung 7.00 – 12 AM, Werkzeug, Betriebsanleitung, Ersatzteilliste DM 3 800.–
Arbeitsbreite 1300 mm
Ersatzschlegel komplett p. Stck. DM 11.60
Keilriemenscheibe mit Keilriemen für langsame Drehzahl Auf Anfrage

NACHTRÄGE

Eicher-FEDERSTAHLPFLÜGE

Ein neuer Weg im Bau von Schlepperpflügen wurde mit den EICHER-Federstahlpflügen erfolgreich beschritten. Die längst erhobene Forderung der Landwirtschaft, bessere Krümelarbeit, leichtere Selbstreinigung der Pflugschare, höhere Stabilität des Grindels bei gleichzeitig federnder Wirkung und geringerer Kraftbedarf erfüllen in idealer Weise diese patentierten Neukonstruktionen von EICHER.

Gleichzeitig wurde eine weitgehende Typisierung und Rationalisierung durch Verwirklichung eines hervorragenden Baukastensystems erreicht.

Das EICHER-Programm für Federstahlpflüge enthält 1- und 2-scharige Winkeldrehpflüge und 1- und 2-scharige Beetpflüge jeweils mit dazu passenden Schäleinsätzen. Sämtliche EICHER-Pflüge können mit Steinsicherungen geliefert werden. Die gleichbleibende Arbeitstiefe wird durch ein höhenverstellbares, sich selbst reinigendes luftbereiftes Führungsrad garantiert, das auch die Nickbewegungen des Schleppers ausgleicht. Außerdem erleichtert es den An- und Abbau des Pfluges sehr, da man den ganzen Pflug auf diesem Führungsrad wie eine Schubkarre leicht hin- und herschieben kann.

Die bei der Arbeit auftretenden Kräfte lassen sich über das Krafthebergestänge so auf den Schlepper übertragen, daß eine zusätzliche Belastung der Antriebsräder erfolgt. Durch den Anbaupflug wird damit die Zugkraft des Schleppers erhöht.

Federstahl-Winkeldrehpflug AG 49 einfurchig

Federstahl-Winkeldrehpflug AG 50 zweifurchig

Große Bodenfreiheit in ausgehobener Transportstellung, dadurch schnelle und unbehinderte Fahrt von einem Feld zum anderen.

Die bei der Arbeit auftretenden Vibrationskräfte werden durch die Federstahlgrindel noch erhöht. Der Pflugkörper bewegt sich daher vibrierend durch den Boden, wobei das Pflugschar als kurz hin- und hersägendes Messer wirkt. Dadurch ergeben sich eine bessere Krümelwirkung, weitgehend selbsttätige Reinigung des Streichbleches, wenig Pflugsohlenverhärtung und ein geringerer Zugkraftbedarf.

Steinsicherung:
Beim Aufstoßen auf ein unüberwindbares Hindernis im Boden gibt die Steinsicherung den Grindel frei und verhindert damit eine Beschädigung des Pfluges. Jeder Pflugkörper kann für sich einzeln nach hinten ausschwenken. Durch kurzes Zurückstoßen mit dem Schlepper klinkt er automatisch wieder ein.

Mit Hilfe von verstellbaren Anschlägen läßt sich die Querneigung des Pfluges bequem vom Schleppersitz aus einstellen.

Verstellung der Arbeitsbreite durch seitliches Verschieben der Pflughälften. Feinregulierung durch Stellschrauben.

Einstellung der Furchentiefe mittels Spindel und Handkurbel vom Schleppersitz aus.

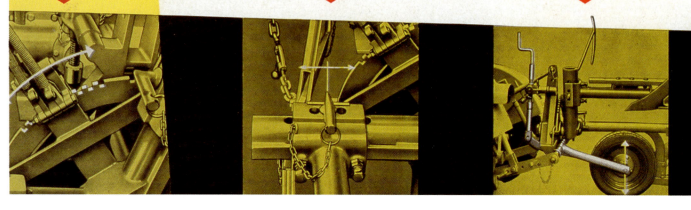

IM BAUKASTENSYSTEM

Federstahl-Beetpflug AG 100

Der EICHER-Federstahl-Beetpflug AG 100 findet 1- und 2-scharig Verwendung. Das Grundgestell ist in einfacher, robuster Rohrbauweise ausgeführt und ermöglicht das Grenzpflügen ohne besondere Zusatzeinrichtung. Je nach Bedarf können an dieses Grundgestell sowohl 1- oder 2-scharige Pflügeinsätze als auch 3- oder 4-scharige Schäleinsätze angebracht werden. Es sind dies die gleichen Einsätze, die auch beim Winkeldrehpflug Verwendung finden.

Die Verstellung der Querneigung erfolgt an den Krafheberspindeln vom Schleppersitz aus. Die Arbeitsbreite kann durch Umstecken des Pflugeinsatzes am Holm des Traggestells geändert werden. Einstellung der Arbeitstiefe mittels oberem Lenker und Führungsrad.

Federstahl-Winkeldrehpflüge AG 49 und AG 50

Die Pflugtypen AG 49 und AG 50 sind 1- bzw. 2-scharige Winkeldrehpflüge mit Federstahlgrindel. Beide Typen haben ein einheitliches, aus Traggestell und Wenderahmen bestehendes Grundgestell. An ihm lassen sich mit nur 1 Stecker sowohl ein- oder zweischarige Pflüge als auch mehrscharige Schäleinsätze anbringen. Für das Pflügen an Steilhängen und bei Spurbreiten über 1250 mm gibt es für EICHER-Winkeldrehpflüge einen verlängerten Wenderahmen. Man erreicht damit auch bei extremen Verhältnissen eine saubere Pflugarbeit.

Besonders vorteilhaft erweist sich bei den EICHER-Winkeldrehpflügen, daß das auf dem ungepflügten Land laufende Rad des Schleppers durch die nicht arbeitende, seitlich frei schwebende Pflughälfte zusätzlich belastet wird und dadurch der vielgefürchtete Schlupf des Landrades, z. B. beim Unterpflügen von Mist, weitgehendst vermieden wird.

Auf Wunsch wird zum EICHER-Winkeldrehpflug eine Grenzpflugeinrichtung geliefert. Es handelt sich um ein einfaches Verlängerungsstück, das auf der entsprechenden Seite des Wenderahmens aufgesteckt wird. Die Pflughälften werden umgesteckt und in einer Minute ist der Pflug zum Grenzpflügen eingerichtet.

Traggestell des Beetpfluges AG 100

Traggestell der Winkeldrehpflüge AG 49 und AG 50

Die Pflug- oder Schäleinsätze passen sowohl zum Traggestell des Winkeldrehpfluges als auch zu dem des Beetpfluges.

Der Beetpflug AG 100 kann mit einer Trag- und Zugvorrichtung für eine Notzon-Egge ausgerüstet werden. Damit ist vielfach der Acker in einem Arbeitsgang saatfertig zuzumachen, besonders bei der Wintergetreide-Einsaat in Hackfruchtschläge. Beim Wenden wird die Notzon-Egge durch den Kraftheber mit samt dem Pflug ausgehoben und schleift nicht über das Vorgewende.

Einfache und solide Einrichtung zum Grenzpflügen durch Aufstecken einer Holmverlängerung und Umwechseln der Pflughälften.

Zum An- und Abbau kann der Pflug bequem auf seinem luftbereiften Führungsrad wie eine Schubkarre transportiert werden.

MB
Mittelsteile Form

entspricht der früheren Kulturform. Für leichten bis mittelschweren Boden mit wechselnder Struktur geeignet.

U
Universal-Form

leicht gewunden, zwischen M- und W-Form. Für die meisten Bodenarten geeignet, auch für Sandboden, sandigen Lehm oder lehmigen Sand. **Diese Form wird heute allgemein verwendet.**

BM 8 S 4

für besonders gute Durchlockerung und Wendung des Bodens. Beliebter Pflugkörper, für alle Böden, ob leicht oder bindig und zäh, gleich gut geeignet. Als Körper BM 9 S 4 in größerer Ausführung.

WB
Wendelform (Bayernform)

entspricht der früheren gewundenen Form. Für schweren und verwachsenen, nicht krümelnden Boden, z. B. schweren Tonboden sowie für Wiesenbruch.

KP
Stark gewundene Form

Spezial-Schmalschnittkörper, sehr spitzkeilig, ähnlich der W-Form, geeignet für schweren und verwachsenen sowie für Tonboden, Kalkstein, Verwitterungs-Wolleboden.

Die Wahl des richtigen Pflugkörpers ist mitbestimmend für eine gute Pflugarbeit. Achten Sie daher bei der Anschaffung des Pfluges sorgfältig auf die richtige, für Ihre Bodenverhältnisse geeignete Körperform.

Anbau-Winkeldrehpflüge

Bezeichnung und Schlepperstärke	Ausführung der Pflughälften	Pflugkörper	Arbeitstiefe cm	Arbeitsbreite cm	Gewicht kg ohne Steinauslösung	Gewicht kg mit Steinauslösung
AG 49 einfurchig 11-35 PS Rahmenhöhe normal 54 cm	mit und ohne Steinauslösung	U 8	21	25	204	—
		M 20 B	24	26	212	218
		U 9	25	28	216	221
		BM9S4	25	28	209	214
		U 10	30	32	225	230
		W 18 B	22	26	214	219
		KP 7	21	26	216	221
AG 50 zweifurchig 16-35 PS Rahmenhöhe normal 46 cm	mit und ohne Steinauslösung	M 16 B	20	48	258	301
		U 8	21	48	273	316
		BM8S4	21	48	277	320
		W 14 B	18	48	275	318
		KP 6	19	48	281	324
AG 50 zweifurchig 16-35 PS Vergrößerte Rahmenhöhe 54 cm	mit und ohne Steinauslösung	U 8	21	48	309	—
		M 20 B	24	50	325	347
		U 9	25	50	334	355
		BM9S4	25	50	319	329
		U 10	30	50	350	370
		W 18 B	22	50	331	351
		KP 7	21	50	331	351

Anbau-Beetpflüge

Bezeichnung und Schlepperstärke	Ausführung der Pflughälften	Pflugkörper	Arbeitstiefe cm	Arbeitsbreite cm	Gewicht kg ohne Steinauslösung	Gewicht kg mit Steinauslösung
AG 100 einfurchig 11-35 PS Rahmenhöhe normal 54 cm	mit und ohne Steinauslösung	U 8	21	25	125	—
		M 20 B	24	26	127	132
		U 9	25	28	130	135
		BM9S4	25	28	127	132
		U 10	30	32	135	140
		W 18 B	22	26	129	134
		KP 7	21	26	130	135
AG 100 zweifurchig 16-35 PS Rahmenhöhe normal 46 cm	mit und ohne Steinauslösung	M 16 B	20	48	152	170
		U 8	21	48	158	175
		BM8S4	21	48	160	177
		W 14 B	18	48	159	176
		KP 6	19	48	162	179
AG 100 zweifurchig 16-35 PS Vergrößerte Rahmenhöhe 54 cm	mit und ohne Steinauslösung	U 8	21	48	162	—
		M 20 B	24	50	180	197
		U 9	25	50	184	201
		BM9S4	25	50	176	193
		U 10	30	50	191	208
		W 18 B	22	50	182	199
		KP 7	21	50	182	199

Lieferumfang des Anbau-Winkeldrehpfluges:

Winkeldrehpflug kpl. mit Pflugkörpern und Ersatzscharen (Schnabelschare), ohne Halter für Zusatzausrüstung, 1 Handkurbel. Arbeitstiefe mittels luftbereiftem Laufrad einstellbar. Einstellung der Querneigung durch Zahnsegment, Arbeitsbreitenverstellung und Hangeinstellung durch Umstecken der Pflugkörperhalter am Holm des Wenderahmens. Durch das Baukastenprinzip können Traggestell, linke und rechte Körperhälfte sowie Schäleinsätze rechtswendend, auch einzeln bezogen werden.

Sonderausrüstung:

Scheibenseche, Scheibenseche komb. mit Düngereinlege, Messerseche, Vorschäler, Düngereinleger, alle jeweils mit Halter, Holmverlängerung zum Grenzpflügen, Schäleinsatz rechtswendend, Arbeitstiefe bis 14 cm.
AG 101, dreifurchig, Arbeitsbreite 60 cm,
AG 102, vierfurchig, Arbeitsbreite 80 cm.
Winkelschare U8W, U9W.

Für schwerste Böden ist auf Wunsch der AG 50 V (verstärkt) lieferbar. Für Schlepper mit 1500 mm Spurweite und außergewöhnlich hängiges Gelände liefern wir den Wenderahmen AG 49/50 verlängert als Sonderausführung. AG 50 auf Wunsch auch mit 40 cm Arbeitsbreite (Schmalschnitt) lieferbar.

Lieferumfang des Anbau-Beetpfluges:

Beetpflug kompl. mit Pflugkörpern und Ersatzscharen (Schnabelschare), ohne Halter für Zusatzausrüstung. 1 Handkurbel. Arbeitstiefe mittels luftbereiftem Laufrad einstellbar, Einstellung der Querneigung durch Kraftheberspindel, Arbeitsbreitenverstellung durch Umstecken der Pflugeinsätze am Holm des Tragrahmens. Durch das Baukastenprinzip können Traggestell, rechte Körperhälften sowie Schäleinsätze rechtswendend auch einzeln bezogen werden. Grenzpflügeinrichtung bei AG 100 in Grundausrüstung und Grundpreis enthalten.

Sonderausrüstung:

Scheibenseche, Scheibenseche komb. mit Düngereinleger, Messerseche, Düngereinleger, Vorschäler, alle jeweils mit Halter, Schäleinsätze rechtswendend, Arbeitstiefe bis 14 cm.
AG 101, dreifurchig, Arbeitsbreite 60 cm,
AG 102, vierfurchig, Arbeitsbreite 80 cm.
Anhängung und Aushebung für Notzonegge. Winkelschare U8W, U9W.

Sämtliche Angaben gewissenhaft, jedoch unverbindlich. Änderungen vorbehalten.

Zu beziehen durch:

Gebr. Eicher
Traktoren- und Landmaschinen-Werke
Werk DINGOLFING/Isar

EF-G 57/8. 61/150

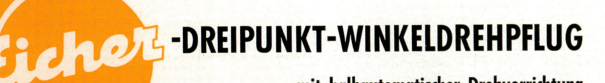

Eicher-DREIPUNKT-WINKELDREHPFLUG

mit halbautomatischer Drehvorrichtung

Typ AG 108 einfurchig
und Typ AG 108 Z zweifurchig

Die neuen EICHER-Winkeldrehpflüge AG 108 und AG 108 Z mit halbautomatischer Drehvorrichtung sind eine dem Landwirt willkommene Weiterentwicklung der bewährten EICHER-Winkeldrehpflüge AG 99 und AG 99 Z mit Handdrehung. Die einfurchige Ausführung eignet sich für kleinere Schlepper mit Kraftheber von ca. 10 bis 19 PS, die zweifurchige Ausführung für Schlepper von 13 bis 25 PS je nach Bodenverhältnissen und Einsatzbedingungen. Durch die neue, halbautomatische Drehvorrichtung, die durch einen einfachen Seilzug ausgelöst wird, ist ein noch flotteres und müheloseres Pflügen möglich, da die Wendevorgänge am Ackerende schnell und ohne körperliche Anstrengung ausgeführt werden können. Dieser neue EICHER-Pflug bringt besonders dem kleineren, landwirtschaftlichen Betrieb wesentliche Arbeitserleichterungen und ist durch seine Preiswürdigkeit und seine äußerst hohe Lebensdauer ein Bodenbearbeitungsgerät von großem wirtschaftlichen Nutzen.

Der AG 108 kann am Dreipunkt-Kraftheber leichterer Schlepper angebaut werden. Sämtliche Bedienungseinrichtungen sind bequem vom Schleppersitz aus erreichbar.

Der Anbau des AG 108 ist äußerst einfach. Die Gewichtsverlagerung ist so günstig, daß 1 Mann den Pflug auf dem Stützrad leicht hin- und herschieben kann.

TECHNISCHE ANGABEN:

Bezeichnung und Schlepperstärke	furchig	Rahmenhöhe cm	Pflugkörper	Arbeitstiefe cm	Arbeitsbreite cm	ohne Steinauslösung Gewicht kg	mit Steinauslösung Gewicht kg
AG 108 10-19 PS	1	46	M 16 B	20	24	171	196
			U 8	21	25	177	203
			BM 8 S 4	21	25	181	207
			W 14 B	18	24	178	204
			KP 6	19	26	181	207
AG 108 10-19 PS	1	54	U 8/60	21	25	182	207
			M 20 B	24	26	190	215
			U 9	25	28	193	218
			BM 9 S 4	25	28	186	211
			U 10	30	32	202	227
			W 18 B	22	26	191	216
			KP 7	21	26	193	218
AG 108 Z 13-25 PS	2	46	M 16 B	20	48	261	289
			U 7	19	48	264	292
			U 8	21	48	272	300
			BM 8 S 4	21	48	276	304
			W 14 B	18	48	274	302
			KP 6	19	48	280	308

Grundausrüstung: Grundgestell (Trag- und Wenderahmen) mit Dreipunktaufhängung Normgröße I (22 mm), luftkammerbereiftem Führungsrad, sowie halbautomatischer Drehvorrichtung als Grundelement für ein- und zweifurchige Pflugholme und dreifurchigen Schälsatz (Baukastensystem). Pflugholme, bestehend aus Pflugkörpern nach Wahl mit Ersatzscharen (Schnabelschare) und kräftigen, vergüteten Stahlgrindeln. Mit Handkurbel, ohne Halter für Vorwerkzeuge.

Einstellung der Arbeitstiefe mittels oberem Lenker und Führungsrad, der Arbeitsbreite und Hangeinstellung durch Umstecken der Pflugholme am Wenderahmen, der Querneigung durch verstellbare Raster am Stellbogen.

Zusatzausrüstung: Schälsatz AG 101/108, dreifurchig rechtswendend mit Körperform M 12 oder W 11; Scheibensech drehbar; Scheibensech komb. mit Düngereinleger; Messersech; Düngereinleger; Vorschäler; jeweils mit Halter; Holmverlängerung zum Grenzpflügen.

Sämtliche Angaben und Abbildungen unverbindlich — Änderungen vorbehalten!

Arbeitsweise der EICHER-Winkeldrehpflüge AG 108 und 108 Z

Der Drehvorgang wird vom Schleppersitz aus durch Ziehen eines Seiles ausgelöst. Die Kraft für das Drehen wird durch das Gewicht des Pfluges auf die Drehvorrichtung übertragen. Es sind also keine Federn in der Drehvorrichtung vorhanden. So ist dieser einfache Mechanismus gegen Störungen unanfällig. Die Wendekraft des Drehvorganges ist mit einem Stecker in 3 Stufen zu ändern. Bei leichtem Boden, sauberen Pflugkörpern und ebenem Gelände genügt für die Drehung die schwächste Einstellung. Bei schwerem Boden mit Belastung der einen ausgehobenen Pflughälfte durch anhaftende Erde und bei starker Hanglage nimmt man die stärkste Dreheinstellung und erzielt damit ein sicheres Wenden des Pfluges.

Die Bohrungen im Wenderahmen ermöglichen ein seitliches Versetzen der beiden Pflughälften in weitem Verstellbereich. Dadurch ist der Pflug auch in steilen Hanglagen voll einsetzbar. Für das Stoppelschälen kann ein 3-furchiger Schäleinsatz anstelle des normalen Pflugeinsatzes am Grundgestell angesteckt werden. Die Einstellung der Arbeitstiefe erfolgt mittels oberem Lenker und Führungsrad, die der Arbeitsbreite und Hangneigung durch Umstecken der Pflugholme am Wenderahmen. Die Querneigung ist durch verstellbare Raster am Stellbogen regulierbar.

Zum Grenzpflügen wird auf dem Wendekreuz eine Holmverlängerung aufgesteckt und an ihr jeweils die gegenüberliegende Pflughälfte befestigt; der Pflug greift dann über die Radspur hinaus.

Für die Transportstellung kann der Pflug besonders weit hochgehoben werden.

Mit einem Steckbolzen ist die Wendekraft des Pfluges 3fach verstellbar.

Durch 4 Bohrungen im Wenderahmen seitliche Verschiebung der Pflugeinsätze.

Durch verstellbare Rasteranschläge am Stellbogen Änderung der Querneigung.

Überreicht durch:

Gebr. Eicher

TRAKTOREN- UND LANDMASCHINEN-WERKE

Werk DINGOLFING/Isar

ED-B 134/9.61/200

Eicher -DREIPUNKT-WINKELDREHPFLUG

mit halbautomatischer Drehvorrichtung
und durch DBP 960864 patent. EICHER-Federstahlgrindeln

Typ AG 105

Der neue EICHER-Winkeldrehpflug AG 105 mit halbautomatischer Drehvorrichtung ist eine interessante Weiterentwicklung der bereits tausendfach bewährten EICHER-Winkeldrehpflüge. Er hat wie seine Vorgänger ebenfalls die echten und patentierten EICHER-Federstahlgrindel, welche im Gegensatz zu Grindeln normaler Pflüge aus mehreren Lagen dünner Federstahlblätter bestehen. Durch diese Grindelkonstruktion wurde ein beachtlicher Fortschritt im Bau von Schlepperpflügen erzielt: EICHER-Federstahlpflüge bieten bei der Arbeit durch die Vibration der Pflugkörper eine bessere Krümelung des Ackers und eine Senkung des Zugkraftbedarfes, sowie eine verminderte Pflugsohlenverhärtung und eine weitgehend selbsttätige Reinigung der Streichbleche. Durch die neue halbautomatische Drehvorrichtung des AG 105 ist außerdem ein noch schnelleres und müheloseres Arbeiten möglich, da die Wendevorgänge am Ackerende flott und ohne körperliche Anstrengung durchgeführt werden können. So ist dieser EICHER-Pflug die sinnvolle Ergänzung des leistungsstarken Schleppers und für die Mechanisierung des Bauernhofes bestens geeignet.

Der AG 105 kann am 3-Punkt-Kraftheber jedes Schleppers angebaut werden. Sämtliche Bedienungseinrichtungen sind bequem vom Schleppersitz aus erreichbar.

Der Pflug kann zur Transportstellung sehr hoch ausgehoben und in Mittelstellung gesichert werden, so daß ein schneller und unbehinderter Transport möglich ist.

TECHNISCHE ANGABEN:

Bezeichnung und Schlepperstärke	Ausführung der Pflughälften	Pflugkörper	Arbeitstiefe cm	Arbeitsbreite cm	Körperlängsentfernung	ohne Steinauslösung Gewicht kg	mit Steinauslösung Gewicht kg
AG 105 zweifurchig 19–45 PS Rahmenhöhe normal 46 cm	mit und ohne Steinauslösung	M 16 B	20	48	66,5 cm, auf 75,5 cm verstellbar	286	323
		U 8	21	48		301	338
		BM 8 S 4	21	48		305	342
		W 14 B	18	48		303	340
		KP 6	19	48		309	346
AG 105 zweifurchig 19–45 PS Vergrößerte Rahmenhöhe 54 cm	mit und ohne Steinauslösung	U 8/60	21	50		337	360
		M 20 B	24	50		353	369
		U 9	25	50		361	377
		BM 9 S 4	25	50		345	361
		U 10	30	50		376	392
		W 18 B	22	50		357	373
		KP 7	21	50		357	373

Grundausrüstung: Grundgestell (Tragrahmen und Wenderahmen) mit Dreipunktaufhängung, Normgröße 1 und luftbereiftem Führungsrad, sowie halbautomatischer Drehvorrichtung; zweifurchige Pflugholme, bestehend aus Pflugkörpern nach Wahl mit Ersatzscharen (Schnabelschare) und Federstahlgrindeln aus elastischen Federstahlblättern DBP 9601864, ohne und mit Steinauslösung, mit Handkurbel, ohne Halter für Vorwerkzeuge.

Zusatzausrüstung: Scheibensech, Scheibensech kombiniert mit Düngereinleger, Messersech, Vorschäler, Düngereinleger, sämtliche jeweils mit Halter. Holmverlängerung zum Grenzpflügen, Winkelschare U 8 W bzw. U 9 W, 2 Anschlußbolzen mit Schrauben für Kraftheber-Normgröße II. Schäleinsätze AG 101 (dreifurchig) und AG 102 (vierfurchig), Schnittbreitenverstellung auf 56 cm (nur für Pflüge ohne Steinauslösung).

Sämtliche Angaben und Abbildungen unverbindlich – Änderungen vorbehalten!

Arbeitsweise des EICHER-Winkeldrehpfluges Typ AG 105

Der Drehvorgang wird vom Schleppersitz aus durch Ziehen eines Seiles ausgelöst. Die Kraft für das Drehen wird durch das Gewicht des Pfluges auf die Drehvorrichtung übertragen. Es sind also keine Federn in der Drehvorrichtung vorhanden. So ist dieser einfache Mechanismus gegen Störungen unanfällig. Die Wendekraft des Drehvorganges ist mit einem Stecker in 3 Stufen zu ändern. Bei leichtem Boden, sauberen Pflugkörpern und ebenem Gelände genügt für die Drehung die schwächste Einstellung. Bei schwerem Boden mit Belastung der einen ausgehobenen Pflughälfte durch anhaftende Erde und bei starker Hanglage nimmt man die stärkste Dreheinstellung und erzielt damit ein sicheres Wenden des Pfluges.

Die Bohrungen im Wenderahmen ermöglichen ein seitliches Versetzen der beiden Pflughälften in weitem Verstellbereich. Dadurch ist der Pflug auch in steilen Hanglagen voll einsetzbar; ebenso läßt er sich durch diese Einrichtung an Schleppern mit 1250 mm und 1500 mm ohne Änderung verwenden. Die Einstellung der Arbeitstiefe erfolgt mittels oberem Lenker und Führungsrad, die der Arbeitsbreite und Hangneigung durch Umstecken der Pflugholme am Wenderahmen. Die Querneigung ist durch verstellbare Raster am Stellbogen regulierbar.

Zum Grenzpflügen wird auf dem Wendekreuz eine Holmverlängerung aufgesteckt und an ihr jeweils die gegenüberliegende Pflughälfte befestigt; der Pflug greift dann über die Radspur hinaus.

Mit einem Steckbolzen ist die Wendekraft des Pfluges 3fach verstellbar.

Durch 4 Bohrungen im Wenderahmen seitliche Verschiebung der Pflugeinsätze

Durch verstellbare Rasteranschläge am Stellbogen Änderung der Querneigung.

Mit einem Anschlußbolzen schnelle Änderung auf Kraftheber-Normgröße II

Gebr. Eicher

TRAKTOREN- UND LANDMASCHINEN-WERKE
Werk DINGOLFING/Isar

Überreicht durch:

ED-B 121 / 9.61 / 150

Eicher-Pflüge

Bezeichnung und Schlepperstärke	furchig	Rahmenhöhe cm	Pflugkörper	Arbeitstiefe cm	Ohne Steinauslösung				Mit Steinauslösung			
					Arbeitsbreite cm	Gewicht kg	Preise DM Kompl. Pflug-Grundausrüstg.	1 Pflugholm rechts od. links	Arbeitsbreite cm	Gewicht kg	Preise DM Kompl. Pflug-Grundausrüstg.	1 Pflugholm rechts od. links
AG 49 15 – 35 PS	1	54	U 8/60	21	25	204	1016.–	258.–	–	–	–	–
			U 9	25	28	216	1054.–	277.–	28	221	1188.–	344.–
			B M 9 S 4	25	28	209	1054.–	277.–	28	214	1188.–	344.–
			U 10	30	32	225	1104.–	302.–	32	230	1238.–	369.–
AG 50 19 – 35 PS	2	46	U 8	21	48	273	1308.–	404.–	48	316	1646.–	573.–
			B M 8 S 4	21	48	277	1308.–	404.–	48	320	1646.–	573.–
AG 50 19 – 35 PS	2	54	U 9	25	50	334	1576.–	538.–	48	355	1844.–	672.–
			B M 9 S 4	25	50	319	1576.–	538.–	48	329	1844.–	672.–
			U 10	30	50	350	1678.–	589.–	48	370	1946.–	723.–

Einstellung der Arbeitstiefe mittels oberem Lenker und Führungsrad, der Arbeitsbreite und Hangeinstellung durch Umstecken der Pflugholme am Wenderahmen, der Querneigung durch verstellbare Raster am Stellbogen.

Bei Bestellung gewünschte Dreipunktnorm I (22 mm) oder II (28 mm) angeben.

Preis des Grundgestelles AG 49 = AG 50, 88 kg	DM 500.–
Zusatzausrüstung (mit Halter):	
AG 50 V (verstärkt) Mehrpreis	DM 47.–
AG 50 Rahmenhöhe 54 cm: Mehrpreis für Schnittbreite 56 cm, 7,5 kg	DM 25.–
1 Schälsatz AG 101, dreifurchig, rechts Körperform M 12, 87 kg	DM 383.–
Körperform W 11, 102 kg	DM 431.–
1 Schälsatz AG 102, vierfurchig, rechts Körperform M 12, 105 kg	DM 497.–
Körperform W 11, 125 kg	DM 562.–
1 Scheibensech drehbar 330 ⌀, Rahmenhöhe 46 cm, 9 kg	DM 63.–
1 Scheibensech drehbar 350 ⌀, Rahmenhöhe 54 cm, 11 kg	DM 70.–
1 Scheibensech komb. mit Düngereinleg. 330 ⌀ f. 46 cm, 16 kg	DM 90.–
1 Scheibensech komb. mit Düngereinleg. 350 ⌀ f. 54 cm, 18 kg	DM 96.–
1 Messersech GE 4/52, Rahmenhöhe 46 cm, ohne Steinauslösung 4,5 kg	DM 23.–
1 Messersech GE 4/67, Rahmenhöhe 46 cm, mit Steinauslösung 4,5 kg	DM 23.–
1 Messersech GE 3/67, Rahmenhöhe 54 cm, AG 50, 5 kg	DM 25.–
1 Messersech GE 3/25, Rahmenhöhe 54 cm, AG 49, 5 kg	DM 25.–
1 Düngereinleger D 7 fv, Rahmenhöhe 46 cm, 4,5 kg	DM 32.–
1 Düngereinleger D 7 lg. v., Rahmenhöhe 54 cm, 5,5 kg	DM 33.–
1 Düngereinleger F R 2/40, Rahmenhöhe 54 cm, ohne Steinauslösung 8 kg	DM 48.–
1 Düngereinleger F R 2/90, Rahmenhöhe 54 cm, mit Steinauslösung 8 kg	DM 48.–
1 Vorschäler V 4/38, Rahmenhöhe 46 cm, ohne Steinauslösung 5 kg	DM 36.–
1 Vorschäler V 4/80, Rahmenhöhe 46 cm, mit Steinauslösung 5 kg	DM 36.–
1 Vorschäler V 3/38, Rahmenhöhe 54 cm, ohne Steinauslösung 6 kg	DM 42.–
1 Vorschäler V 3/90, Rahmenhöhe 54 cm, mit Steinauslösung 6 kg	DM 42.–
1 Haltebügel mit Lasche u. Muttern für Vorwerkzeuge 2,5 kg	DM 7.–
1 Holmverlängerung zum Grenzpflügen für AG 49, 16 kg	DM 65.–
1 Holmverlängerung zum Grenzpflügen für AG 50, 13 kg	DM 55.–
1 Mitnehmereinrichtung für Notzonegge, 60 kg	DM 195.–

Eicher-Pflüge

Bezeichnung und Schlepperstärke	furchig	Rahmenhöhe cm	Pflugkörper	Arbeitstiefe cm	Arbeitsbreite cm	Gewicht kg	Ohne Steinauslösung Preise DM Kompl. Pflug-Grundausrüstg.	1 Pflugholm rechts od. links	Arbeitsbreite cm	Gewicht kg	Mit Steinauslösung Preise DM Kompl. Pflug-Grundausrüstg.	1 Pflugholm rechts od. links
AG 99 10 – 22 PS	1	46	U 8	21	25	144	706.–	163.–		170	832.–	226.–
			BM 8 S 4	21	25	148	706.–	163.–		174	832.–	226.–
AG 99 10 – 22 PS	1	54	U 9	25	28	160	750.–	185.–		185	876.–	248.–
			BM 9 S 4	25	28	153	750.–	185.–		178	876.–	248.–
			U 10	30	32	169	802.–	211.–		194	928.–	274.–
AG 99 Z 13 – 28 PS	2	46	U 8	21	48	239	1082.–	351.–		267	1334.–	477.–
			BM 8 S 4	21	48	243	1082.–	351.–		271	1334.–	477.–

Winkeldrehpflug AG 99 einfurchig und AG 99 Z zweifurchig mit Handdrehung

Preis des Grundgestelles AG 99 = AG 99 Z, 65 kg DM **380.–**

Zusatzausrüstung (mit Halter):
1 Schälsatz AG 101/99, dreifurchig rechts,
  Körperform M 12, 87 kg   DM **383.–**
  Körperform W 11, 102 kg DM **431.–**
1 Holmverlängerung zum Grenzpflügen
  für AG 99, 13 kg   DM **40.–**
1 Holmverlängerung zum Grenzpflügen
  für AG 99 Z, 10 kg DM **30.–**

Bezeichnung und Schlepperstärke	furchig	Rahmenhöhe cm	Pflugkörper	Arbeitstiefe cm	Arbeitsbreite cm	Gewicht kg	Ohne Steinauslösung Preise DM Kompl. Pflug-Grundausrüstg.	1 Pflugholm rechts od. links	Arbeitsbreite cm	Gewicht kg	Mit Steinauslösung Preise DM Kompl. Pflug-Grundausrüstg.	1 Pflugholm rechts od. links
AG 108 10 – 22 PS	1	46	U 8	21	25	177	846.–	163.–		203	972.–	226.–
			BM 8 S 4	21	25	181	846.–	163.–		207	972.–	226.–
AG 108 10 – 22 PS	1	54	U 9	25	28	193	890.–	185.–		218	1016.–	248.–
			BM 9 S 4	25	28	186	890.–	185.–		211	1016.–	248.–
			U 10	30	32	202	942.–	211.–		227	1068.–	274.–
AG 108 Z 13 – 28 PS	2	46	U 8	21	48	272	1222.–	351.–		300	1474.–	477.–
			BM 8 S 4	21	48	276	1222.–	351.–		304	1474.–	477.–

Winkeldrehpflug AG 108, einfurchig und zweifurchig, mt automatischer Drehvorrichtung

Preis des Grundgestelles AG 108, 98 kg DM **520.–**
Zusatzausrüstung (mit Halter):
1 Schälsatz AG 101/108, dreifurchig rechts,
  Körperform M 12, 87 kg   DM **383.–**
  Körperform W 11, 102 kg DM **431.–**

1 Holmverlängerung z. Grenzpflügen
  für AG 108, 13 kg   DM **40.–**
1 Holmverlängerung z. Grenzpflügen
  für AG 108 Z, 10 kg DM **30.–**

Weitere Zusatzausrüstungen siehe Preise AG 49 – AG 50

Eicher-Pflüge

Bezeichnung und Schlepperstärke	furchig	Rahmenhöhe cm	Pflugkörper	Arbeitstiefe cm	Arbeitsbreite cm	Gewicht kg	Ohne Steinauslösung Preise DM Kompl. Pflug-Grundausrüstg.	1 Pflugholm rechts	Arbeitsbreite cm	Gewicht kg	Mit Steinauslösung Preise DM Kompl. Pflug-Grundausrüstg.	1 Pflugholm rechts
AG 100 15 – 35 PS	1	54	U 9	25	28	130	652.–	277.–	28	135	719.–	344.–
			BM 9 S 4	25	28	127	652.–	277.–	28	132	719.–	344.–
			U 10	30	32	135	677.–	302.–	32	140	744.–	369.–
AG 100 19 – 35 PS	2	46	U 8	21	48	158	779.–	404.–	48	175	948.–	573.–
			BM 8 S 4	21	48	160	779.–	404.–	48	177	948.–	573.–
AG 100 19 – 35 PS	2	54	U 9	25	50	184	913.–	538.–	48	201	1047.–	672.–
			BM 9 S 4	25	50	176	913.–	538.–	48	193	1047.–	672.–
			U 10	30	50	191	964.–	589.–	48	208	1098.–	723.–

Federstahl-Beetpflug AG 100, ein- u. zweifurchig

Preis des Grundgestelles AG 100 einschließl.
Grenzpflugeinrichtung, 67 kg DM **375.–**

Zusatzausrüstung (mit Halter):
AG 100 Rahmenhöhe 54 cm, zweifurchig:
Mehrpreis für Schnittbreite
56 cm, 4 kg DM **13.–**

1 Schälsatz AG 101, dreifurchig, rechts,
  Körperform M 12, 87 kg DM **383.–**
  Körperform W 11, 102 kg DM **431.–**
1 Schälsatz AG 102, vierfurchig, rechts,
  Körperform M 12, 105 kg DM **497.–**
  Körperform W 11, 125 kg DM **562.–**
Weitere Zusatzausrüstungen siehe Preise AG 49 – AG 50

Bezeichnung und Schlepperstärke	furchig	Rahmenhöhe cm	Pflugkörper	Arbeitstiefe cm	Arbeitsbreite cm	Gewicht kg	Ohne Steinauslösung Preis DM Kompl. Pflug-Grundausrüstg.	1 Pflugholm rechts od. links	Arbeitsbreite cm	Gewicht kg	Mit Steinauslösung Preise DM Kompl. Pflug-Grundausrüstg.	1 Pflugholm rechts od. links
AG 105 19 – 45 PS	1	54	U 9	25	28	248	1136.–	283.–		275	1276.–	353.–
			BM 9 S 4	25	28	241	1136.–	283.–		268	1276.–	353.–
			U 10	30	32	259	1188.–	309.–		286	1328.–	379.–
AG 105 Z 19 – 45 PS	2	46	U 8	21	48	301	1394.–	412.–		338	1774.–	602.–
			BM 8 S 4	21	48	305	1394.–	412.–		342	1774.–	602.–
AG 105 Z 19 – 45 PS	2	54	U 8/60	21	50	337	1586.–	508.–		–	–	–
			U 9	25	50	361	1662.–	546.–		377	1998.–	714.–
			BM 9 S 4	25	50	345	1662.–	546.–		361	1998.–	714.–
			U 10	30	50	376	1764.–	597.–		392	2100.–	765.–

Ventzki-Pflüge

Schwerer Winkeldrehpflug „Treff" selbstdrehend   **Type: Mit verstärkten Grindeln WDAS**

Arbeits-		Pflugkörper	techn. Bez.	Rahmenhöhe cm	Verstärkte Grindel	Vollst. Gerät mit verst. Grindel			
breite	tiefe	Form			von auf	Bezeichnung	Sach-Nr.	kg	DM
Einfurchig									
24	15	gewunden	Y 24	50	60x20/60x25	**WDAS 24 EY**	22700–22	179	**822.–**
26	18	universal	U 26	50	60x20/60x25	**WDAS 24 EU**	22700–23	194	**892.–**
26	18	gewunden	Y 26	55	60x22/60x30	**WDAS 26 EY**	22800–22	206	**983.–**
26	21	universal	U 26	55	60x22/60x30	**WDAS 26 EU**	22800–23	206	**983.–**
28	22	gewunden	Y 28	55	60x30/70x40	**WDAS 28 EY**	22900–22	243	**1060.–**
28	25	universal	U 28	55	60x30/70x40	**WDAS 28 EU**	22900–23	225	**1020.–**
Zweifurchig									
48	15	gewunden	Y 24	50	60x20/60x25	**WDAS 24 ZY**	22300–22	278	**1184.–**
48	18	universal	U 26	50	60x20/60x25	**WDAS 24 ZU**	22300–23	308	**1322.–**
52	18	gewunden	Y 26	55	60x22/60x30	**WDAS 26 ZY**	22500–22	321	**1456.–**
52	21	universal	U 26	55	60x22/60x30	**WDAS 26 ZU**	22500–23	321	**1456.–**

1 Paar Scheibenseche m. Haltern   DM **124.–**   1 Paar Messerseche mit Haltern   DM **38.–**

1 Paar Scheibenseche komb. mit Düngereinleger u. Haltern   DM **172.–**   1 Paar Vorschäler mit Haltern   DM **68.–**

1 Paar Düngereinleger mit Haltern   DM **64.–**

Ventzki-Pflüge

Viergelenkpflüge „Tatzel"

Normalausrüstung: 1 Anschlußstück je Pflughälfte, 1 Stützrolle je Pflughälfte, 1 Ers.-Schar je Körper, 1 Fallstütze an den vorderen Körpern, 2 Schlüssel, 1 Spreizeinrichtung für **TW 22** und **TW 24**.

Aushebungen

Normale Rätsche	**Hubwerk „Ruck-Zuck"**	**Kettenhubwerk**
je Pflughälfte	je Pflughälfte	je Pflughälfte
T 22–24 17 kg DM **80.–** [R]	T 22 – 24 DM **120.–** [Z]	T 24 DM **20.–** [K]
rechts Nr. 11053–00	rechts Nr. 11051–00	(Ausverkaufspreis)
links Nr. 11054–00	links Nr. 11052–00	

Sonderausrüstung:

| 1 Scheibensech mit Halter | DM **62.–** | 1 Messersech mit Halter | DM **19.–** |
| 1 Düngereinleger mit Halter | DM **32.–** | 1 Vorschäler mit Halter | DM **34.–** |

Zusätzliche Pflugausrüstungen

Grenzpflugeinrichtungen
- TB 22 rechts — 11135–80 — DM **24.–**
- TW 22 je Pflughälfte — 11135–82 — DM **21.–**
- TB 24 rechts — 11235–81 — DM **20.–**
- TB 24 links — 11235–82 — DM **20.–**
- TW 24 je Pflughälfte — 11235–80 — DM **18.–**

Winkeldrehpflug „Treff" selbstdrehend   Type: WDA

Arbeits- tiefe	breite	Pflugkörper Form	techn. Bezeichn.	Rahmen- höhe	Grindel- stärke WDA	Bezeichnung	Sach-Nr.	vollst. Gerät kg	DM	Bezeichnung	Sach-Nr.	vollst. Gerät kg	DM	Zugkraft etwa PS
						ohne Steinauslöser				mit Steinauslöser				
Einfurchig														
24	15	gewunden	Y 24	50	60x20	WDA 24 EY	22700–02	171	800.–	WDAF 24 EY	22700–12	201	912.–	}15 bis 20
26	18	universal	U 26	50	60x20	WDA 24 EU	22700–03	186	870.–	WDAF 24 EU	22700–13	216	982.–	
26	23	mittelsteil	P 26	55	60x22	WDA 26 EP	22800–01	181	920.–					
26	18	gewunden	Y 26	55	60x22	WDA 26 EY	22800–02	194	950.–	WDAF 26 EY	22800–12	224	1062.–	
26	21	universal	U 26	55	60x22	WDA 26 EU	22800–03	194	950.–	WDAF 26 EU	22800–13	224	1062.–	
28	27	mittelsteil	P 28	55	60x30	*WDA 28 EP	22900–01	208	970.–					}17
28	22	gewunden	Y 28	55	60x30	WDA 28 EY	22900–02	226	1010.–	WDAF 28 EY	22900–12	256	1122.–	
28	25	universal	U 28	55	60x30	WDA 28 EU	22900–03	208	970.–	WDAF 28 EU	22900–13	238	1082.–	
Zweifurchig														
44	15	gewunden	Y 24	50		WDA 22 ZY	22100–06	232	1048.–					
48	15	gewunden	Y 24	50	60x20	WDAF 24 ZY	22300–02	263	1140.–	WDAF 24 ZY	22300–12	323	1364.–	}15 bis 24
48	18	universal	U 26	50	60x20	WDAF 24 ZU	22300–03	293	1278.–	WDAF 24 ZU	22300–13	353	1502.–	
52	18	gewunden	Y 26	55	60x22	WDAF 26 ZY	22500–02	298	1390.–	WDAF 26 ZY	22500–12	358	1614.–	}bis 34
52	21	universal	U 26	55	60x22	WDAF 26 ZU	22500–03	298	1390.–	WDAF 26 ZU	22500–13	358	1614.–	
56	22	gewunden	Y 28	55	60x30	WDAF 28 ZY			1590.–					
56	25	universal	U 28	55	60x30	WDAF 28 ZU			1510.–					

1 Paar Scheibenseche mit Haltern	DM **124.–**	1 Paar Messerseche mit Haltern	DM **38.–**
1 Paar Scheibenseche komb. mit Düngereinleger und Haltern	DM **172.–**	1 Paar Vorschäler mit Haltern	DM **68.–**
		1 Paar Düngereinleger mit Haltern	DM **64.–**

Ventzki-Pflüge

Vordrehpflüge „TRUX"
für Regelhydraulik Type AKDR selbstdrehend
mit Falldrehung

Volldrehpflüge sind für die Regelhydraulik deshalb besonders geeignet, weil sie wegen ihrer Mittelaufhängung keinen Seitenzug auf die Vorderräder des Schleppers ausüben und deshalb keine Zusatzeinrichtungen benötigen. Sie sind lediglich mit Falldrehautomaten versehen, die eine spielfreie Abtastung der Zug- und Druckkräfte im Oberlenker gewährleisten. Die hinteren Anlagen haben keine Schleifsohlen. Zur besseren Seitenführung der Pflüge werden jedoch die federnden Anlagen empfohlen. Die Stützrolle mit mitgeliefert, sie ist allerdings nur für flaches arbeiten (schälen) einzusetzen.

Normalausrüstung:
1 Ersatzschar pro Pflugkörper, Fallstützen an den vorderen Körpern, Stützrollen, 2 Schlüssel. Spielausgleich durch Verriegelung, Dreipunkt-Anschluß Kat. I (für leichtes Dreipunkt-Gestänge)

Sonderausrüstung:
Federnde Anlagen für die hinteren Körper pro Paar kg 17
Mehrpreis bei Mitlieferung   DM **58.–**
Mehrpreis bei Nachlieferung   DM **66.–**
Dreipunkt-Anschluß Kat. II (für schweres Dreipunkt-Gestänge)
Mehrpreis bei Mitlieferung   DM **45.–**
Mehrpreis bei Nachlieferung   DM **50.–**
Minderpreis bei Wegfall der Stützrolle   DM **95.–**

Arbeits- breite	tiefe	Pflugkörper Form	techn. Bez.	Rahmen- höhe	Bezeichnung und Drahtwort	vollst. Gerät kg	DM	Zugkraft ca. PS
zweifurchig								
52	18	gewunden	Y 26	55	AKDR 26 ZY	296	1430.–	
52	21	universal	U 26	55	AKDR 26 ZU	296	1430.–	20 – 30
52	20	lang gewunden	ex 18	55	AKDR 26 Ze	312	1532.–	
56	22	gewunden	Y 28	55	AKDR 28 ZY	345	1630.–	
56	25	universal	U 28	55	AKDR 28 ZU	309	1550.–	25 – 38
56	20	lang gewunden	ex 18	55	AKDR 28 Ze	313	1592.–	
60	22	gewunden	Y 30	55	AKDR 30 ZY	360	1690.–	
60	25	universal	U 30	55	AKDR 30 ZU	324	1610.–	34 – 45

Viergelenkpflüge „TATZEL"   Anbau: Feste Ackerschiene
Beetpflüge Type TB u. TSB, Wechselpflüge Type TW u.TSW

Beetpflüge ohne Aushebung

Arbeits- breite	tiefe	Pflugkörper Form	techn. Bez.	Rahmen- höhe cm	ohne Steinauslöser Bezeichnung	Sach-Nr.	vollst. Gerät kg	DM	mit Steinauslöser Bezeichnung	Sach-Nr.	vollst. Gerät kg	DM	Zugkraft etwa PS
Einfurchig													
24	15	gewunden	Y 24	46	**TB 22 EY**	11100–32	79	**370.–**					
24	15	gewunden	Y 24	46	**TB 24 EY**	11200–32	90	**400.–**	**TSB 24 EY**	11300–32	111	**486.–**	14 – 17
Zweifurchig													
44	15	gewunden	Y 24	46	**TB 22 ZY**	11100–02	105	**482.–**					
44	15	gewunden	Y 24	46	**TB 24 ZY**	11200–02	123	**520.–**	**TSB 24 ZY**	11300–02	144	**606.–**	15 – 20

Wechselpflüge ohne Aushebung mit Spreitzeinrichtung

Einfurchig													
24	15	gewunden	Y 24	46	**TW 22 EY**	11100–52	158	**754.–**					
24	15	gewunden	Y 24	46	**TW 24 EY**	11200–52	180	**814.–**	**TSW 24 EY**	11300–52	222	**986.–**	14 – 17
Zweifurchig													
44	15	gewunden	Y 24	46	**TW 22 ZY**	11000–22	210	**978.–**					
44	15	gewunden	Y 24	46	**TW 24 ZY**	11200–22	246	**1054.–**	**TSW 24 ZY**	11300–22	288	**1226.–**	15 – 20

Alle Pflugkörper haben Spitzschar.

VENTZKI
Volldrehpflug »TRUX« Type AKD

- selbstdrehend
- DLG geprüft
- Bronzene Denkmünze 1956

Unerreicht einfach in Konstruktion und Bedienung

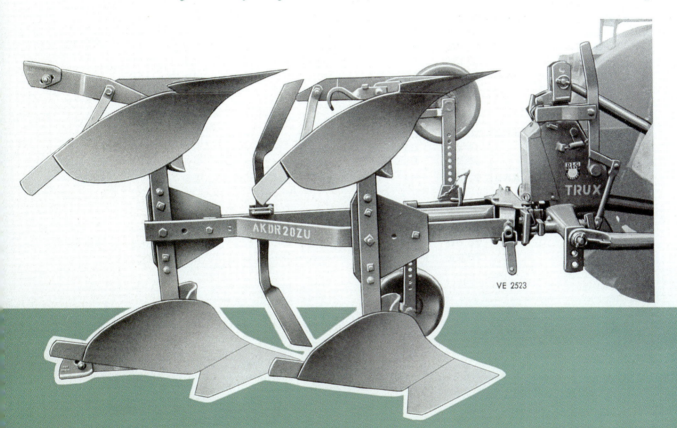

VE 2523

Automatische Drehung. Am Furchenende erfolgt der Körperwechsel durch Falldrehung (D. Patent 950703). Nach dem hydraulischen Aushub des Pfluges wird die Drehung durch einen kurzen Zug am Auslösehebel eingeleitet und vollzieht sich alsdann selbsttätig. **Auch bei weit vorne am Schlepper liegenden Reitsitzen kann der Fahrer sitzen bleiben.**

Der Schaltmechanismus ist gut geschützt in einer Kapsel untergebracht.

VENTZKI-Volldrehpflüge drehen auch gegen den Hang, selbst wenn Erde auf den Körpern liegt.

Hangsicherheit. Die Breitenverstellung des Pfluges wird durch eine vorne am Pflugrahmen angebrachte Schraubenspindel bewirkt. Dabei schwenkt der Rahmen um einen auf der Drehachse gelegenen Punkt. Die weit rückwärtige Lage dieses Schwenkpunktes läßt sehr kräftige Korrekturen zu, so daß auch bei steiler Hanglage eine gute Hangläufigkeit gesichert ist.

Einwandfrei pflügt der VENTZKI-Volldrehpflug auch hangabwärts, was durch die Art seiner Aufhängung bedingt ist.

Kombination TRUX mit Kombi-Krümler

Die Kombination „Trux" mit Krümler hat sich in der Praxis ausgezeichnet bewährt. Pflügen und die Ackeroberfläche saatfertig krümeln erfolgt in einem Arbeitsgang. Auf Wunsch liefern wir Ihnen diese Kombination.

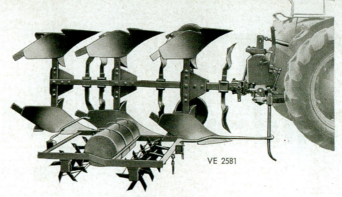

VE 2581

Bezeichnung u. Drahtwort AKD Normalausführung	Bezeichnung u. Drahtwort AKDR Spezialausführung für Regelhydraulik	Arbeits- breite cm	Arbeits- tiefe cm	Pflugkörper Form	Pflugkörper techn. Bez.	Rahmen- höhe cm	Gewicht kg	Zugkraft etwa PS
Zweifurchig								
AKD 24 ZP		48	18	mittelsteil	P 24	50	233	
24 ZY		48	15	gewunden	Y 24	50	237	15-24
24 ZU		48	18	universal	U 26	50	271	
AKD 26 ZP	AKDR 26 ZP	52	23	mittelsteil	P 26	55	267	
26 ZY	26 ZY	52	18	gewunden	Y 26	55	293	20-30
26 ZU	26 ZU	52	21	universal	U 26	55	293	
26 Ze	26 Ze	52	20	lang gewunden	ex 18	55	312	
AKD 28 ZP	AKDR 28 ZP	56	27	mittelsteil	P 28	55	306	
28 ZY	28 ZY	56	22	gewunden	Y 28	55	342	25-38
28 ZU	28 ZU	56	25	universal	U 28	55	306	
28 Ze	28 Ze	56	20	lang gewunden	ex 18	55	313	
AKD 30 ZP	AKDR 30 ZP	60	27	mittelsteil	P 30	55	321	
30 ZY	30 ZY	60	22	gewunden	Y 30	55	357	34-45
30 ZU	30 ZU	60	25	universal	U 30	55	321	
AKD 32 Zr	AKDR 32 Zr	64	28	Tordix	rx 25	55	373	
Dreifurchig								
AKD 26 DP	AKDR 26 DP	78	23	mittelsteil	P 26	55	319	
26 DY	26 DY	78	18	gewunden	Y 26	55	358	35-42
26 DU	26 DU	78	21	universal	U 26	55	358	
26 De	26 De	78	20	lang gewunden	ex 18	55	382	

Normalausrüstung:
1 Paar Stützrollen, 1 Ersatzschar je Pflugkörper (alle Pflugkörper haben normal Spitzschar, nur Tordix hat Winkelschar), Fallstütze an den vorderen Körpern, 2 Schlüssel.
Zum AKDR: Spielausgleich durch Verriegelung.

Sonderausrüstung:
VENTZKI-Einrichtung „KAMERAD" für AKD zur Raddruckverstärkung des Schleppers (siehe Sonderprospekt Nr. 11).
Federnde Anlagen an hinteren Körpern pro Paar kg 17 für AKDR
Kombi-Krümler „Quirl" mit Belastungsgewichten 1 Feld AKKF kg 47
1 Paar Mitnehmerarme für Kombi-Krümler
1 Paar Scheibensech mit Haltern

1 Paar Scheibensech komb. mit Düngereinlegern und Haltern
1 Paar Vorschäler mit Haltern
1 Paar Düngereinleger mit Haltern
Zusatzteile für schweres Dreipunktgestänge zu den Größen 26, 28 u. 30
Einheitsschälrahmen dreifurchig
1 Satz Anschlußstücke
Einfurchenansatz zur Erweiterung auf vierfurchig

Für Hanomag-Schlepper: Auf Wunsch: Piloteinrichtung (AKD). Hanomag-Schlepper „Perfekt" hat diese Einrichtung bereits am Dreipunktgestänge, Pflüge AKD dazu werden ohne Stützrollen geliefert; Minderpreis.

Volldrehpflug »TRUX« Type AKDR
Spezialausführung für Schlepper mit Regelhydraulik

Spielausgleich. Für die Regelhydraulik ist es notwendig, daß eine gleichmäßige Kraftübertragung am Oberlenker gewährleistet wird. Zu diesem Zweck wird der obere Anlenkpunkt am Kopf des Pfluges mittels eines Spielausgleichs verriegelt.

Federnde Anlage. Die federnde Anlage dient der besseren seitlichen Führung des Pfluges, der durch die Regelhydraulik getragen wird. Sie ist vor allen Dingen erforderlich beim flachen Pflügen und in lockeren Böden. Außerdem empfiehlt sich ihre Verwendung bei welligem Gelände, sowie beim Hangaufpflügen.

VE 2414

VENTZKI GMBH PFLUG- UND LANDMASCHINENFABRIK **EISLINGEN** Württ. Fernruf: Göppingen 8253 – 8255 · Drahtanschrift: Ventzkiwerk Eislingenfils · Fernschreiber: 07/277 61

VENTZKI
Viergelenkpflug
»TATZEL«

für Schlepper **ohne** Hydraulik
mit **fester** Ackerschiene

E 1590

Beetpflug
mit normaler Rätsche „R"

Mit der von uns gewählten Rätschen-Aushebung ist das Geräteproblem für den Schlepper ohne Hydraulik einwandfrei gelöst und zwar einschließlich der ganzen Gerätereihe, für welche eine ausreichende Aushebekraft zur Verfügung steht.

Keine Anbauschwierigkeiten, denn dieser Pflug läßt sich auf der festen Ackerschiene eines jeden Schleppers ohne besondere Anbauvorrichtung anbringen. Beide Pflughälften sind voneinander unabhängig, da jede eine eigene Aushebevorrichtung hat.

Unabhängig von den Gangschwankungen des Schleppers schwingt der Pflug in seinem Viergelenk, welches den Aufhängepunkt in den für Gerät und Schlepper günstigsten Bereich, nämlich unter die Hinterachse des Schleppers verlegt.

Für die gesamte Pflug- und Gerätereihe liefern wir die normale Rätsche „R". Außerdem kann für die leichten Pflugtypen T 22—24 das Hubwerk „Ruck-Zuck" gewählt werden.

Die normale Rätsche „R" hebt den Pflug mit wenigen Hin- und Herbewegungen eines Hebels aus. Sie wird in eine Tasche des Anschlußstückes eingeführt und nach vorne mit einer Spannkette am Schlepper befestigt. Der Kettenspanner setzt die Aushebekette während der Arbeit unter eine leichte Federspannung, ohne daß der Pflug am freien Schwingen behindert wird. Es werden dadurch die Leerhübe vermieden, die sonst bei lose durchhängender Kette notwendig sind. Eine Bewegung des Rätschhebels nach rückwärts läßt den Pflug wieder in seine Arbeitslage zurückfallen. Die Rätsche kann durch ein Zwischenstück seitlich versetzt werden.

Das Hubwerk „Ruck-Zuck" arbeitet als Schnellaushebung mit zwei Federn, von denen die eine beim Fallen des Pfluges die Kraft speichert, die andere als sogenannte Abholfeder kurz vor dem Aushebe-Vorgang durch den Hebel gespannt wird. Alsdann kann der Pflug mit dem Handhebel in einem Ruck ausgehoben werden.

Die normale Rätsche arbeitet etwas langsamer aber mit größerer Kraftreserve, daher auch ihre Eignung für die Gerätereihe.

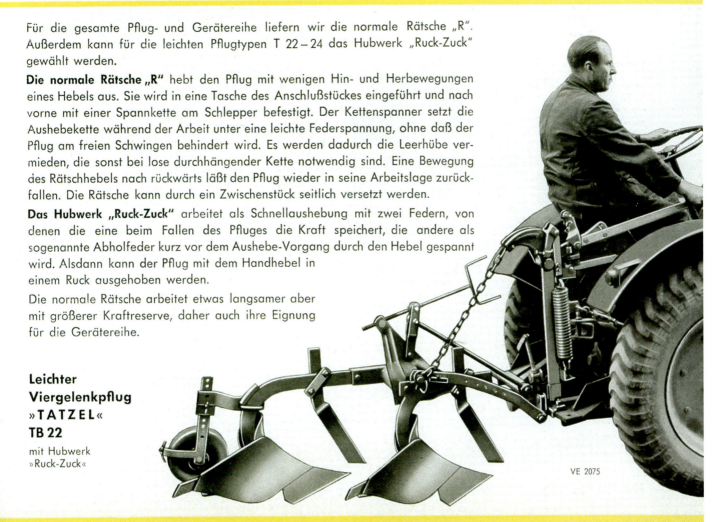

Leichter
Viergelenkpflug
»TATZEL«
TB 22
mit Hubwerk
»Ruck-Zuck«

VE 2075

7/61 M 5 E. Dischner, Inh. Adolf Klenk, Eislingen/Fils

Hangsicherheit

Die starke Eindringkraft des Pfluges im Zusammenhang mit dem besonders großen, sogenannten Rückstellwinkel, sichern ihm eine hohe Hangsicherheit auch in ungünstigen Verhältnissen.

Die Tiefenregelung

erfolgt durch eine über dem Bock handgerecht angeordnete Stellspindel, die eine bequeme Verstellung während der Arbeit zuläßt.

Schnelleindringvorrichtung

Die Wahl der Gelenkpunkte des Viergelenks ist so getroffen, daß der Pflug bei Arbeitsbeginn unter starkem Druck sofort auf Tiefe geht, ohne daß hierfür eine besondere Handbetätigung erforderlich wird.

Einfurchenpflug

Die Umstellung zum Einfurchenpflug erfolgt in einfachster Weise durch Anschrauben des hinteren Pflugkörpers an den Anschlußpunkten des vorderen, vorher abgenommenen Körpers, wofür zwei verschiedene Lagen gewählt werden können.

Grenzpflügen

Hierfür werden an den Enden der festen Ackerschiene besondere Zusatzstücke angeschraubt, die je einen weiteren Zapfen zur Aufnahme des Pfluges besitzen. Der rechte Pflug wird auf den Zapfen hinter dem linken Schlepperrad und der linke hinter dem rechten Rad aufgesteckt. Die Aushebung erfolgt durch die Handrätschen, welche nicht vertauscht zu werden brauchen.

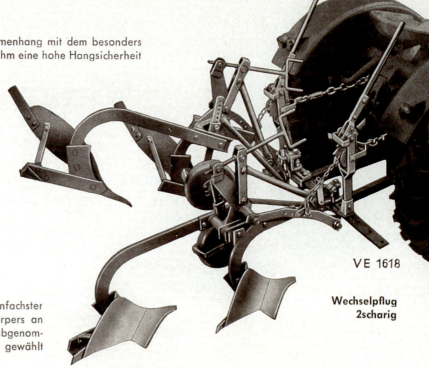

VE 1618

Wechselpflug 2scharig

Stützrollen,

höhenverstellbar in geschlossener Ausführung, dienen nicht der Tiefenregelung, sondern nur der Tiefenbegrenzung und laufen deshalb nur unter geringem Druck.

Steinauslöser

In steinigen Böden ist die Anwendung des Steinauslösers unerläßlich. Am hinteren Ende des Viergelenkes wird ein anderer Bock mit Steinauslöser angebracht. Die an einem hochliegenden Schwenkpunkt aufgehängten Pflugkörper überrollen das Hindernis, sobald der Federschnäpper beim Überschreiten der Auslöselast die Schwenkung freigibt. Durch Zurückstoßen geht der Pflug wieder selbsttätig in die verriegelte Arbeitslage zurück. Die Auslöselast kann durch eine Schraube verändert werden.

VE 1588

Beetpflug mit Steinauslöser

Entscheidend ist, daß durch die Wahl der Schwenkpunkte die gleiche Auslösesicherheit für den vorderen wie den hinteren Körper gegeben ist.

VE 1589

Steinauslöser ausgeklinkt

PFLUGKÖRPER

Velox

VE 2222

Pflugkörper „Velox" U
für größere Arbeitsgeschwindigkeiten, auf Wunsch mit **Scharfschar**, ausgedünnte Schneide, mit Stützwinkel an der Scharspitze, der die Wirkung des Seches bestens ergänzt.
Das Scharfschar erübrigt das Ausschmieden und in vielen Fällen das Nachschleifen.

Kultur

VE 1715

Die mittelsteile Form für normale Kulturböden
Bezeichnung „P"

Ypsilon

VE 1713

Gewundene Form vollständig wendend, für Hangarbeit
Bezeichnung „Y"

Anbau-Geräte zum »Tatzel-System«

Anbau-Grubber Nach Abnahme der Grindel u. Körper kann der Grubber an das Viergelenk des Pfluges, das nach der Mitte der Ackerschiene verschoben wird, angebracht werden.

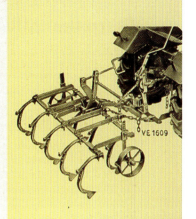
VE 1609

Bezeichnung und Drahtwort	Arbeitsbreite cm	Grubberrahmen AG 140	Grubberrahmen AG 180	Stützrollen	Wühlgrubberzinken WS	Federzinken F	Zinkenbefestigung	Preis der Grubber ohne Anbauteile kg	Paar Winkelschienen	Paar Sperrketten	gekröpfter Hebel	Preis der Grubber, wenn Pflug vorhanden kg	Viergelenk TB 19	Anschlußstück m. Zapfen	Rätsche m. gekr. Hebel	Paar Winkelschienen	Paar Sperrketten	Preis der Grubber, wenn Pflug nicht vorhanden kg
AG 140/7 WS	140	1	—	2	7	—	7	89	1	1	1	109	1	1	1	1	1	173
9 F	130	1	—	2	—	9	9	91	1	1	1	111	1	1	1	1	1	175
AG 180/9 WS	180	—	1	2	9	—	9	104	1	1	1	124	1	1	1	1	1	188
11 F	170	—	1	2	—	11	11	105	1	1	1	125	1	1	1	1	1	189
Einzelteile Preis																		

Ackereggen
Für alle nachfolgenden Geräte wird nur **einmal** benötigt:

Wenn normale Rätsche vorhanden:	Wenn normale Rätsche **nicht** vorhanden:
1 gekröpfter Rätschenhebel	1 Rätsche m. gekröpftem Hebel
1 Paar Anlenkarme mit Stecker	1 Anschlußstück mit Zapfen
1 Anschlußbügel m. Bolzen	1 Paar Anlenkarme mit Stecker
1 Begrenzungskette	1 Anschlußbügel m. Bolzen
	1 Begrenzungskette
27 kg	46 kg

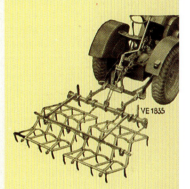
VE 1835

Werkzeugschiene 160 cm 003.51-81	Längstragschiene mit Schelle 664.33	Quertragschiene mit 4 Aufhängeketten 42510-81	Eggenzugstück 66664	1 Paar gekröpfte Eggenzugstücke 42510-90	krz. Werkzeugträger 47001-00	Spurlockerer 42030-01	BZV 2 44100-10	BZV 8 44100-20	BZV 13 44100-30	SZV 8 44200-20	LZ 12 44600-10	Nr. 21 44500-20	Arbeitsbreite in cm	Bezeichnung und Drahtwort	Gerät ohne Anbauteile kg
1	2	1	4	—	2	2	2	—	—	—	—	—	190	ABZV 2/T	90
1	2	1	4	—	2	2	—	2	—	—	—	—	210	8/T	102
1	2	1	4	—	2	2	—	—	2	—	—	—	210	13/T	110
1	2	1	4	—	2	2	—	—	—	2	—	—	210	ASZV 8/T	110
1	2	1	4	—	2	2	—	—	—	—	2	—	210	ALZ 12/T	102
1	2	1	4	1	2	2	—	—	—	—	—	3	210	AE 21/T	83
Einzelgewichte kg															
9,5	5,5	7,5	3	5	2	2	21	27	31	31	35	10			
Einzelpreise															

ABZV = Ackeregge
ASZV = „ mit engem Strich
ALZ = Löffelegge
AE = Saategge

Pflanzlocher, Häufler und Hacker
Anschlußteile siehe Ackeregge

VE 1836

Grundteile								Bezeichnung und Drahtwort	Reihenzahl	Reihenweite in cm	Schlepperspur in cm	Gerät ohne Anbauteile und ohne Lenkung kg	Grundteile der Lenkung				Gerät ohne Anbauteile mit Lenkung kg
Werkzeugschiene 160 cm	Pflanzlocher mit Vorlockerer rechts	Pflanzlocher mit Vorlockerer links	Spurzeiger	Vollhäufler	Hackzinken rechts	Hackzinken mitte	Hackzinken links	Mehrfachwerkzeugträger	krz. Werkzeugträger					Werkzeugschiene 160 cm	Stützrolle mit Halter	Lenker mit Befestigung (Paar)	Lenkhandhaben	
1	1	1	2	—	—	—	—	2	AP 2/T	2	62,5	125	54	1	2	1	2	129
1	1	1	2	—	—	—	—	2	AP 2/T	2	75,0	150	54	1	2	1	2	129
1	—	—	3	3	3	3	3	—	AFH 2-3/T	3	62,5	125	51	1	2	1	2	126
1	—	—	3	—	9	3	3	—	AFH 2-3/T	3	75,0	150	52	1	2	1	2	127
Einzelgewichte kg																		
9,5	19	19	1,2	5	1,6	1,8	3,7	2						9,5	12	11	3	
Einzelpreise																		

Lenkung einzeln
wie angeführt 75 kg

Auf Wunsch
1 Lenkersitz . . . 18 kg
2 Spurlockerer m. Befestigung
(für Pflanzlocher) 12 kg

VE 1837

Rübenhackeinrichtung
Hauptpreisliste Seite 32/33
Bei Bestellung zur Tatzel-Gerätereihe bitte an die Bezeichnung der Einrichtung ein „T" anfügen. Beispiel: **1 PG 4/50/T**.
Für die Rübenhackeinrichtung ist unbedingt die Lenkung erforderlich; sie kann auch für die anderen Pflegeeinrichtungen verwendet werden.

VE 1838

Viergelenkpflüge »TATZEL«

	Beetpflüge ohne Aushebung					Type: TB u. TSB				
	Arbeits-		Pflugkörper		Rahmen-höhe cm	ohne Steinauslöser		mit Steinauslöser		Zugkraft etwa
	breite	tiefe	Form	techn. Bez.		Bezeichnung und Drahtwort	vollst. Gerät kg	Bezeichnung und Drahtwort	vollst. Gerät kg	PS
Einfurchig	24	18	mittelsteil	P 24	46	TB 22 EP	78			12—15
	24	15	gewunden	Y 24	46	EY	79			
	24	18	mittelsteil	P 24	46	TB 24 EP	89	TSB 24 EP	110	14—17
	24	15	gewunden	Y 24	46	EY	90	EY	111	
	26	23	mittelsteil	P 26	46	TB 26 EP	104	TSB 26 EP	125	15—20
	26	18	gewunden	Y 26	46	EY	108	EY	129	
	26	21	universal	U 26	46	EU	108	EU	129	
Zweifurchig	44	18	mittelsteil	P 24	46	TB 22 ZP	103			14—17
	44	15	gewunden	Y 24	46	ZY	105			
	44	18	mittelsteil	P 24	46	TB 24 ZP	121	TSB 24 ZP	142	15—20
	44	15	gewunden	Y 24	46	ZY	123	ZY	144	
	46	23	mittelsteil	P 26	46	TB 26 ZP	140	TSB 26 ZP	161	17—24
	46	18	gewunden	Y 26	46	ZY	148	ZY	169	
	46	21	universal	U 26	46	ZU	148	ZU	169	
	Wechselpflüge ohne Aushebung					Type: TW und TSW				
Einfurchig	24	18	mittelsteil	P 24	46	TW 22 EP	156			12—15
	24	15	gewunden	Y 24	46	EY	158			
	24	18	mittelsteil	P 24	46	TW 24 EP	178	TSW 24 EP	220	14—17
	24	15	gewunden	Y 24	46	EY	180	EY	222	
	26	23	mittelsteil	P 26	46	TW 26 EP	208	TSW 26 EP	250	15—20
	26	18	gewunden	Y 26	46	EY	216	EY	258	
	26	21	universal	U 26	46	EU	216	EU	258	
Zweifurchig	44	18	mittelsteil	P 24	46	TW 22 ZP	206			14—17
	44	15	gewunden	Y 24	46	ZY	210			
	44	18	mittelsteil	P 24	46	TW 24 ZP	242	TSW 24 ZP	284	15—20
	44	15	gewunden	Y 24	46	ZY	246	ZY	288	
	46	23	mittelsteil	P 26	46	TW 26 ZP	280	TSW 26 ZP	322	17—24
	46	18	gewunden	Y 26	46	ZY	296	ZY	338	
	46	21	universal	U 26	46	ZU	296	ZU	338	

Alle Pflugkörper haben Spitzschar.

Normalausrüstung:

1 Anschlußstück je Pflughälfte,
1 Stützrolle je Pflughälfte,
1 Ers.-Schar je Körper,
1 Fallstütze an den vorderen Körpern,
2 Schlüssel,
1 Spreizeinrichtung für TW 22 u. TW 24.

Sonderausrüstung:

1 Scheibensech mit Halter . . .

1 Düngereinleger mit Halter . . .

1 Messersech mit Halter . . .

1 Vorschäler mit Halter . . .

Aushebungen

Einzelpreis

Normale Rätsche

T 22—26   17 kg   [R]

Einzelpreis

Hubwerk „Ruck-Zuck"

T 22—24   [Z]

Einzelpreis

Kettenhubwerk

T 24—26
(Ausverkaufspreis)   [K]

Zusätzliche Pflugausrüstungen

vollst. Viergelenke pro Seite
  T 24   ohne Steinauslöser . . . .
         mit Steinauslöser . . . .
  T 26   ohne Steinauslöser . . . .
         mit Steinauslöser . . . .

Hangkette TB 24—26 einseitig
Zwischenstück zum Versetzen der Aushebung pro Stück

Grenzpflug-einrichtungen
  TB 22 rechts . . . . .
  TW 22 je Pflughälfte . . .
  TB 24 rechts . . . . .
  TB 24 links . . . . .
  TW 24 je Pflughälfte . . .
  TB 26 rechts . . . . .
  TB 26 links . . . . .
  TW 26 je Pflughälfte . . .

1 Paar Halter zum Versetzen der Stützrolle hinter den Pflug   rechts . . . . .
                                                               links . . . . .

Einheitsschälrahmen 3furchig
Einfurchenansatz zur Erweiterung auf vierfurchig
1 Satz Anschlußstücke TB 22 . . . . .
1 Satz Anschlußstücke TB 24 . . . . .
1 Satz Anschlußstücke TB 26 . . . . .

VENTZKI GM PFLUG- UND LAND- BH MASCHINENFABRIK **EISLINGEN Württ.**   Fernruf: Göppingen 8253—8255 · Drahtanschrift: Ventzkiwerk Eislingenfils · Fernschreiber: 07/27761

Normalausführung
Type WDA

VENTZKI
Winkeldrehpflüge

Am Furchenende erfolgt der Körperwechsel durch Falldrehung (D. Patent 950 703). Nach dem hydraulischen Aushub des Pfluges wird die Drehung in die neue Arbeitslage durch einen kurzen Zug am Auslösehebel eingeleitet und vollzieht sich alsdann selbsttätig. – Auch bei weit vorne am Schlepper liegenden Reitsitzen kann der Fahrer sitzen bleiben.

- Geringes Gewicht, kurze Bauart, trotzdem genügend Platz für Messer und Düngereinleger vor allen Körpern
- Stopfungsfreie Arbeit durch große Rahmenhöhen
- Keine gegenseitige Behinderung der Pflughälften
- Grindel aus hochvergütetem Mangan-Silizium-Federstahl
- Leichte und bequeme Einstellbarkeit aller Bedienungsorgane, da sie sämtlich gut zugänglich sind

VENTZKI-Winkeldrehpflüge drehen auch gegen den Hang, selbst wenn Erde auf den Körpern liegt!

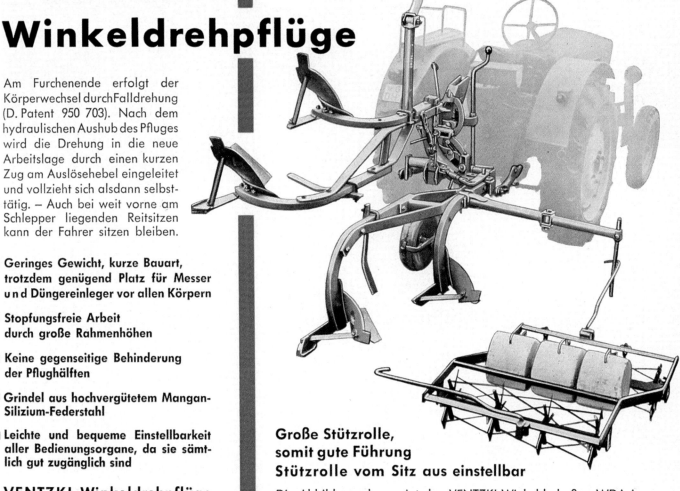

Große Stützrolle, somit gute Führung
Stützrolle vom Sitz aus einstellbar

Die Abbildung oben zeigt den VENTZKI-Winkeldrehpflug WDA in Verbindung mit dem Kombikrümler „Quirl". Diese Kombination hat sich in der Praxis ausgezeichnet bewährt. Pflügen und die Ackeroberfläche saatfertig krümeln in einem Arbeitsgang. Auf Wunsch liefern wir Ihnen diese Kombination.

VENTZKI ›Kamerad‹

DGBM 1730874/1831 434 (siehe Sonderprospekt Nr. 11)

Zusatzeinrichtung am Pflug zur Verminderung des Radschlupfes, zugleich Schnelleindringvorrichtung

Der Pflug als Helfer des Schleppers!

Je stärker der Zug, umso mehr hilft der Pflug!

Am Pflugkopf wird an den Zapfen für die Unterlenker ein einfaches Gestänge angeschlossen, das die in den Unterlenkern entstehenden Zugkräfte über Winkelhebel in senkrechte Kräfte umsetzt. Diese werden durch ein unterhalb des Oberlenkers angreifendes Gestänge als zusätzlicher Raddruck wirksam. Die einfache Einrichtung überträgt nicht nur Pfluggewicht auf den Schlepper, sondern setzt auch Arbeitsdrücke des Pfluges in Hinterachsbelastung um.

Wichtig ist, daß sich dieser Zusatzdruck automatisch mit zunehmender Zugbelastung erhöht, sich also nach dem Bedürfnis einregelt.

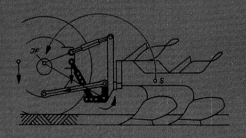

VENTZKI GM PFLUG- UND LAND- BH MASCHINENFABRIK **EISLINGEN Württ.** Fernruf: Göppingen 8253—8255 · Drahtanschrift: Ventzkiwerk Eislingenfils · Fernschreiber: 07/27761

Normal Type WDA   **Mit Steinauslöser Type WDAF**

Die Auswahl

Winkeldrehpflüge haben, da sie stets zwei komplette Pflugrahmen besitzen, ein relativ hohes Gewicht. Für leichtere Schlepper sollte (damit diese nicht steigen) die normale Ausführung, Type WDA, gewählt werden.

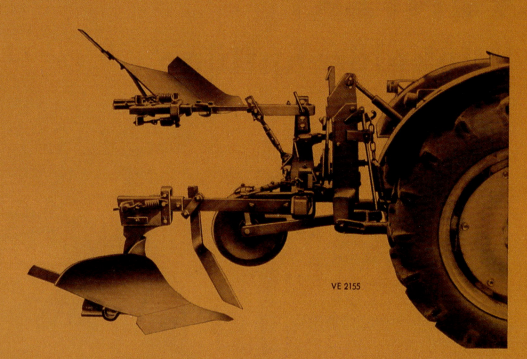

VE 2155

Pflüge mit Steinauslöser sind zu empfehlen auf Äckern mit vielen schweren Steinen.

Der Steinauslöser wird vom Werk auf eine bestimmte Auslösekraft eingestellt und plombiert. Die Einstellung ist so gewählt, daß jedes unnötige Auslösen vermieden wird, andererseits jede Verbiegung des Rahmens ausgeschlossen ist. Steinauslöser schützen den ganzen Pflug, also auch Pflugkopf und Schare; sie schonen den Schlepper.

| | Arbeits- | | Pflugkörper | | Rahmen- | Grindel- stärke | ohne Steinauslöser | | mit Steinauslöser | | Zugkraft etwa |
	breite	tiefe	Form	techn. Bez.	höhe	WDA	Bezeichnung und **Drahtwort**	kg	Bezeichnung und **Drahtwort**	kg	PS
Einfurchig	24	18	mittelsteil	P 24	50	60×20	WDA 24 EP	169	WDAF 24 EP	199	
	24	15	gewunden	Y 24	50	,,	24 EY	171	24 EY	201	
	26	18	universal	U 26	50	,,	24 EU	186	24 EU	216	
	26	23	mittelsteil	P 26	55	60×22	WDA 26 EP	181	WDAF 26 EP	211	15—20
	26	18	gewunden	Y 26	55	,,	26 EY	194	26 EY	224	
	26	21	universal	U 26	55	,,	26 EU	194	26 EU	224	
	26	20	lang gewunden	ex 18	55	,,	26 Ee	202			
	28	27	mittelsteil	P 28	55	60×30	WDA 28 EP	208	WDAF 28 EP	238	
	28	22	gewunden	Y 28	55	,,	28 EY	226	28 EY	256	
	28	25	universal	U 28	55	,,	28 EU	208	28 EU	238	
	28	20	lang gewunden	ex 18	55	,,	28 Ee	210			
	30	27	mittelsteil	P 30	55	,,	WDA 30 EP	215	WDAF 30 EP	245	17—24
	30	22	gewunden	Y 30	55	,,	30 EY	233	30 EY	263	
	30	25	universal	U 30	55	,,	30 EU	215	30 EU	245	
	30	20	lang gewunden	ex 18	55	,,	30 Ee	216			
	32	28	Tordix	rx 25	55	,,	WDA 32 Er	241	WDAF 32 Er	271	
Zweifurchig	44	15	mittelsteil	ni 14	50	60×20	WDA 22 Zi	200			
	44	15	gewunden	Y 24	50	,,	WDA 22 ZY	232			14—18
	48	18	mittelsteil	P 24	50	,,	WDA 24 ZP	259	WDAF 24 ZP	319	
	48	15	gewunden	Y 24	50	,,	24 ZY	263	24 ZY	323	
	48	18	universal	U 26	50	,,	24 ZU	293	24 ZU	353	15—24
	52	23	mittelsteil	P 26	55	60×22	WDA 26 ZP	272	WDAF 26 ZP	332	
	52	18	gewunden	Y 26	55	,,	26 ZY	298	26 ZY	358	
	52	21	universal	U 26	55	,,	26 ZU	298	26 ZU	358	20—34
	52	20	lang gewunden	ex 18	55	,,	26 Ze	314			
	56	27	mittelsteil	P 28	55	60×30	*WDA 28 ZP	342			
	56	22	gewunden	Y 28	55	,,	28 ZY	378			25—40
	56	25	universal	U 28	55	,,	28 ZU	342			
	56	20	lang gewunden	ex 18	55	,,	28 Ze	346			

* Spurweite ab 1,37 m.

Normalausrüstung: Spindelverstellbare Stützrolle, 1 Ersatzschar für jeden Pflugkörper, 2 Schlüssel, Fallstütze an den vorderen Körpern (alle Pflugkörper haben normal Spitzschare, nur der Tordix-Körper hat Winkelschar).

Grenzpflügen

Zum Grenzpflügen werden beim 2-Schar-Pflug die Pflughälften rechts gegen links vertauscht. Beim 1-Schar-Pflug wird wie beim 2-Schar-Pflug verfahren, die Winkelarme erhalten jedoch zusätzlich Aufsatzstücke.

Breitenverstellung des Winkeldrehpfluges

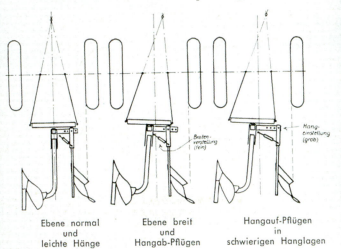

Ebene normal und leichte Hänge

Ebene breit und Hangab-Pflügen

Hangauf-Pflügen in schwierigen Hanglagen

VE 2159

Mit der Feineinstellung am Spannschloß kann die Arbeitsbreite bequem, schnell und genau geregelt werden. In Hanglagen läßt sich der Pflug mit der Feineinstellung bergauf steuern.

Die Grobeinstellung, die der Anpassung an verschiedene Spur- und Reifenbreiten dient, wird durch Umstecken der Grindelhalter am Winkelarm vorgenommen (verschiedene Löcher).

Velox-Pflugkörper „U"

Diese Körper eignen sich für höhere Arbeitsgeschwindigkeiten wie sie beim Schlepperbetrieb neuerdings üblich sind.

Scharf-Schare

Das im Mittelbereich der Schneide liegende Material ist gleichmäßig dünn ausgewalzt, dadurch schärft sich das Schar bei der Arbeit immer von selbst. Scharspitze und Ende sind verstärkt und im Bereich des Scharmeißels rechtwinklig hochgezogen. An den Ecken des Schars – sonst stark dem Verschleiß unterworfenen Stellen – entstehen keine Abrundungen.

**Kein Nachschmieden
keine abgerundeten Scharspitzen
saubere Furchenausräumung
saubere Furchenkante**

VE 2222

VE 2430
Y-Körper mit Scharfschar

VE 2428
Rückseite Y-Körper mit Scharfschar

Wir liefern zu unseren Pflügen VENTZKI-Scharfschare als Ersatzschare.

VENTZKI pflügt – VENTZKI pflegt

Für Regelhydraulik: Type WDAW

Wirkung der Regelhydraulik

Durch den Regelvorgang wird der Pflug nicht mehr nur gezogen, sondern auch vom Schlepper getragen. Damit wird die Schlepperhinterachse belastet. Gleichzeitig wird die Vorderachse entlastet. Sie gibt einen Teil des Gewichtes an die Hinterachse ab. Diese vermehrte Hinterachsbelastung mindert erheblich den Radschlupf.

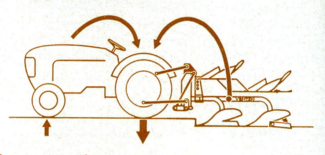

Der Seitenzug und sein Ausgleich

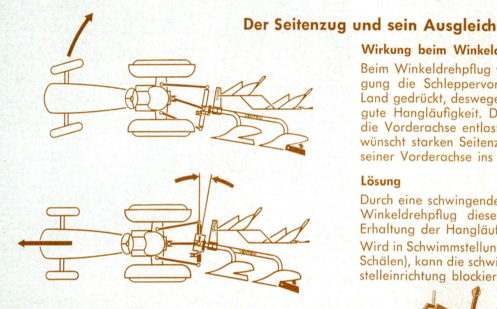

Wirkung beim Winkeldrehpflug

Beim Winkeldrehpflug wird durch die seitliche Aufhängung die Schleppervorderachse gegen das gepflügte Land gedrückt, deswegen hat der Winkeldrehpflug eine gute Hangläufigkeit. Da aber bei der Regelhydraulik die Vorderachse entlastet wird, ergibt das einen unerwünscht starken Seitenzug. Der Schlepper wandert mit seiner Vorderachse ins gepflügte Land.

Lösung

Durch eine schwingende Zugwelle wird beim VENTZKI-Winkeldrehpflug dieser unerwünschte Seitenzug bei Erhaltung der Hangläufigkeit ausgeglichen.

Wird in Schwimmstellung der Hydraulik gearbeitet (beim Schälen), kann die schwingende Zugwelle mit einer Feststelleinrichtung blockiert werden.

Spielfreie Regelung

Da der Pflug seinen Tiefgang nicht mehr selbst regeln kann, wird sein Arbeitswiderstand durch die im Oberlenker auftretenden Druck- und Zugkräfte abgetastet und damit die Arbeitstiefe durch entsprechendes hydraulisches Anheben oder Absenken selbsttätig gesteuert.

Beim VENTZKI-Winkeldrehpflug WDAW werden die Regelkräfte durch **kraftschlüssigen** Spielausgleich des Drehautomaten mit Hilfe der Zugkräfte im Unterlenker auf den Geber der Regelhydraulik übertragen (**kraftfreies** Spiel ergibt ungenaue Regelung).

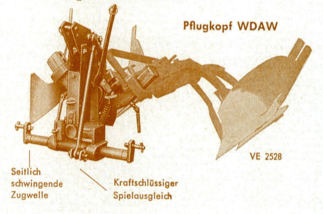

Pflugkopf WDAW

VE 2528

Seitlich schwingende Zugwelle — Kraftschlüssiger Spielausgleich

Arbeits-		Pflugkörper		Rahmen-	Pflüge mit Spielausgleich und seitl. schwingender Zugwelle		
breite	tiefe	Form	techn. Bez.	höhe	Bezeichnung und **Drahtwort**	Grindel- stärke	vollst. Gerät kg
zweifurchig							
48	18	mittelsteil	P 24	50	WDAW 24 ZP	60×25	286
48	15	gewunden	Y 24	50	24 ZY	"	290
48	18	universal	U 26	50	24 ZU	"	320
52	23	mittelsteil	P 26	55	WDAW 26 ZP	60×30	310
52	18	gewunden	Y 26	55	26 ZY	"	336
52	21	universal	U 26	55	26 ZU	"	336
52	20	lang gewunden	ex 18	55	26 Ze	"	349
56	27	mittelsteil	P 28	55	WDAW 28 ZP	"	346
56	22	gewunden	Y 28	55	28 ZY	"	382
56	25	universal	U 28	55	28 ZU	"	342
56	20	lang gewunden	ex 18	55	28 Ze	"	355

Normalausrüstung:
Verstärkte Grindel, ohne Stützrolle, 1 Ersatzschar pro Körper, 2 Schlüssel, Fallstütze an vorderen Körpern, Dreipunkt-Anschluß Kat. I (für leichtes Dreipunkt-Gestänge).

Für **Fordson-Schlepper** Sondertype **WDAR** bestellen. Preis wie WDAW.

Die Typen WDAW 24 und 26 sind auch mit Steinauslöser lieferbar. Bezeichnung **WDAWF**. Mehrpreis.

Sonderausrüstung für alle Winkeldrehpflüge WDA, WDAF, WDAS, WDAT, WDAW, WDAWF, WD:

Federnde Anlagen an hinteren Körpern kg 17 } (nur für WDAW und WDAWF)
Stützrolle mit Feststelleinrichtung zum Schälen

Kombikrümler „Quirl" mit Belastungsgewichten
1 Feld AKKF 75 kg 47

Mitnehmerarme } für Kombi-Krümler
Halter dazu

Für Hanomag-Schlepper Einrichtung „Pilot"

1 Paar Scheibensech mit Haltern
1 " Scheibensech komb. mit Düngereinleger und Haltern
1 " Messersech mit Haltern
1 " Vorschäler mit Haltern
1 " Düngereinleger mit Haltern
1 " Verlängerungen zum Grenzpflügen

Einheitsschälrahmen 3furchig

1 Satz Anschlußstücke

Einfurchenansatz zur Erweiterung auf 4furchig
100 30–81

Zusatzteile für schweres Dreipunktgestänge (Kat. II)

Verstärkt mit Rahmenstütze Type WDAT

Verstärkt Type WDAS

VE 2457

Für schwere Beanspruchung empfiehlt sich die Ausführung mit verstärkten Grindeln: **WDAS**

Der noch stabilere Winkeldrehpflug hat außer verstärkten Grindeln auch eine Rahmenstütze. Type **WDAT** (siehe Abbildung oben).

	Arbeits-		Pflugkörper		Rahmen- höhe cm	Verstärkte Grindel		Type WDAS mit verstärkten Grindeln		Type WDAT m. Rahmenst. u. verst. Grindeln		Zugkraft etwa PS
	breite	tiefe	Form	techn. Bez.		von	auf	Bezeichnung und **Drahtwort**	kg	Bezeichnung und **Drahtwort**	kg	
Einfurchig	24	18	mittelsteil	P 24	50	60×20/	60×25	WDAS 24 EP	177			15 bis 24
	24	15	gewunden	Y 24	50	60×20/	60×25	24 EY	179			
	26	18	universal	U 26	50	60×20/	60×25	24 EU	194			
	26	23	mittelsteil	P 26	55	60×22/	60×30	WDAS 26 EP	193			17 bis 30
	26	18	gewunden	Y 26	55	60×22/	60×30	26 EY	206			
	26	21	universal	U 26	55	60×22/	60×30	26 EU	206			
	26	20	lang gewunden	ex 18	55	60×22/	60×30	26 Ee	214			
	28	27	mittelsteil	P 28	55	60×30/	70×40	WDAS 28 EP	225			
	28	22	gewunden	Y 28	55	60×30/	70×40	28 EY	243			
	28	25	universal	U 28	55	60×30/	70×40	28 EU	225			
	28	20	lang gewunden	ex 18	55	60×30/	70×40	28 Ee	227			20 bis 34
	30	27	mittelsteil	P 30	55	60×30/	70×40	WDAS 30 EP	232			
	30	22	gewunden	Y 30	55	60×30/	70×40	30 EY	250			
	30	25	universal	U 30	55	60×30/	70×40	30 EU	232			
	30	20	lang gewunden	ex 18	55	60×30/	70×40	30 Ee	234			
	32	28	Tordix	rx 25	55	60×30/	70×40	WDAS 32 Er	258			
Zweifurchig	48	18	mittelsteil	P 24	50	60×20/	60×25	WDAS 24 ZP	274			
	48	15	gewunden	Y 24	50	60×20/	60×25	24 ZY	278			
	48	18	universal	U 26	50	60×20/	60×25	24 ZU	308			
	52	23	mittelsteil	P 26	55	60×22/	60×30	WDAS 26 ZP	295	WDAT 26 ZP	324	28 bis 40
	52	18	gewunden	Y 26	55	60×22/	60×30	26 ZY	321	26 ZY	350	
	52	21	universal	U 26	55	60×22/	60×30	26 ZU	321	26 ZU	350	
	52	20	lang gewunden	ex 18	55	60×22/	60×30	26 Ze	337	26 Ze	366	
	56	27	mittelsteil	P 28	55	60×30				* WDAT 28 ZP	360	
	56	22	gewunden	Y 28	55	60×30				28 ZY	396	
	56	25	universal	U 28	55	60×30				28 ZU	360	
	56	20	lang gewunden	ex 18	55	60×30				28 Ze	364	

* Spurweite über 1,37 m

Winkeldrehpflug »TROLL« handgedreht, Type WD

Leichtere Winkeldrehpflüge, insbesondere einfurchige Typen, lassen sich auch ohne automatische Drehvorrichtung leicht von Hand drehen.

Der Körperwechsel erfolgt durch einen bequem vom Schleppersitz aus erreichbaren Handhebel.

Die Type **WD** besitzt die gleiche Bauhöhe und die gleichen Durchgänge wie der vollautomatische **WDA**. Stopfungsfreie Arbeit ist trotz kurzer Bauart gewährleistet.

Auch das Stützrad läßt sich mühelos vom Schleppersitz aus einstellen.

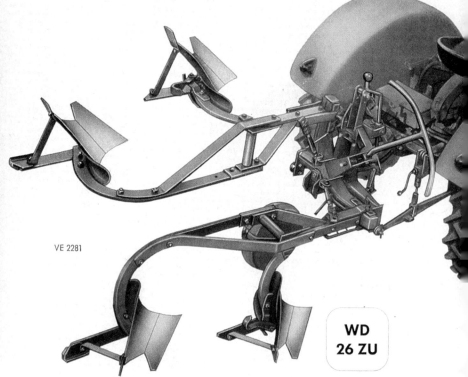

VE 2281

WD 26 ZU

	Arbeits-		Pflugkörper		Rahmen-höhe	Pflüge ohne Steinauslöser		Pflüge mit Steinauslöser		Zugkraft etwa PS
	breite	tiefe	Form	techn. Bez.		Bezeichnung und **Drahtwort**	kg	Bezeichnung und **Drahtwort**	kg	
Einfurchig	24	18	mittelsteil	P 24	50	**WD 24 EP**	156	**WDF 24 EP**	186	
	24	15	gewunden	Y 24	50	**24 EY**	158	**24 EY**	186	12-17
	26	18	universal	U 26	50	**24 EU**	173	**24 EU**	203	
	26	23	mittelsteil	P 26	55	**WD 26 EP**	168	**WDF 26 EP**	198	
	26	18	gewunden	Y 26	55	**26 EY**	181	**26 EY**	211	15-20
	26	21	universal	U 26	55	**26 EU**	181	**26 EU**	211	
	26	20	lang gewunden	ex 18	55	**26 Ee**	189			
	28	27	mittelsteil	P 28	55	**WD 28 EP**	195	**WDF 28 EP**	225	
	28	22	gewunden	Y 28	55	**28 EY**	213	**28 EY**	243	
	28	25	universal	U 28	55	**28 EU**	195	**28 EU**	225	
	28	20	lang gewunden	ex 18	55	**28 Ee**	197			
	30	27	mittelsteil	P 30	55	**WD 30 EP**	202	**WDF 30 EP**	232	17-24
	30	22	gewunden	Y 30	55	**30 EY**	220	**30 EY**	250	
	30	25	universal	U 30	55	**30 EU**	202	**30 EU**	232	
	30	20	lang gewunden	ex 18	55	**30 Ee**	202			
Zweifurchig	44	15	mittelsteil	ni 14	50	**WD 22 Zi**	187	—	—	
	44	15	gewunden	Y 24	50	**22 ZY**	219	—	—	14-18
	48	18	mittelsteil	P 24	50	**WD 24 ZP**	246	**WDF 24 ZP**	306	
	48	15	gewunden	Y 24	50	**24 ZY**	250	**24 ZY**	310	15-24
	48	18	universal	U 26	50	**24 ZU**	265	**24 ZU**	306	
	52	23	mittelsteil	P 26	55	**WD 26 ZP**	259	**WDF 26 ZP**	319	
	52	18	gewunden	Y 26	55	**26 ZY**	285	**26 ZY**	345	20-34
	52	21	universal	U 26	55	**26 ZU**	285	**26 ZU**	345	
	52	20	lang gewunden	ex 18	55	**26 Ze**	301			

Normalausrüstung: Spindelverstellbare Stützrolle, 1 Ersatzschar je Pflugkörper, Fallstütze an den vorderen Körpern, 2 Schlüssel (alle Pflugkörper haben Spitzschare).

Sonderausrüstung: Siehe Seite 4

VENTZKI-Einrichtung „KAMERAD" zur Raddruckverstärkung des Schleppers (siehe Sonderprospekt Nr. 11)

Bitte Schleppertype angeben

Verstärkte Grindel für WD
Grindel **normal** WD 24 60×20 mm Grindel **verstärkt** WDS 24 60×25 mm
                WD 26 60×22 mm   WDS 26 60×30 mm

Umbau Tatzel-Pflüge
Die Hinterpflüge unserer Viergelenkpflüge „Tatzel" können an den Pflugkopf unserer Winkeldrehpflüge „Troll" und „Treff" nach Einfügung von Zwischenstücken angeschlossen werden, wenn keine Steinauslöser vorhanden sind:
1 Paar Grindelhalter,
1 Paar Zwischenstücke für den Anschluß „Tatzel" TW 24.

EBERHARDT BÄR

Anbau-Beet-Saatpflüge mit Grenzpflug-Semimatic
für Schlepper mit Kraftheber und Dreipunkt-Aufhängung

Abbildungen
links: BÄR 392, 2-furchig, umgestellt zum Grenzpflügen
unten: BÄR 392, 2-furchig, beim normalen Beetpflügen

EBERHARDT-Semimatic-Grenzpflug (DBP. und Auslandspatent) bedeutet: ein Griff - und Ihr Pflug ist zum Grenzpflügen umgeschaltet. Diese EBERHARDT-Beetpflüge haben noch weitere Vorteile: Aufbau ähnlich wie die normalen BÄR-Pflüge · Sehr einfacher und leichter Anbau wie bei allen anderen Dreipunkt-Anbaupflügen · Wahlweise 3-, 2- oder 1-furchig einzusetzen · Umbau zum 3-furchigen Schälpflug möglich (BÄR 292 und 392) · Alle Bedienungsgriffe — auch der für das Stützrad — außer bei BÄR 191 in bequemer Reichweite des Fahrers; sie lassen sich während der Arbeit leicht handhaben. BÄR 292 und BÄR 392 haben eine eingebaute Schnellschnittbreitenverstellung, die ebenso vom Schleppersitz aus bedient werden kann. Ausheben und Einsetzen durch den Kraftheber am Schlepper · Robuste, einfache Pflugbauweise die wenig Wartung erfordert und die den Bedürfnissen besonders der parzellierten Betriebe Rechnung trägt.

BÄR 191 (TBSB 191)

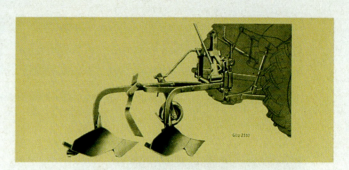

Normalausrüstung: 1 Stück   kg   **DM**
1 Messersech Mes-s. 890 mit Halter zum hinteren Körper ..   5,5   **17,—**

Umbaumöglichkeiten:
2-furchig in 1-furchig

BÄR 191 2-furchig	Körpermarke	M 160	W 140	U 180	WS 140	Rahmen- höhe cm	Körperlängs- entfernung cm	Schlepper- stärke
	Tiefgang bis cm	19	17	21	17	50	60	10—14 PS
	Arbeitsbreite cm	48	48	48	48			
	Gewicht ca. kg	111	115	122	124			
Preis DM	mit Normalausrüstg.	624,—	634,—	662,—	658,—			
	ohne	607,—	617,—	645,—	641,—			

Sonderausrüstungen: 1 Stück   kg   **DM**
Düngereinleger DB 760 mit Halter und Ersatzschar samt
Schrauben vor jed. Körper (auch als Vorschäler verwendbar)   7,0   **30,—**
Rundsech 2820 mit Halter vor jedem Körper   8,0   **65,—**
Rundsech 2831, kombiniert mit Düngereinleger samt Halter
und Ersatzschar mit Schrauben vor jedem Körper   13,0   **108,—**

    1 Stück   kg   **DM**
Momenttiefgangverstellung Mo-ti-v. 1050 G Größe 1   7,0   **66,—**
FENDT-Schlepper (F), Zusatzausrüstung erforderlich ....   kein Mehrpr.
HANOMAG-Schlepper (HA), ohne Pilotvorrichtung,
Zusatzausrüstung erforderlich ....   mehr   **30,—**
STEYR-Schlepper (SY), Zusatzausrüstung erforderlich:
1 Stecker 7540 U 1 mit Zubehör ....   mehr   **3,—**

BÄR 292 (TBSB 292)

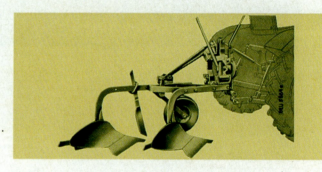

Normalausrüstung: 1 Stück   kg   **DM**
1 Messersech Mes-s. 890 mit Halter zum hinteren Körper ..   5,5   **17,—**

Umbaumöglichkeiten:
2-furchig in 1-furchig, 2-furchig mit Zusatzrahmen zum 3-furch. Schälpflug.

BÄR 292 2-furchig	Körpermarke	S 16	M 16	M 16/20	W 14	BW 6	BM 8 S 4	Rahmen- höhe cm	Körperlängs- entfernung cm	Schlepper- stärke
	Tiefgang bis cm	19	19	23	17	16	20	52	60	12—18 PS
	Arbeitsbreite cm	48	48	48	48	48	48			
	Gewicht ca. kg	164	167	170	172	175	183			
Preis DM	mit Normalausrüstg.	837,—	837,—	851,—	851,—	851,—	880,—			
	ohne	820,—	820,—	834,—	834,—	834,—	863,—			

Sonderausrüstungen: 1 Stück   kg   **DM**
Zusatzrahmen zum Umbau in einen 3-furchigen Schälpflug
ohne Körper   17,0   **63,—**
Düngereinleger DB 760 mit Halter und Ersatzschar samt
Schrauben vor jed. Körper (auch als Vorschäler verwendbar)   7,0   **30,—**
Scheibenvorschäler 330 mm ⌀ mit Halter vor jedem Körper .   14,5   **80,—**
Rundsech 2820 mit Halter vor jedem Körper   8,0   **65,—**
Rundsech 2832, kombiniert mit Düngereinleger samt Halter
und Ersatzschar mit Schrauben vor jedem Körper   13,0   **108,—**

    1 Stück   kg   **DM**
Momenttiefgangverstellung Mo-ti-v. 1050 G Größe 1   7,0   **66,—**
STEYR- (SY), FENDT-Schlepper (F), Zusatzausrüstg. erforderl.   kein Mehrpr.
HANOMAG-Schlepper (HA), ohne Pilotvorrichtung,
Zusatzausrüstung erforderlich ....   mehr   **30,—**
HANOMAG-Schlepper (HAP), mit Pilotvorrichtung,
Anbauteile hierzu (A-t. 2050 G) ....   **56,—**
Zum HANOMAG-Schlepper (HAP), Pflug ohne Stützrad,
ohne Schleifsohlen ....   weniger   **119,—**
zum Schälen ist Stützrad erforderlich

Pflugkörperformen: S = steil, für sandige Bodenart.   M = mittelsteil, für mittelschwere Bodenart.   L = liegend, für mittelschwere u. schwere Bodenart.

BÄR 392 (TBSB 392)

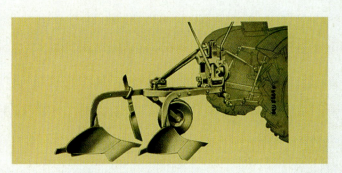

Normalausrüstung: 1 Stück kg DM
1 Messersech Mes-s. 568 mit Halter zum hinteren Körper . . 6,5 **19,—**

Umbaumöglichkeiten:
2-furchig in 1-furchig, 2-furchig mit Zusatzrahmen zum 3-furch. Schälpflug.
Verstellbare Körperlängsentfernung.

BÄR 392 2-furchig	Körpermarke	M 200	L 200	W 180	M 220	WS 160	U 200	U 20/250	WS 180 K	Rahmen-höhe cm	Körperlängs-entfernung cm	Schlepper-stärke
	Tiefgang bis cm	23	23	21	25	19	23	28	20	55	65/81	15—24 PS
	Arbeitsbreite cm	52	52	52	52	52	52	52	52			
	Gewicht ca. kg	199	207	204	205	207	207	201	215			
Preis DM	mit Normalausrüstg.	916,—	952,—	952,—	946,—	956,—	940,—	960,—	1030,—			
	ohne	897,—	933,—	933,—	927,—	937,—	921,—	941,—	1011,—			

Sonderausrüstungen: 1 Stück kg DM

Überlastungssicherung (BÄR-ü 392) (nicht für Ansatzrahmen
zum 3. Körper) . . . . je Körper 4,0 **65,—**
Beim 3-furchigen Schälpflug wird 1 Messersech Mes-s. 586
mit Halter zum 2. Körper statt Messersech Mes-s. 568 benötigt 6,5 **19,—**
Düngereinleger DB 8 ex mit Halter und Ersatzschar samt
Schrauben z. BÄR 392 vor jedem Körper (auch als Vorschäler
verwendbar) . . . . 9,0 **36,—**
Düngereinleger DB 842 mit Halter und Ersatzschar samt
Schrauben z. BÄR-ü 392 vor jedem Körper (auch als Vorschäler
verwendbar) . . . . 9,0 **36,—**
Scheibenvorschäler 330 mm ⌀ mit Halter vor jedem Körper 14,5 **80,—**

1 Stück kg DM
Rundsech 3320 mit Halter vor jedem Körper . . . . 9,0 **68,—**
Rundsech 3332, kombiniert mit Düngereinleger samt Halter
und Ersatzschar mit Schrauben vor jedem Körper . . . . . . 15,0 **111,—**
Momenttiefgangverstellung Mo-ti-v. 1050 G Größe 1 . . . . 7,0 **66,—**
Zusatzrahmen für 3. Körper zum Schälpflug (ohne Körper) . 22,0 **68,—**
HANOMAG-Schlepper (HA), ohne Pilotvorrichtung,
Zusatzausrüstung erforderlich . . . . mehr **30,—**
HANOMAG-Schlepper (HAP), mit Pilotvorrichtung,
Anbauteile hierzu (A-t. 2050 G) . . . . **56,—**
Zum HANOMAG-Schlepper (HAP), Pflug ohne Stützrad,
ohne Schleifsohlen . . . . weniger **119,—**
zum Schälen ist Stützrad erforderlich
STEYR- (SY), FENDT-Schlepper (F), Zusatzausrüstg. erforderl. kein Mehrpr.

BÄR 590 (TBSB 590)

Normalausrüstung: kg DM
2 bzw. 3 Düngereinleger DB 8 ex mit Haltern und Ersatzscha-
ren samt Schrauben . . . . 1 Stück 9,0 **36,—**
Anschlußmaße nach Größe 1
Beim 3-furchigen Pflug sind die beiden hinteren Körper mit
langer Anlage ausgerüstet.

Umbaumöglichkeiten:
2-furchig durch zusätzliches Rahmenteil in 3-furchig
Verstellbare Körperlängsentfernung

BÄR 590 2-furchig	Körpermarke	U 200	L 200	W 180	WS 160	U 20/250	M 220	M 280	M 280 Marsch	WS 180 K	SF 220*	Rahmen-höhe cm	Körperlängs-entfernung cm	Schlepper-stärke
	Tiefgang bis cm	23	23	21	18	26	25	31	31	20	25	60	75/90	25—35 PS *30—40 PS
	Arbeitsbreite cm	48/58	48/58	48/58	48/58	48/58	48/58	48/58	48/58	48/58	48/58			
	Gewicht ca. kg	339	339	336	339	333	337	344	343	346	353			
Preis DM	mit Normalausrüstg.	1479,—	1491,—	1491,—	1495,—	1499,—	1485,—	1521,—	1521,—	1569,—	1567,—			
	ohne	1407,—	1419,—	1419,—	1423,—	1427,—	1413,—	1449,—	1449,—	1497,—	1495,—			

BÄR 590 3-furchig	Körpermarke	U 200	L 200	W 180	WS 160	U 20/250	M 220	M 280	M 280 Marsch	WS 180 K	Rahmen-höhe cm	Körperlängs-entfernung cm	Schlepper-stärke
	Tiefgang bis cm	23	23	21	18	26	25	31	31	20	60	75/90	30—40 PS
	Arbeitsbreite cm	72/87**	72/87**	72/87**	72/87**	72/87**	72/87**	72/87**	72/87**	72/87**			
	Gewicht ca. kg	408	408	404	408	399	405	416	415	420			
Preis DM	mit Normalausrüstg.	1743,—	1763,—	1763,—	1769,—	1773,—	1754,—	1808,—	1808,—	1880,—			
	ohne	1635,—	1655,—	1655,—	1661,—	1665,—	1646,—	1700,—	1700,—	1772,—			

* Pflugkörper für höhere Arbeitsgeschwindigkeit

Sonderausrüstungen: 1 Stück kg DM

Rundsech 3920 mit Halter vor jedem Körper . . . . 13,0 **80,—**
Rundsech 3934, kombiniert mit Düngereinleger samt Halter
und Ersatzschar mit Schrauben vor jedem Körper . . . . . 21,0 **124,—**
Ausleger (Au-l. 1314 G) für Eggenanhängung . . . . 25,0 **80,—**
Kombi-Krümler **QUIRL** siehe Sonderprospekt Mo 2635
Momenttiefgangverstellung Mo-ti-v. 1050 G für Größe 1,
Mo-ti-v. 1060 G für Größe 2 . . . . 7,0 **66,—**
Anschlußmaße nach Größe 2 (BÄR 590 II) . . . . . kein Mehrpr.
** Rahmenteil 169290 U 1 zum Umbau auf Breitschnitt . . . 22,0 **63,—**
STEYR-Schlepper (SY), Zusatzausrüstung erforderlich:
1 Stecker 7540 U 1 mit Zubehör . . . . mehr **3,—**

1 Stück kg DM
HANOMAG-Schlepper (HAP), mit Pilotvorrichtung,
Anbauteile hierzu (A-t. 2040 G) . . . . **45,—**
Zum HANOMAG-Schlepper (HAP), Pflug ohne Stützrad,
ohne Schleifsohlen . . . . weniger **212,—**
zum Schälen ist Stützrad erforderlich
Ausrüstung für Schlepper mit Regelhydraulik*** (Pflug ohne
Stützrad und Schleifsohlen, mit Abstellstütze) . . . weniger **182,—**
Anbauböcke zur Radschlupfverminderung für die verschie-
denen Schlepper auf Anfrage
*** Bei Bestellung bitte genaue Schleppertype angeben.

W, WS, und SF = gewunden, für schwere oder verwachsene Bodenart.   BM und U = universal, für leichte bis schwere Bodenart.

BÄR 690 (TBSB 690)

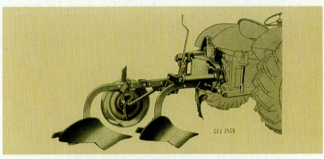

Normalausrüstung: 1 Stück   kg   DM
2 bzw. 3 Düngereinleger DB 8 ex mit Haltern und Ersatzscharen samt Schrauben (auch als Vorschäler verwendbar) . . .   9,0   36,—
Beim 3-furchigen Pflug sind die beiden hinteren Körper mit langer Anlage ausgerüstet.

Umbaumöglichkeiten:
2-furchig durch zusätzliches Rahmenteil in 3-furchig
Verstellbare Körperlängsentfernung

	Körpermarke	U 200	L 200	W 180	WS 160	U 20/250	M 220	M 280	M 280/Marsch	WS 180 K	SF 220*	Rahmenhöhe cm	Körperlängsentfernung cm	Schlepperstärke
BÄR 690 2-furchig	Tiefgang bis cm	23	23	21	19	28	25	31	31	21	25	60	75/90	25–35 PS
	Arbeitsbreite cm	48/64	48/64	48/64	48/64	48/64	48/64	48/64	48/64	48/64	48/64			
	Gewicht ca. kg	343	343	340	343	347	341	348	347	350	357			
Preis DM	mit Normalausrüstg.	1562,—	1574,—	1574,—	1578,—	1582,—	1568,—	1604,—	1604,—	1652,—	1650,—			
	ohne	1490,—	1502,—	1502,—	1506,—	1510,—	1496,—	1532,—	1532,—	1580,—	1578,—			

	Körpermarke	U 200	L 200	W 180	WS 160	U 20/250	M 220	M 280	M 280/Marsch	WS 180 K	Rahmenhöhe cm	Körperlängsentfernung cm	Schlepperstärke
BÄR 690 3-furchig	Tiefgang bis cm	23	23	21	19	28	25	31	31	21	60	75/90	30–40 PS
	Arbeitsbreite cm	72/96**	72/96**	72/96**	72/96**	72/96**	72/96**	72/96**	72/96**	72/96**			
	Gewicht ca. kg	420	420	416	420	411	417	428	427	432			
Preis DM	mit Normalausrüstg.	1903,—	1923,—	1923,—	1929,—	1933,—	1914,—	1968,—	1968,—	2040,—			
	ohne	1795,—	1815,—	1815,—	1821,—	1825,—	1806,—	1860,—	1860,—	1932,—			

* Pflugkörper für höhere Arbeitsgeschwindigkeit

Sonderausrüstungen: 1 Stück   kg   DM

Rundsech 3920 mit Halter vor jedem Körper 13,0   80,—
Rundsech 3934, kombiniert mit Düngereinleger samt Halter und Ersatzschar mit Schrauben vor jedem Körper 21,0   124,—
Ausleger (Au-l. 1314 G) für Eggenanhängung 25,0   80,—
** Rahmenteil 109880 zum Umbau auf Breitschnitt 15,0   41,—
Momenttiefgangverstellung Mo-ti-v. 1050 G für Größe 1,
Mo-ti-v. 1060 G für Größe 2 7,0   66,—
Anschlußmaße nach Größe 2 (BÄR 690 II) . . . . kein Mehrpr.
STEYR-Schlepper (SY), Zusatzausrüstung erforderlich:
1 Stecker 7540 U 1 mit Zubehör . . . . mehr   3,—

   1 Stück   kg   DM

HANOMAG-Schlepper (HAP), mit Pilotvorrichtung,
Anbauteile hierzu (A-t. 2040 G)   45,—
Zum HANOMAG-Schlepper (HAP), Pflug ohne Stützrad, ohne Schleifsohlen . . . . weniger   212,—
zum Schälen ist Stützrad erforderlich
Ausrüstung für Schlepper mit Regelhydraulik*** (Pflug ohne Stützrad und Schleifsohlen, mit Abstellstütze) . . weniger   182,—
Anbauböcke zur Radschlupfverminderung für die verschiedenen Schlepper auf Anfrage
*** Bei Bestellung bitte genaue Schleppertype angeben.

Der BÄR als Semimatic-Grenzpflug

Diese für den Landwirt so praktische Einrichtung ist ein Teil des EBERHARDT-Beetpfluges.

Vor der letzten Furche — jener Furche, die Ihnen seither nur Mühe und schwere Arbeit gebracht hat, stellen Sie ihren Pflug um; vorwählen, ausheben, einsetzen und umschalten und weiterfahren.

Sie brauchen nicht vom Schlepper abzusteigen und pflügen Ihren Acker zu Ende, so einfach und zügig, wie Sie begonnen haben.

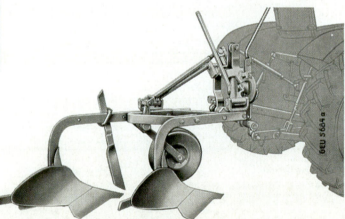

Gebrüder Eberhardt

Pflugfabrik · Ulm (Donau) · Postfach 204
Tel. (0731) 6 19 31 · Fernschreiber 0712 875
Telegr.-Anschr.: Eberhardtwerke Ulmdonau

Verk.-Büro u. Lager Langenhagen 1 (Hann.) · Am Brinker Hafen 10 · Postf. 61
Tel. Hann. 66 79 15 · FS: Hannover 0922 209 · Bahnst. Vinnhorst (Anschlußgl.)
Verk.-Büro u. Lager Landshut (Ndb.) · Ladehofplatz 6 · Tel.: Landshut 31 35

Grundlage: Unsere Lieferbedingungen · Ausgabe 1. 1. 1962 · Gewichte und Abbildungen unverbindlich · Änderungen vorbehalten · Zu beziehen durch:

Mo 2605b 1.62

Anbau-Winkeldrehpflüge mit Semimatic
für Schlepper mit Kraftheber und Dreipunkt-Aufhängung

Ein Pflugtyp für alle Boden- und Geländeverhältnisse in 5 Größen, sorgfältig aufeinander abgestimmt. Für Schlepper mit Kraftheber und Dreipunkt-Aufhängung von 10—40 PS, jeweils mit entsprechenden Anschlußmaßen.

Jeder Anbau-Winkeldrehpflug WOLF besticht schon rein äußerlich durch seine moderne, ja elegante Form. Die nüchterne Zweckmäßigkeit hat hier eine zeitnahe, formschöne Linie erhalten. Die technischen Vorzüge sind dabei nicht zu übersehen:
Der weit vornliegende Geräteschwerpunkt, die Vorteile der verblüffend einfachen Drehvorrichtung (SEMIMATIC), die mit der Gerätekoppel zusammengefaßt ist, zeichnen diesen Pflug ganz besonders aus. Die Bedienung erfolgt durch einfachen Handgriff vom Schleppersitz aus; der Pflügende bestimmt selbst den günstigsten Zeitpunkt des Drehvorgangs. Die automatische Lenkerverschiebung gewährleistet eine sichere Führung am Hang. Exakte Pflugtiefe und Arbeitsbreite ist eine Selbstverständlichkeit. Besonders sind die vielseitigen Umbaumöglichkeiten zu erwähnen.

Eine große Anzahl von Sonderausrüstungen stehen für jede Größe des WOLF zur Verfügung. Für die kombinierte Arbeitsweise — Pflügen und Krümeln in einem Arbeitsgang — ist der Kombi-Krümler „QUIRL" lieferbar, der mit einem Ausleger am Pflug mitgeführt wird und selbsttätig aus- und einhängt.

WOLF mit Kombi-Krümler QUIRL: Pflügen + Krümeln = saatbettfertig in einem Arbeitsgang. Der Ausleger zieht den Kombi-Krümler QUIRL neben dem Pflug her.

WOLF 131 (TDBW 131)

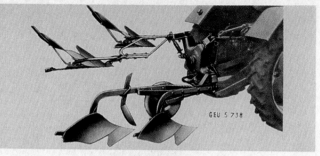

Normalausrüstung: 1 Stück   kg   DM

2 Messerseche 920/921 mit Haltern zum 1-furchigen Pflug, mit Körpern M 20 usw. und zum 1- und 2-furchigen Pflug mit Körpern BM 8 S 4, BW 6   6,0   19,—

2 Messerseche 572/573 mit Haltern zum 1-furchigen und 2-furchigen Pflug mit Körpern M 12, M 16, W 14, WG 11 6,5   19,—
Anschlußmaße nach Größe 1

Umbaumöglichkeiten:
2- in 1-furchig, verstellbare Körperlängsentfernung

WOLF 131 1-furchig	Körpermarke	M 20	W 18	BW 7	M 25	BM 9 S 4	BM 9/10 S 4	MBW 8 SK 4	Rahmenhöhe cm	Körperlängsentfernung cm	Schlepperstärke
	Tiefgang bis cm	23	21	18	28	23	26	20	52	—	10–18 PS
	Arbeitsbreite cm	26	26	26	28	27	27	30			
	Gewicht ca. kg	185	192	192	191	196	200	203			
Preis DM	mit Normalausrüstg.	1016,—	1038,—	1038,—	1038,—	1046,—	1064,—	1114,—			
	ohne	978,—	1000,—	1000,—	1000,—	1008,—	1026,—	1076,—			

WOLF 131 2-furchig	Körpermarke	M 12	WG 11	M 16	M 16/20	W 14	BW 6	BM 8 S 4	Rahmenhöhe cm	Körperlängsentfernung cm	Schlepperstärke
	Tiefgang bis cm	15	14	19	23	17	16	20	49	60/71	10–18 PS
	Arbeitsbreite cm	48	48	48	48	48	48	48			
	Gewicht ca. kg	224	242	238	244	248	254	270			
Preis DM	mit Normalausrüstg.	1182,—	1242,—	1242,—	1270,—	1270,—	1270,—	1328,—			
	ohne	1144,—	1204,—	1204,—	1232,—	1232,—	1232,—	1290,—			

2-furchige Rahmen rechts- u. linkswendend	Körpermarke	M 12	WG 11	M 16	M 16/20	W 14	BW 6	BM 8 S 4	Rahmenhöhe cm	Körperlängsentfernung cm	Schlepperstärke
	Tiefgang bis cm	15	14	19	23	17	16	20	49	60/71	10–18 PS
	Arbeitsbreite cm	48	48	48	48	48	48	48			
	Gewicht ca. kg	138	156	152	158	162	169	184			
Preis DM	mit Normalausrüstg.	602,—	662,—	662,—	690,—	690,—	690,—	748,—			
	ohne	564,—	624,—	624,—	652,—	652,—	652,—	710,—			

Sonderausrüstungen: 1 Stück   kg   DM

Düngereinleger vor jedem Körper (auch als Vorschäler verwendbar)
- DB 8 ex mit Halter und Ersatzschar zum 1-furchigen Pflug   9,0   36,—
- DB 760/761 mit Haltern u. Ersatzscharen z. 2-furchigen Pflug   7,0   30,—
- DB 7f mit Halter und Ersatzschar zum 2-furchigen Pflug für die Körper BM 8 S 4, BW 6   6,5   28,—

Rundseche vor jedem Körper
- 2820 mit Halter zum 2-furchigen Pflug   8,0   65,—
- 3320 mit Halter zum 1-furchigen Pflug   9,0   68,—
- 2832 mit Halter zum 2-furchigen Pflug, kombiniert mit Düngereinleger   13,0   108,—
- 3333 mit Halter zum 1-furchigen Pflug, kombiniert mit Düngereinleger   15,0   111,—

   1 Stück   kg   DM

Momenttiefgangverstellung 1050 G* 7,0   66,—
Ausleger (Au-l. 1514 G) zum Grenzpflügen für 1- und 2-furchigen Pflug 18,0   78,—
Stützrad gummibereift, Ra 40184 (Hohlkammerreifen) mehr   17,—
Kombi-Krümler **QUIRL** siehe Sonderprospekt Mo 2635

Sonderausrüstung für Schlepper mit RDV-Vorrichtung
- bei Mitlieferung .... mehr   40,—
- bei Nachlieferung .... mehr   67,—

STEYR-Schlepper (SY), Zusatzausrüstung erforderlich   3,—
* zum FENDT-Schlepper zusätzlich 1 Büg. 45480 U 1 mehr   14,—
Anbauböcke zur Radschlupfverminderung je nach Schlepper auf Anfrage

Die wesentlichsten Vorzüge

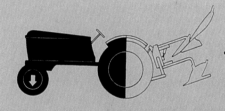

Gerätekoppel und Drehvorrichtung zusammengefaßt
Kurzer Abstand zwischen Gerät und Schlepper · Schonung der Hydraulik · Geringere Entlastung der Vorderachse · Verringerung der Sohlenkräfte · Gute Lenkfähigkeit bei ausgehobenem Pflug.

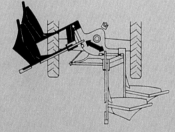

Weit auseinanderliegende Pflughälften
Zusätzliche Belastung des Schlepper-Landrades · Radschlupfminderung · Mehr Platz für Vorwerkzeuge.

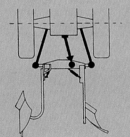

Automatische Lenkerverschiebung
Geringere Anlagenkräfte · Sichere Führung auch am Hang und beim Schälen.

Einzel-Rahmenverstellung
Ausgleichmöglichkeit bei ungleichem Sohlendruck der beiden Pflughälften, z. B. bei ungleich nachgeschärften Scharen.

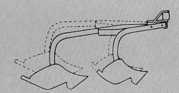

WOLF-s 231 (TDBW-s 231)

Normalausrüstung:	1 Stück kg	DM
2 Messerseche 572/573 mit Haltern zum 1- und 2-furchigen WOLF-s 231 und WOLF-üs 230 mit Körpern M 16, M 16/20 und W 14	6,5	19,—
2 Messerseche 920/921 mit Haltern zum 1- und 2-furchigen WOLF-s 231 mit Körpern BM 8 S 4 und BW 6	6,5	19,—
2 Messerseche 570/571 mit Haltern zum 1- und 2-furchigen WOLF-H 230	6,5	19,—

Anschlußmaße nach Größe 1

Umbaumöglichkeiten:
2- in 1-furchig, verstellbare Körperlängsentfernung

WOLF-s 231 2-furchig	Körpermarke	M 16	M 16/20	W 14	BW 6	BM 8 S 4	Rahmen-höhe cm	Körperlängs-entfernung cm	Schlepper-stärke
	Tiefgang bis cm	19	23	17	16	20	49	60/71	12—22 PS
	Arbeitsbreite cm	48/54**	48/54**	48/54**	48/54**	48/54**			
	Gewicht ca. kg	257	263	267	273	288			
Preis DM	mit Normalausrüstg.	**1321,—**	**1349,—**	**1349,—**	**1349,—**	**1407,—**			
	ohne	1283,—	1311,—	1311,—	1311,—	1369,—			

WOLF-üs 230 2-furchig	Körpermarke	M 16	M 16/20	W 14	BW 6	BM 8 S 4	Rahmen-höhe cm	Körperlängs-entfernung cm	Schlepper-stärke
	Tiefgang bis cm	19	23	17	16	20	49	66/74	12—22 PS
	Arbeitsbreite cm	48/54	48/54	48/54	48/54	48/54			
	Gewicht ca. kg	281	287	291	297	312			
Preis DM	mit Normalausrüstg.	**1480,—**	**1508,—**	**1508,—**	**1508,—**	**1566,—**			
	ohne	1442,—	1470,—	1470,—	1470,—	1528,—			

Sonderausrüstungen:	1 Stück kg	DM
Düngereinleger vor jedem Körper (auch als Vorschäler verwendbar)		
DB 760/761 mit Haltern und Ersatzscharen	7,0	30,—
DB 7f mit Halter und Ersatzschar für die Körper BM 8 S 4, BW 6 (WOLF-s 231 und WOLF-üs 230)	6,5	28,—
DB 842/843 mit Haltern und Ersatzscharen (WOLF-H 230)	9,0	36,—
Rundseche vor jedem Körper		
2820 mit Halter	8,0	65,—
3920 mit Halter zum WOLF-H 230	13,0	80,—
2832 mit Halter, kombiniert mit Düngereinleger	13,0	108,—
3934 mit Halter, komb. mit Düngereinleger zum WOLF-H 230	21,0	124,—
Scheibenvorschäler 330 mm ⌀ mit Halter vor jedem Körper	14,5	80,—
Momenttiefgangverstellung 1050 G*	7,0	66,—
* zum FENDT-Schlepper zusätzlich 1 Büg. 45480 U 1 mehr		14,—
Ausleger (Au-l. 1514 G) zum Grenzpflügen für 1-furchig. Pflug	18,0	78,—
Stützrad gummibereift, Ra 40184 (Hohlkammerreifen) mehr		17,—
Kombi-Krümler **QUIRL** siehe Sonderprospekt Mo 2635		
** 2 Beilagen für Breitschnitteinstellung . . . . je		10,50
HANOMAG-Piloteinrichtung (HAP) mit Anbauteilen,		
bei Mitlieferung (ohne Stützrad)		362,—
bei Nachlieferung		470,—

	1 Stück kg	DM
Eicher-Geräteträger Typ G 200 (Ei) Zusatzteile erforderlich. mehr		35,—
STEYR-Schlepper (SY), Zusatzausrüstung erforderl. mehr		3,—
Sonderausrüstung für Schlepper mit RDV-Vorrichtung		
bei Mitlieferung mehr		40,—
bei Nachlieferung mehr		67,—
Sonderausführung für **FERGUSON**-Schlepper (FER 25) mit **Regelhydraulik** (Pflug ohne Stützrad, ohne Schleifsohlen, mit Abstellstütze) mehr		51,—
Zum Schälen ist Stützrad notwendig		108,—
Anbauböcke zur Radschlupfverminderung je nach Schlepper auf Anfrage		

Weitere Ausführungen:
WOLF-H 230 mit hohem Rahmen, Rahmenhöhe 55 cm, 2-furch., Körperlängsentfernung von 68 cm auf 84 cm verstellbar, mit Körpern S 20, M 20, W 18, BW 7, M 25, BM 9/10 S 4, MBW 8 SK 4, z. B. Pflug mit Körpern M 20 — 268 kg, 1336,— DM
Preisunterschiede zwischen den einzelnen Pflugkörpern siehe Pflugkörper (Verkaufsunterlage)

Pflugkörperformen: S = steil, für sandige Bodenart · M = mittelsteil, für mittelschwere Bodenart · W, WG, BW, MBW = gewunden, für schwere oder verwachsene Bodenart · BM = universal, für leichte bis schwere Bodenart

Sonderausrüstungen für verschiedene Arbeiten

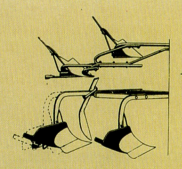

Leichtes Einarbeiten von Mähdrescherstroh und Gründung
Hoher Rahmen - verstellbare Körperlängsentfernung ermöglichen einwandfreie Pflugarbeit. Kein Verstopfen!

Pflügen am Hang
Einwandfreie Wendung des Erdbalkens auch beim Saatpflügen am Hang durch Einbau einer Breitschnittvorrichtung (Beilagen).

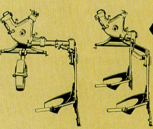

Grenzpflügen
Für 2-furchigen Pflug keine besondere Vorrichtung erforderlich - Austausch der beiden Pflughälften · Für 1-furchigen Pflug Ausleger lieferbar, welcher mit der 2-furchigen Pflughälfte Grenzpflügen in leichteren Verhältnissen ermöglicht.

Schwerer, steiniger Boden
Überlastungssicherung zur Vermeidung von Schäden bei Hindernissen · Sichere Auslösung - leichtes Zurückstellen - wenig Verschleiß - lange Lebensdauer · Starker Rahmen, wenn große Beanspruchung in schwerem, mit Steinen durchsetztem Boden auftritt.

Anlagerolle
Zur Abstützung der Kräfte am Pflug kann anstelle der normalen langen Anlage am hinteren Körper eine Anlagerolle montiert werden. Die gleitende Reibung wird dadurch in eine rollende Reibung umgewandelt, das bedeutet: Zugkraftverminderung (Preis siehe Sonderausrüstung bei WOLF 331)

WOLF 331 (TDBW 331)

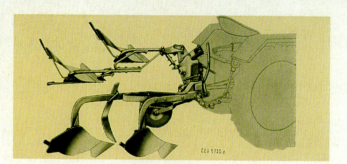

Normalausrüstung: 1 Stück   kg   DM

2 Messerseche 570/571 mit Haltern zum 2-furchigen WOLF 331
und 1- und 2-furchigen WOLF-H 330 6,5   19,—
2 Messerseche 920/921 mit Haltern zum 1-furchigen WOLF 331   6,0   19,—
Anschlußmaße nach Größe 1

Umbaumöglichkeiten:
2- in 1-furchig (Der 1-furchige separate Rahmen kann nicht auf
2-furchig umgebaut werden)
Verstellbare Körperlängsentfernung

	Körpermarke	M 20	W 18	BW 7	M 25	BM 9 S 4	BM 9/10 S 4	MBW 8 SK 4	Rahmen-höhe cm	Körperlängs-entfernung cm	Schlepper-stärke
WOLF 331 1-furchig	Tiefgang bis cm	23	21	18	28	23	26	20	52	—	17–28 PS
	Arbeitsbreite cm	26	26	26	28	27	27	30			
	Gewicht ca. kg	199	206	206	206	210	214	217			
Preis DM	mit Normalausrüstg.	1061,—	1083,—	1083,—	1083,—	1091,—	1109,—	1159,—			
	ohne	1023,—	1045,—	1045,—	1045,—	1053,—	1071,—	1121,—			
WOLF 331 2-furchig	Tiefgang bis cm	23	21	18	28	23	26	20	52	65/73	17–28 PS
	Arbeitsbreite cm	52/58**	52/58**	52/58**	52/58**	52/58**	52/58**	52/58**			
	Gewicht ca. kg	301	315	315	315	323	331	337			
Preis DM	mit Normalausrüstg.	1407,—	1451,—	1451,—	1451,—	1465,—	1501,—	1593,—			
	ohne	1369,—	1413,—	1413,—	1413,—	1427,—	1463,—	1555,—			
WOLF-H 330 2-furchig mit hohem Rahmen	Tiefgang bis cm	23	21	18	28	23	26	20	55	75/91	17–28 PS
	Arbeitsbreite cm	52/58	52/58	52/58	52/58	52/58	52/58	52/58			
	Gewicht ca. kg	291	305	305	305	313	321	327			
Preis DM	mit Normalausrüstg.	1447,—	1491,—	1491,—	1491,—	1505,—	1541,—	1633,—			
	ohne	1409,—	1453,—	1453,—	1453,—	1467,—	1503,—	1595,—			

Sonderausrüstungen: 1 Stück   kg   DM

Messersech Mes-s. 570/571 mit Haltern zum vorderen Körper
beim 2-furchigen WOLF 331 und WOLF-H 330 6,5   19,—
Düngereinleger vor jedem Körper (auch als Vorschäler verwendbar)
DB 842/843 mit Haltern und Ersatzscharen zum 2-furchigen
WOLF 331 und 1- und 2-furchigen WOLF-H 330 9,0   36,—
DB 8 ex mit Halter u. Ersatzschar zum 1-furchigen WOLF 331   9,0   36,—
Rundseche vor jedem Körper
3320 mit Halter zum 1- und 2-furchigen WOLF 331 9,0   68,—
3920 mit Halter zum WOLF-H 330 13,0   80,—
3333, kombiniert mit Düngereinleger 15,0   111,—
3934, kombiniert mit Düngereinleger 21,0   124,—
Scheibenvorschäler 330 mm ⌀ mit Halter vor jedem Körper . 14,5   80,—
Momenttiefgangverstellung 1050 G* 7,0   66,—
* zum FENDT-Schlepper zusätzlich 1 Büg. 45480 U 1 ....   14,—
Ausleger (Au-l. 1514 G) zum Grenzpflügen für 1-furchig. Pflug 18,0   78,—
Untergrundlockerer UM 20 für 1-furchigen Pflug M 20   mehr 8,0   34,—
** 2 Beilagen für Breitschnitt (WOLF-s, WOLF-üs) .... je   10,50
Stützrad gummibereift, Ra 40 184 (Hohlkammerreifen)   mehr   17,—

   1 Stück   kg   DM

HANOMAG-Piloteinrichtung (HAP), mit Anbauteilen,
bei Mitlieferung (ohne Stützrad) .... 362,—
bei Nachlieferung .... 470,—
Kombi-Krümler **QUIRL** siehe Sonderprospekt Mo 2635

Sonderausrüstung für Schlepper mit RDV-Vorrichtung
bei Mitlieferung .... mehr   40,—
bei Nachlieferung .... mehr   67,—
2 Anlagerollen An-rol. 820/821 G, anstelle der langen hinteren
Anlagen, zusammen .... mehr   226,—
Eicher-Geräteträger Typ G 200 (Ei) Zusatzteile erforderl. mehr   35,—
STEYR-Schlepper (SY), Zusatzausrüstung erforderl. mehr   3,—

Sonderausführung für Schlepper mit Regelhydraulik,
(Pflug ohne Stützrad, ohne Schleifsohlen, mit Abstellstütze.)
Bei Bestellung Schlepper-Type angeben.
Zum Schälen ist Stützrad notwendig .... mehr   51,—
    .... 108,—
Anbauböcke zur Radschlupfverminderung je nach Schlepper
auf Anfrage

Spezielle Zusatzteile

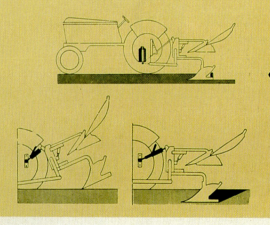

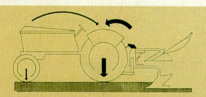

Anbaubock
Zur Verminderung des Radschlupfes liefern wir einen Anbaubock für die Befestigung des oberen Lenkers am Schlepper. Der normale obere Lenker kann damit steil gestellt werden, ohne die Arbeitstiefe zu beeinflussen · Bei Bestellung bitte Schleppertype angeben.

Moment-Tiefgangverstellung
Schneller Einzug am Furchenanfang · Exakte Furchentiefe bis zum Furchenende.

Raddruck-Verstärkungsvorrichtung (RDV)
Zu Schleppern mit dieser Vorrichtung wird der WOLF in Sonderausführung geliefert. Dadurch Übertragung von überschüssigem Gerätegewicht auf die Schlepperhinterachse, um den Radschlupf zu mindern.

WOLF-s 430 (TDBW-s 430)

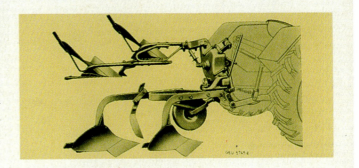

Normalausrüstung: | 1 Stück kg | DM
2 Messerseche 568/569 mit Haltern zum 1- und 2-furchigen WOLF-s 430 — 6,5 — 19,—
2 Messerseche 570/571 mit Haltern zum 1- und 2-furchigen WOLF-H 331 — 6,5 — 19,—
Anschlußmaße nach Größe 1

Umbaumöglichkeiten:
2- in 1-furchig, verstellbare Körperlängsentfernung

WOLF-s 430 2-furchig	Körpermarke	M 20	W 18	BW 7	M 25	BM 9 S 4	BM 9/10 S 4	MBW 8 SK 4	Rahmenhöhe cm	Körperlängsentfernung cm	Schlepperstärke
	Tiefgang bis cm	23	21	18	28	23	26	20	52	65/73	20–35 PS
	Arbeitsbreite cm	52/58**	52/58**	52/58**	52/58**	52/58**	52/58**	52/58**			
	Gewicht ca. kg	343	357	357	357	365	373	379			
Preis DM	mit Normalausrüstg.	1613,—	1657,—	1657,—	1657,—	1671,—	1707,—	1799,—			
	ohne	1575,—	1619,—	1619,—	1619,—	1633,—	1669,—	1761,—			

WOLF-H 431 2-furchig mit hohem Rahmen	Körpermarke	M 20	W 18	BW 7	M 25	BM 9 S 4	BM 9/10 S 4	MBW 8 SK 4	Rahmenhöhe cm	Körperlängsentfernung cm	Schlepperstärke
	Tiefgang bis cm	23	21	18	28	23	26	20	55	75/91	20–35 PS
	Arbeitsbreite cm	52/58**	52/58**	52/58**	52/58**	52/58**	52/58**	52/58**			
	Gewicht ca. kg	338	352	352	352	360	368	374			
Preis DM	mit Normalausrüstg.	1625,—	1669,—	1669,—	1669,—	1683,—	1719,—	1811,—			
	ohne	1587,—	1631,—	1631,—	1631,—	1645,—	1681,—	1773,—			

Sonderausrüstungen: | 1 Stück kg | DM
Messerseche Mes.-s. 568/569 mit Haltern zum vorderen Körper beim 2-furchigen WOLF-s 430 — 6,5 — 19,—
Messerseche Mes.-s. 570/571 mit Haltern zum vorderen Körper beim 2-furchigen WOLF-H 431 — 6,5 — 19,—
Düngereinleger vor jedem Körper (auch als Vorschäler verwendbar) DB 842/843 mit Haltern und Ersatzscharen — 9,0 — 36,—
Rundseche vor jedem Körper
  3320 mit Halter — 9,0 — 68,—
  3333 mit Halter, kombiniert mit Düngereinleger — 15,0 — 111,—
Scheibenvorschäler 330 mm ∅ mit Halter — 14,5 — 80,—
Momenttiefgangverstellung 1050 G* — 7,0 — 66,—
* zum FENDT-Schlepper . . . . mehr — 14,—
Stützrad gummibereift, Ra 40 180 . . . . mehr — 17,—
** 2 Beilagen für Breitschnitt (WOLF-s) . . . . . je — 10,50
** 2 Beilagen für Breitschnitteinstellung zu WOLF-H 431 je — 13,50
2 Anlagerollen An-rol. 820/821 G, anstelle der langen hinteren Anlagen, zusammen . . . . mehr — 226,—

| 1 Stück kg | DM
Kombi-Krümler **QUIRL** siehe Sonderprospekt Mo 2635
Eicher-Geräteträger Typ G 200 (Ei) Zusatzteile erforderl. mehr — 35,—
STEYR-Schlepper (SY), Zusatzausrüstung erforderl. mehr — 3,—
HANOMAG-Piloteinrichtung (HAP) mit Anbauteilen,
  bei Mitlieferung (ohne Stützrad) — 329,—
  bei Nachlieferung — 470,—
IHC-Schlepper (IH), besonderer Wendehebel erforderlich — kein Mehrpr.

Sonderausrüstung für Schlepper mit RDV-Vorrichtung
  bei Mitlieferung . . . . mehr — 40,—
  bei Nachlieferung . . . . — 67,—

Sonderausführung für Schlepper mit Regelhydraulik,
(Pflug ohne Stützrad, ohne Schleifsohlen, mit Abstellstütze.)
Bei Bestellung Schlepper-Type angeben . . . mehr — 51,—
Zum Schälen ist Stützrad notwendig — 141,—
Anschlußteile nach Größe 2 . . . . . . kein Mehrpr.
Anbauböcke zur Radschlupfverminderung je nach Schlepper auf Anfrage

Pflugkörperformen: M = mittelsteil, für mittelschwere Bodenart · W, BW, MBW = gewunden, für schwere oder verwachsene Bodenart · BM = universal, für leichte bis schwere Bodenart.

WOLF 451 (TDBW 451)

für flachgründige steinige Bodenarten
(Abb. siehe WOLF-s 430)

Normalausrüstung: | 1 Stück kg | DM
2 Messerseche 572/573 mit Haltern zum 1- und 2-furchig. Pflug — 6,0 — 19,—
Anschlußmaße nach Größe 1

Umbaumöglichkeiten:
2-furchig in 1-furchig

WOLF 451 2-furchig	Körpermarke	U 180	W 140	WS 140	Rahmenhöhe cm	Körperlängsentfernung cm	Schlepperstärke
	Tiefgang bis cm	21	17	17	49	65	20–40 PS
	Arbeitsbreite cm	44/50*	44/50*	44/50*			
	Gewicht ca. kg	363	350	366			
Preis DM	mit Normalausrüstg.	1720,—	1664,—	1712,—			
	ohne	1682,—	1626,—	1674,—			

Sonderausrüstungen: | 1 Stück kg | DM
2 vordere Messerseche 572/573 m. Haltern zum 2-furchig. Pflug — 6,5 — 19,—
Düngereinleger DB 764/765 mit Ersatzscharen u. Haltern vor jedem Körper (auch als Vorschäler verwendbar) — 7,7 — 31,—
Rundsech 2820 mit Halter vor jedem Körper — 8,0 — 65,—
Rundsech 2832, kombiniert mit Düngereinleger samt Halter, Ersatzschar und Schrauben vor jedem Körper — 13,0 — 108,—
Scheibenvorschäler 330 mm ∅ mit Halter vor jedem Körper — 14,5 — 80,—
Momenttiefgangverstellung Mo-ti-v. 1050 G für Größe 1 . . . .
Momenttiefgangverstellung Mo-ti-v. 1060 G für Größe 2 . . . mehr — 7,0 — 66,—
Stützrad Ra 40 180, luftgummibereift . . . . mehr — 17,—
* 2 Beilagen für Breitschnitteinstellung — 10,50
STEYR-Schlepper (SY), Zusatzausrüstung erforderlich mehr — 3,—
IHC-Schlepper (IH), besonderer Wendehebel erforderlich . kein Mehrpr.

| 1 Stück kg | DM
HANOMAG-Pilotvorrichtung (HAP) mit Anbauteilen,
  bei Mitlieferung (ohne Stützrad) . . . . — 329,—
  bei Nachlieferung — 470,—

Sonderausrüstung für Schlepper mit RDV-Vorrichtung
  bei Mitlieferung . . . . mehr — 40,—
  bei Nachlieferung . . . . — 67,—

Sonderausführung für Schlepper mit Regelhydraulik,
(Pflug ohne Stützrad, ohne Schleifsohlen, mit Abstellstütze.)
Bei Bestellung Schlepper-Type angeben . . . mehr — 51,—
Zum Schälen ist Stützrad notwendig — 108,—
Anschlußmaße nach Größe 2 . . . . . . kein Mehrpr.
Anbauböcke zur Radschlupfverminderung je nach Schlepper auf Anfrage

WOLF-H 531 II (TDBW-H 531 II)

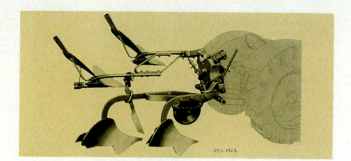

Normalausrüstung:	1 Stück	kg	DM
2 Messerseche 1360/1361 mit Haltern zum WOLF-H 531 II, WOLF-Hb 531 II und WOLF-Hs 531 II Anschlußmaße nach Größe 2		9,0	26,—

Umbaumöglichkeiten:
2- in 1-furchig, verstellbare Körperlängsentfernung

WOLF-H 531 II 2-furchig mit hohem Rahmen	Körpermarke	MM 22	MM 28	MM 28/ NESBG 25	BM 9 S	BM 10 SN	MBE 10 SA	MBE 12 SA	MBW 8 SK	MBW 12	SF220**	Rahmen-höhe cm	Körperlgs.-entfg. cm	Schlepper-stärke
	Tiefgang bis cm	25	31	31	23	26	26	30	20	28	22			
	Arbeitsbreite cm	52/58*	52/58*	52/58*	52/58*	52/58*	52/58*	52/58*	52/58*	52/58*	52/58*	55	65/73	25—40 PS
	Gewicht ca. kg	376	402	394	380	404	419	439	397	455	413			
Preis DM	mit Normalausrüstg.	1843,—	1905,—	1905,—	1817,—	2051,—	2095,—	2175,—	1945,—	2293,—	2013,—			
	ohne	1791,—	1853,—	1853,—	1765,—	1999,—	2043,—	2123,—	1893,—	2241,—	1961,—			

WOLF-Hb (mit hohem breitem Rahmen). **Kein Mehrpreis.** Mehrgewicht 4 kg. Körperlängsentfernung von 71/79 cm verstellbar. Arbeitsbreite: 60 cm oder 68 cm.

WOLF-Hs 531 II 2-furchig mit hohem starkem Rahmen	Körpermarke	MM 22	MM 28	MM 28/ NESBG 25	BM 9 S	BM 10 SN	MBE 10 SA	MBE 12 SA	MBW 8 SK	MBW 12	SF220**	Rahmen-höhe cm	Körperlgs.-entfg. cm	Schlepper-stärke
	Tiefgang bis cm	25	31	31	23	26	26	30	20	28	22			
	Arbeitsbreite cm	52/58*	52/58*	52/58*	52/58*	52/58*	52/58*	52/58*	52/58*	52/58*	52/58*	55	65/73	30—40 PS
	Gewicht ca. kg	408	434	426	412	436	451	461	429	487	445			
Preis DM	mit Normalausrüstg.	1957,—	2019,—	2019,—	1931,—	2165,—	2209,—	2289,—	2059,—	2407,—	2127,—			
	ohne	1905,—	1967,—	1967,—	1879,—	2113,—	2157,—	2237,—	2007,—	2355,—	2075,—			

**Pflugkörper für höhere Arbeitsgeschwindigkeit

Sonderausrüstungen:	1 Stück kg	DM
Messersech Mes.-s. 1360/1361 mit Haltern z. vorderen Körper beim 2-furchigen WOLF 531 II und WOLF-H 531 II	9,0	26,—
Düngereinleger DB 8 h mit Halter und Ersatzschar vor jedem Körper	9,5	37,—
Rundsech 3920 mit Halter vor jedem Körper	13,0	80,—
Rundsech 3934 mit Halter, kombiniert mit Düngereinleger vor jedem Körper	21,0	124,—
Momenttiefgangverstellung 1060 G für Größe 2	7,0	66,—
Momenttiefgangverstellung 1050 G für Größe 1***		
*** zum FENDT-Schlepper mehr		14,—
Stützrad gummibereift, Ra 40 180 mehr		17,—
Kombi-Krümler **QUIRL** siehe Sonderprospekt Mo 2635 Anschlußteile nach Größe 1 kein Mehrpr.		
* 2 Beilagen für Breitschnitteinstellung zum WOLF-H 531 und WOLF-Hs 531 je		10,50
* 2 Beilagen zu WOLF-Hb 531 je		13,50
Körper BM 9 SR mit verstärktem Rumpf mehr gegenüber Körper BM 9 S		5,—

Sonderausrüstung für Schlepper mit RDV-Vorrichtung	1 Stück kg	DM
bei Mitlieferung mehr		40,—
bei Nachlieferung		67,—
2 Anlagerollen An-rol. 800/801 G, anstelle der langen hinteren Anlagen, zusammen mehr		226,—
STEYR-Schlepper (SY), Zusatzausrüstung erforderlich mehr		3,—
IHC-Schlepper (IH), besonderer Wendehebel erforderlich kein Mehrpr.		
HANOMAG-Piloteinrichtung (HAP) mit Anbauteilen,		
bei Mitlieferung (ohne Stützrad)		329,—
bei Nachlieferung		470,—
Sonderausführung für Schlepper mit Regelhydraulik, (Pflug ohne Stützrad, ohne Schleifsohlen, mit Abstellstütze.)		
Bei Bestellung Schlepper-Type angeben mehr		51,—
Zum Schälen ist Stützrad notwendig		141,—
Anbauböcke zur Radschlupfverminderung je nach Schlepper auf Anfrage		

Pflugkörperformen: MM = mittelsteil, für mittelschwere Bodenart · MBW und SF = gewunden, für schwere oder verwachsene Bodenart · BM und MBE = universal, für leichte bis schwere Bodenart.

Gebrüder Eberhardt

Pflugfabrik · Ulm (Donau) · Postfach 204
Tel. (0731) 6 19 31 · Fernschreiber 0712 875
Telegr.-Anschr.: Eberhardtwerke Ulmdonau

Grundlage: Unsere Lieferbedingungen · Ausgabe 1. 1. 1962 · Gewichte und Abbildungen unverbindlich · Änderungen vorbehalten · Zu beziehen durch:

Verk.-Büro u. Lager Langenhagen 1 (Hann.) · Am Brinker Hafen 10 · Postf. 61
Tel. Hann. 66 79 15 · FS: Hannover 0922 209 · Bahnst. Vinnhorst (Anschlußgl.)
Verk.-Büro u. Lager Landshut (Ndb.) · Ladehofplatz 6 · Tel.: Landshut 31 35

Mo. 2556d 1.62

P 0122 Preise ab 1. Januar 1962

Dreipunkt-Grenzbeetpflug
DBPe. a.

für kleine Norm (für große Norm Mehrpreis)
2-furchig

„Stieglitz 50"
„Stieglitz 55"

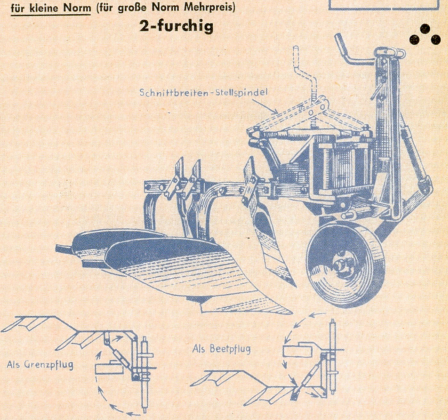

Schnittbreiten-Stellspindel

Als Grenzpflug   Als Beetpflug

Vorteile:

1. Stabile Konstruktion.
2. Grenzpflügen nur durch Umschwenken ohne Ab- und Anbau des Pfluges.
3. Festlegen der umgeschwenkten Pflughälfte durch selbsteinfallenden Haken ohne zu schrauben.
4. Einfache Bedienung durch Spindel und Spannschloß.
5. Kein Umstecken oder Umschwenken des Stützrades notwendig. Beim Grenzpflügen läuft das Stützrad in der Vorfurche.
6. Keine Verstopfungsgefahr, weil großer Abstand zwischen Rad und Körper.
7. Beim Grenzpflügen keine über den Pflug seitlich hinausragende Teile, daher scharfes Heranfahren an Grenze (Zaun usw.) möglich.
8. **Körpergrindel und Zwischengrindel aus Spezial-Federstahl!**

Für Schlepper mit kleiner Norm
(Kugellochdurchmesser der unteren Lenker 22 mm)

Type: **Grenzbeetpflug** Rahmenhöhe		„Stieglitz 50" 50 cm		„Stieglitz 55" 55 cm		Grundausrüstung, Pfluggestell mit Stützrad und Körpern, einschl. Res.-Scharen, ohne Düngereinleger und Messerseche				
	Körper	ca. kg	DM	ca. kg	DM	Bodenart	Höchst-Tiefgang ca. cm	Arbeits-breite ca. cm verstellbar	Körper-abstand bei Breitschnitt	PS
2-furchig	*BP-ENNC v *BP-200 J v *BP-200 O v *BP-201 O v	209	932.—	213	952.—	Sand, Lehm u. tonhalt. Lehm Lehm bis lehmiger Ton Lehm bis lehmiger Ton Lehm bis lehmiger Ton	28 24 24 24	40 u. 50	v. ca. 74,5 auf 86 cm verstellbar	22–30
	*BP-230 J v *BP-200 P v *BP-210 Y v	217	952.—	221	972.—	Lehm bis lehmiger Ton sandiger Lehm bis Ton Ton und Klei	28 24 25			
	**BP-190 T v	211	1002.—	215	1022.—	Lehm, Ton u. Klei (verwachs.)	25			

Mehrpreise für verstärkte Ausführungen:

Type		PS		DM
„Stieglitz 50" v. „Stieglitz 55" v.	verstärkt	bis 35	2-furchig	90.—
„Stieglitz 50" e. v. „Stieglitz 55" e. v.	extra verstärkt	bis 40	2-furchig	140.—

Für Schlepper mit großer Norm
liefern wir den vorstehenden Pflug unter der Bezeichnung „Stieglitz II/50" bezw. „Stieglitz II/55" zum Mehrpreis in **verstärkter und extra verstärkter** Ausführung.

Type		PS		DM
„Stieglitz II/50" v. „Stieglitz II/55" v.	für große Norm verstärkt	bis 35	2-furchig	185.—
„Stieglitz II/50" e. v. „Stieglitz II/55" e. v.	für große Norm extra verstärkt	bis 40	2-furchig	235.—

Bemerkung: Die mit * bezeichneten Körper können auf Wunsch auch mit Winkelscharen geliefert werden. Mehrpreis DM 9.— pro Schar. Die mit ** bezeichneten Körper werden ohne Mehrpreis stets mit Winkelscharen geliefert.
Mehrpreis für Sonderverstärkung der Körperbrüste (angeschweißte Seitenplatten und Scharauflagen) für steinige Böden pro Körper DM 18.—. (Nicht für Körper BP-190 T v.)
Mehrpreis für breitere, längere und tieferliegende Abstreifer, wenn zuviel Erde in die Pflugfurche zurückfällt, je Stck. DM 6.—.

Beachten Sie bitte unseren preiswerten Dreipunkt-Schälpflug „Gimpel"   „Besondere Ausrüstungsteile" umseitig!

Besondere Ausrüstungsteile zum „Stieglitz 50" und „Stieglitz 55"

	DM
Mehrpreis für Antirutschfeder, nur für leichte Böden	40.—
1 Düngereinleger D 12 skl oder 1 Düngereinleger-Vorschäler D 14 skl mit Halter	34.—
1 Messersech mit Halter	26.—
1 schwenkbares Rundscheibensech für vorderen Körper,	
350 mm ⌀, mit Halter, für „Stieglitz 50"	86.—
400 mm ⌀, mit Halter, für „Stieglitz 55"	96.—
1 schwenkbares Rundscheibensech für hinteren Körper,	
350 mm ⌀, mit Halter u. Zwischenrahmen, für „Stieglitz 50"	102.—
400 mm ⌀, mit Halter u. Zwischenrahmen, für „Stieglitz 55"	112.—
1 Rundscheibensech, komb. mit Düngereinleger, für vorderen Körper,	
350 mm ⌀, mit Halter, für „Stieglitz 50"	118.—
400 mm ⌀, mit Halter, für „Stieglitz 55"	128.—
1 Rundscheibensech, komb. mit Düngereinleger, für hinteren Körper,	
350 mm ⌀, mit Halter u. Zwischenrahmen, für „Stieglitz 50"	134.—
400 mm ⌀, mit Halter u. Zwischenrahmen, für „Stieglitz 55"	144.—
1 Zwischenrahmen für Rundscheibensech bei Nachbezug	16.—
1 gefedertes Führungsmesser „Hangfest" zur besseren seitlichen Führung des Pfluges	54.—
1 dreifurchiger Schäleinsatz	364.—
1 vierfurchiger Schäleinsatz	480.—
*1 dreifurchiger **verstärkter** Schäleinsatz	415.—
*1 vierfurchiger **verstärkter** Schäleinsatz	545.—
(* verstärkt nur, wenn Pflug verstärkt)	
Mehrpreis für Schnittbreiten-Stellspindel (statt Spannschloß)	45.—

	DM
1 automatischer Schnelleinzug (bei Nachlieferung gleicher Preis)	75.—
1 Auslegearm für Krümelegge, Kombi-Krümler usw.	74.—
1 Sternwalzen-Krümelegge „KB 66" (66 cm Arbeitsbreite) 3reihig für zweifurchige Pflüge	329.—
3 Räder als Fahrvorrichtung für Krümelegge	84.—
1 Kombi-Krümler „AKKB 75" (75 cm Arbeitsbreite) 2reihig mit Belastungsgewichten für zweifurchige Pflüge	239.—
1 Kombi-Krümler „AKKB 75/3" (75 cm Arbeitsbreite) 3reihig mit Belastungsgewichten für zweifurchige Pflüge	338.—
Mehrpreis für Untergrundlockerungskörper einschl. Verstärkung des Grindels, pro Körper	65.—
1 Untergrundlockerer (mit 1 Schar oder 2 Zinken)	92.—
1 Untergrundlockerer mit 1 Zinken	46.—
Mehrpreis für Steinsicherung „Gruma 57" je Körper (nicht für extra verstärkte Ausführung)	56.—
Preise bei Einzelbezug (sonst im Pflugpreis enthalten):	
Pfluggestell mit Stützrad, ohne Zwischengrindel, ohne Körper	596.—
1 Zwischengrindel	66.—

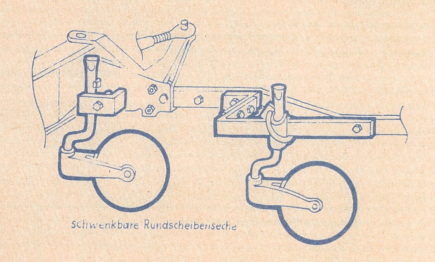

Schwenkbare Rundscheibenseche

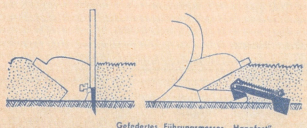

Gefedertes Führungsmesser „Hangfest" zur besseren seitlichen Führung des Pfluges.

RABEWERK HEINRICH CLAUSING - LINNE ÜBER BOHMTE

Fernruf: Bad Essen (05472) 362, 363 - **Telegramme:** Rabewerk Bad Essen, Bz. Osnabrück - **Fernschreiber:** 09 4717 - **Bahnstation:** Rabber (Anschlußgleis)
Alle Zahlenangaben über Gewichte, Dimensionen, auch Abbildungen, sind annähernd und unverbindlich. Konstruktionsänderungen behalten wir uns vor.
Für Lieferungen gelten unsere allgemeinen Verkaufs- und Lieferungsbedingungen.

Eberhardt-Rotorkrümler

Anbau-Rotorkrümler RKB 370

Antrieb:
Vom Schleppermotor über Zapfwelle – Gelenkwelle – Rotorkrümler-Getriebe auf die Arbeitswalze.

Normalausführung:
RKB 370, 48 Hackmesser 1570/71 mit Gelenkwelle

Bezeichnung	Ausführung *		Gewicht ca. kg	Preis DM	Tiefgang bis cm	Arbeitsbreite cm	Drehzahl der Arbeitswalze U/min.	⌀ der Arbeitswalze cm	Schlepperstärke PS
RKB 370 ***	32 Hackmesser	1570/71	268	1 652.–	15**	165	150	44	15 – 25
	32 Krümelmesser	1560/61	273						
	32 Mulchmesser	1530/31	281	1 679.–					
	48 Hackmesser	**1570/71**	280	1 720.–					
	48 Krümelmesser	1560/61	286						
	48 Mulchmesser	1530/31	299	1 788.–					

* Bei allen Ausführungen: Mit Seitenschutz (S-sch. 1002 G), mit Ersatzschleifbügel zum Getriebe

** je nach Bodenart und -zustand

*** Unsymmetrischer Aufbau möglich

Sonderausrüstungen zu RKB 370:   kg   DM

Anschlußkopf An-k. 802 G (Zwischenbock) für Schlepper nach Liste Mo2555   16   69.–

Anschlußkopf An-k. 806 G (nur zum RKB 370 für JOHN-DEERE-Schlepper 435 D (35 PS)   16   80.–

JOHN-DEERE-LANZ-Schlepper (JDL), Zusatzausrüstung erforderlich (nur zum RKB 370) mehr   3.–

Anschlußkopf für UNIMOG-Schlepper (An-k. 808 G mitgeliefert)   16   80.–

UNIMOG-Schlepper (An-k. 808 G) nachgeliefert   16   85.–

Spindelverstellbare Schleifkufen   33   159.–

Mitteldammaufreißer (Spurlockerer)   kg   DM
(Spu-l. 2294 U 1 für RKB 370 nur mit Getriebe G 94b und ab Fabrikations-Nr. 6650) (bei Nachbestellung Getriebe- oder Fabrikations-Nr. angeben) mitgeliefert   3   13.–
   nachgeliefert   3   17.–

je 1 gehärtete Messerplatte rechts und links am Getriebe mehr   2.–

Gelenkwelle mit Kupplungsautomat KA 70 (Überlastungssicherung), wenn Einsatz hinter stärkeren Schleppern als normal vorgesehen ist, oder für Arbeiten in schweren Verhältnissen mehr   6   165.–

Ersatzmesser zu RKB 370:
Messer Mes. 1540/41 ohne Schrauben   je 0,50   3.40
Messer Mes. 1560/61 ohne Schrauben   je 0,65   3.90
Messer Mes. 1570/71 ohne Schrauben   je 0,55   3.40
Messer Mes. 1530/31 ohne Schrauben   je 0,95   5.10
Schleifbügel zum Getriebe (bei Bestellung Getriebe-Nr. oder Fabrikations-Nr. angeben)   4.50
*** Mehrpreis zum Schutzblechteil 2014 mit Schrauben   12.–

Eberhardt-Rotorkrümler

Anbau-Rotorkrümler RKB 471

Antrieb:

Vom Schleppermotor über Zapfwelle – Gelenkwelle – Rotorkrümler-Getriebe auf die Arbeitswalze.

Normalausführung: 60 Hackmesser 1570/71 mit Gelenkwelle

Anschlußmaße nach Größe 1

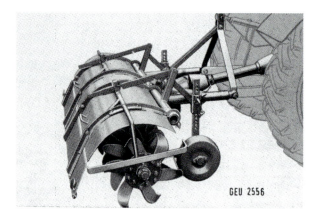

GEU 2556

Bezeichnung	Ausführung *	Gewicht ca. kg	Preis DM	Tiefgang bis cm	Arbeitsbreite cm	Drehzahl der Arbeitswalze U/min.	⌀ der Arbeitswalze cm	Schlepperstärke PS
RKB 471	60 Hackmesser 1570/71	352	2 462.–	15 **	200	186	48	25 – 40
	60 Krümelmesser 1560/61	358	2 462.–					
	60 Mulchmesser 1530/31	371	2 530.–					

* Bei allen Ausführungen: Mit Seitenschutz (S-sch. 1002 G), mit Ersatzschleifbügel zum Getriebe

** je nach Bodenart und -zustand

Sonderausrüstungen: kg DM

Gelenkwelle mit Kupplungsautomat KA 110 (Überlastungssicherung), wenn Einsatz hinter stärkeren Schleppern als normal vorgesehen ist, oder für Arbeiten in schweren Verhältnissen mehr   6   165.–

Spindelverstellbare Schleifkufen   33   159.–

JOHN-DEERE-LANZ-Schlepper (JDL), Zusatzausrüstung erforderlich mehr   3.–

UNIMOG-Schlepper (U), Umbauteile erforderlich mehr   7.50

kg DM o. Mehrpr.

Anschlußmaße nach Größe 2
Mitteldammaufreißer (Spurlockerer) (Spu-l. 2803 U 1) mitgeliefert   3   13.–

Mitteldammaufreißer (Spurlockerer) (Spu-l. 2803 U 1) nachgeliefert   3   17.–

je 1 gehärtete Messerplatte rechts und links am Getriebe mehr   2.–

Ersatzmesser:

Messer Mes. 1560/61 ohne Schrauben   je 0,65   3.90

Messer Mes. 1570/71 ohne Schrauben   je 0,55   3.40

Messer Mes. 1530/31 ohne Schrauben   je 0,95   5.10

Schleifbügel zum Getriebe (bei Bestellung Getriebe-Nr. oder Fabrikations-Nr. angeben   4.50

RAU-Kombi-Geräte

Die nachstehenden Preisaufstellungen sind nur maßgebend bei Erstanschaffungen. Da für alle RAU-KOMBI-Geräte das Grundgerät nur einmal benötigt wird, sind bei Nachkäufen die Preise der einzelnen Werkzeugsätze zu rechnen.

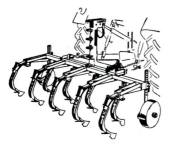

Grubber 9-zinkig — DM

0G/1	Grundrahmen 22 mm	130.–
2/9 V	Grubber 9-zinkig verstärkt	390.–
23	Stützrollen rechts und links	98.–
		618.–

Grubber 11-zinkig — DM

0G/1	Grundrahmen 22 mm	130.–
2/11 V	Grubber 11-zinkig verstärkt	470.–
23	Stützrollen rechts und links	98.–
		698.–

Ackeregge mittelschwer 2,20 m — DM

0G/1	Grundrahmen 22 mm	130.–
0S	Ausleger	209.–
0K	Tiefgangbegrenzungskette	12.–
2 x 00	Spurlockerer	26.–
3 AZ	Eggenzugbalken 2,20 m	79.–
3 AD	Eggentrag- und Druckbalken	67.–
2 x 3 MK	Eggenfeld mittel	190.–
		713.–

Ackeregge mittelschwer 3,30 m — DM

0G/2	Grundrahmen 22/28 mm	195.–
0S	Ausleger	209.–
0K	Tiefgangbegrenzungskette	12.–
2 x 00	Spurlockerer	26.–
3 BZ	Eggenzugbalken 3,30 m	114.–
3 BD	Eggentrag- und Druckbalken	102.–
3 x 3 MK	Eggenfeld mittel	285.–
		943.–

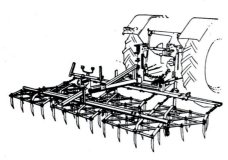

Löffelegge schwer 2,20 m — DM

0G/1	Grundrahmen 22 mm	130.–
0S	Ausleger	209.–
0K	Tiefgangbegrenzungskette	12.–
3 AZ	Eggenzugbalken 2,20 m	79.–
3 AD	Eggentrag- und Druckbalken	67.–
2 x 3 Lö	Eggenfeld	290.–
		787.–

Auf Wunsch
2 x 00	Spurlockerer	26.–

RAU-Kombi-Geräte

Die nachstehenden Preisaufstellungen sind nur maßgebend bei Erstanschaffungen. Da für alle RAU-KOMBI-Geräte das Grundgerät nur einmal benötigt wird, sind bei Nachkäufen die Preise der einzelnen Werkzeugsätze zu rechnen.

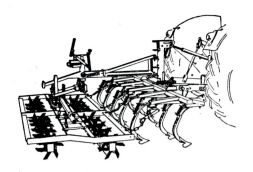

	Grubber + Krümler 1,85 m	DM
0G/1	Grundrahmen 22 mm	130.—
0S	Ausleger	209.—
2/9 V	Grubber 9-zinkig verstärkt	390.—
2/1 K	Zugbügel	58.—
2 KK	Kupplungsstück	48.—
3 AD	Eggentrag- und Druckbalken	67.—
2 x 21 F 2	Krümlerfeld 110 cm	550.—
		1 452.—

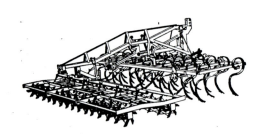

	Federzahnegge + Krümler 2,00 m	DM
0G/1	Grundrahmen 22 mm	130.—
0SG	Großer Ausleger	360.—
2/2 K	Zugbügel	43.—
3 AD	Eggentrag- und Druckbalken	67.—
3 Z	Zwischenstück	15.—
3 F 20	Federzahnegge 2,00 m	557.—
2 x 21 F 2	Krümlerfeld 110 cm	550.—
		1 722.—

	Federzahnegge + Krümler 3,20 m	DM
0G/2	Grundrahmen 22/28 mm	195.—
0SG	Großer Ausleger	360.—
2/3 K	Zugbügel	64.—
3 BD	Eggentrag- und Druckbalken	102.—
3 Z	Zwischenstück	15.—
3 F 32	Federzahnegge 3,20 m	966.—
3 x 21 F 2	Krümlerfeld 110 cm	825.—
		2 527.—

	Legemaschine halbautomatisch 2-reihig	DM
0G/1	Grundrahmen 22 mm	130.—
0S	Ausleger	209.—
0U	U-Laufrad	125.—
0ST	Stecksitz	11.—
2 x 00	Spurlockerer	26.—
4 A/5	Universalschiene sym. 1,50 m	199.—
5/2	Legemaschine 2-reihig	395.—
5 Z	Zellenrad-Legeteller	240.—
2 x R 29	Steckteil	12.—
		1 347.—

RAU-Kombi-Geräte

Die nachstehenden Preisaufstellungen sind nur maßgebend bei Erstanschaffungen. Da für alle RAU-KOMBI-Geräte das Grundgerät nur einmal benötigt wird, sind bei Nachkäufen die Preise der einzelnen Werkzeugsätze zu rechnen.

Löffelegge schwer 3,30 m — DM

0G/2	Grundrahmen 22/28 mm	195.–
0S	Ausleger	209.–
0K	Tiefgangbegrenzungskette	12.–
3 BZ	Eggenzugbalken 3,30 m	114.–
3 BD	Eggentrag- und Druckbalken	102.–
3 x 3 Lö	Eggenfeld	435.–
		1 067.–

Auf Wunsch

2 x 00	Spurlockerer	26.–

Ackeregge schwer 2,20 m — DM

0G/1	Grundrahmen 22 mm	130.–
0S	Ausleger	209.–
0K	Tiefgangbegrenzungskette	12.–
2 x 00	Spurlockerer	26.–
3 AZ	Eggenzugbalken 2,20 m	79.–
3 AD	Eggentrag- und Druckbalken	67.–
2 x 3 S	Eggenfeld schwer	250.–
		773.–

Ackeregge schwer 3,30 m — DM

0G/2	Grundrahmen 22/28 mm	195.–
0S	Ausleger	209.–
0K	Tiefgangbegrenzungskette	12.–
2 x 00	Spurlockerer	26.–
3 BZ	Eggenzugbalken 3,30 m	114.–
3 BD	Eggentrag- und Druckbalken	102.–
3 x 3 S	Eggenfeld schwer	375.–
		1 033.–

RAU-Kombi-Geräte

Die nachstehenden Preisaufstellungen sind nur maßgebend bei Erstanschaffungen. Da für alle RAU-KOMBI-Geräte das Grundgerät nur einmal benötigt wird, sind bei Nachkäufen die Preise der einzelnen Werkzeugsätze zu rechnen.

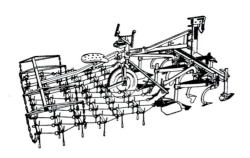

Dammhacker + Häufeln + Netzegge — DM

0G/1	Grundrahmen 22 mm	130.–
0S	Ausleger	209.–
0U	U-Laufrad	125.–
0V	Verlängerungsarm	32.–
00T	Tastkufen	32.–
4 A/5	Universalschiene sym. 1,50 m	199.–
6/3	Vollhäufler	186.–
7 G/3	Dammhacker	141.–
9 A	Netzeggentragrahmen 2,00 m	62.–
9 Z	Zugarme	40.–
9 Nf/6	Netzegge	190.–
		1 346.–

Parallelogramm-Hackmaschine 4-rhg. à 50 cm — DM

0G/1	Grundrahmen 22 mm	130.–
0S	Ausleger	209.–
0U	U-Laufrad	125.–
0ST	Stecksitz	11.–
10/IF	Parallelogramm-Hackmaschine	766.–
		1 241.–

Parallelogramm-Hackmaschine 4 rhg. à 44 cm — DM

0G/1	Grundrahmen 22 mm	130.–
0S	Ausleger	209.–
0U	U-Laufrad	125.–
0ST	Stecksitz	11.–
10/IE	Parallelogramm-Hackmaschine	740.–
		1 215.–

Parallelogramm-Hackmaschine 4-rhg. à 45 cm — DM

0G/1	Grundrahmen 22 mm	130.–
0S	Ausleger	209.–
0U	U-Laufrad	125.–
0ST	Stecksitz	11.–
10/IID	Parallelogramm-Hackmaschine	939.–
		1 414.–

RAU-Kombi-Geräte

Die nachstehenden Preisaufstellungen sind nur maßgebend bei Erstanschaffungen. Da für alle RAU-KOMBI-Geräte das Grundgerät nur einmal benötigt wird, sind bei Nachkäufen die Preise der einzelnen Werkzeugsätze zu rechnen.

Frontgerät

040	Front-Anbauaggregat mit 3-Punkt-Anschluß	**850.—**

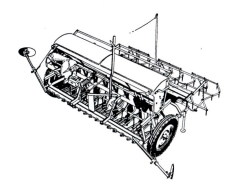

Drillmaschine 2,10 m — DM

17/1	Drillmaschine 2,10 m	1 704.—
17 S	Schaltkopf	37.—
27 (2 x)	Markeure	72.—
17/00	Spurlockerer	104.—
17 E 1	Saateggenrahmen	87.—
17 K 1	Saateggenfelder	70.—
		2 074.—

Spezial-Schleuderradroder für Kartoffeln u. Rüben — DM

13 KR	Roder für Rüben und Kartoffeln	804.—
13 T	Traverse zur Steuerung	69.—
		873.—

RAU-Patenthandrechen — DM

Erntewunder 26 Zinken	130.—
Luftbereifung bei Mitlieferung	25.—
1 Garn. Druckfedern	5.—
	160.—

RAU-Patenthandrechen — DM

Skandinavien 36 Zinken	142.—
Luftbereifung bei Mitlieferung	25.—
1 Garn. Druckfedern	5.—
	172.—

RAU-Sackhebekarren — DM

R 200	mit Ablaßbremse und Gußrädern	155.—
	Sackaufhalter	16.—
		171.—

RAU-Sackhebekarren — DM

R 202	Ausf. mit Ballon-Elastikräd.	175.—
	Sackaufhalter	16.—
		191.—

RAU-Kombi-Geräte

Die nachstehenden Preisaufstellungen sind nur maßgebend bei Erstanschaffungen. Da für alle RAU-KOMBI-Geräte das Grundgerät nur einmal benötigt wird, sind bei Nachkäufen die Preise der einzelnen Werkzeugsätze zu rechnen.

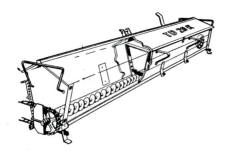

Düngerstreuer 2,00 m		DM
TD 20 R	Düngerstreuer 2,00 m	568.—
Frontt.	Front-Anbauteile	168.—
		736.—

Düngerstreuer 2,50 m		DM
TD 25 R	Düngerstreuer 2,50 m	705.—
Frontt.	Front-Anbauteile	168.—
		873.—

Universal-Düngerstreuer 2,00 m		DM
UD 2 R	Universal-Düngerstreuer	498.—
	Luftbereifung Mehrpreis	173.—
	Einspännervorrichtung	64.—
		735.—
oder mit		
	Ein- und Zweispännerdeichsel	71.—
	Schlepperzugdeichsel anstelle der Einspännerdeichsel	37.—
	Schlepperzugdeichsel in Verbindung mit Einspännerdeichsel	22.—

Universal-Düngerstreuer 2,50 m		DM
UD 2 1/2 R	Universal-Düngerstreuer	605.—
	Luftbereifung Mehrpreis	173.—
	Einspännervorrichtung	64.—
		842.—
oder mit		
	Ein- und Zweispännerdeichsel	71.—
	Schlepperzugdeichsel anstelle der Einspännerdeichsel	37.—
	Schlepperzugdeichsel in Verbindung mit Einspännerdeichsel	22.—

Netzeggen NEG

für Gespann- und Schlepperzug

Anbau-Tragrahmen TEGB

für Schlepper mit Dreipunkt-Aufhängung

mit Anbau-Netzeggenfeldern NEGB

(Eggen-Kombination TEGB/NEGB)

Eine Netzegge darf heute auf keinem Hof mehr fehlen! Sie eignet sich für jede landwirtschaftliche Kultur, und für jede Kulturpflanze braucht man sie zum Krustenbrechen, zur Bodenlockerung, zur Unkrautbekämpfung und zu vielen anderen Arbeiten. Sie ersetzt Wiesenegge und Ackerschleppe, teilweise auch Saategge, Hackmaschine und chemische Unkrautbekämpfung. Sie ist eines der billigsten landwirtschaftlichen Geräte, vom Frühjahr bis zum Herbst bewährt sich die EBERHARDT-Netzegge immer wieder als treuer, genügsamer Helfer.

EBERHARDT-NETZEGGEN
mit Zugbalken für Gespann- und Schlepperzug;
mit Tragrahmen für Anbau an der Dreipunkt-Aufhängung

EBERHARDT-Netzeggen bewegen sich vollkommen zwanglos. Sie schmiegen sich den kleinsten Unebenheiten an und bearbeiten so, lose schleppend, intensiv den Boden. Eine seitliche Spannung der Felder tritt hierbei nicht auf. Die EBERHARDT-Netzeggenfelder sind so geflochten, daß die Zinken versetzt in der Ebene liegen; trotz des geraden Zuges können die Zinken nicht „spuren". Die Eggenfelder bestehen aus Rundstahlzinken, deren Enden je nach Wunsch spitz, rund oder oval (Schiffchen) sind und in 3 verschiedenen Ausführungen leicht (l) — mittel (m) — schwer (s) mit 4 verschiedenen Arbeitsbreiten von 2 m, 2,60 m, 3,20 m und 3,80 m geliefert werden können.
So ist eine Vielfalt von Kombinationsmöglichkeiten ganz nach den jeweilig gegebenen Boden- bzw. Pflanzenverhältnissen geboten.
Der Zugbalken hat keine Stützen, die beim Wenden die Kulturen beschädigen könnten. Die Zinkenformen werden erfahrungsgemäß meist folgendermaßen gewählt: spitz für mittlere und schwere Böden, besonders wenn sie zum Verkrusten neigen, stumpf für leichte Böden und die ovale (Schiffchen-)Form für mittlere Böden.

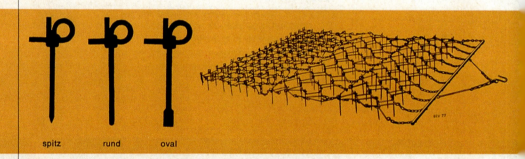

spitz   rund   oval

NEG 260 sml, schweres, mittleres und leichtes Netzeggenfeld am Zugbalken

Besondere Vorteile:
Gerader Zug
4 Arbeitsbreiten
3 verschiedene Felder
3 Zinkenformen

Folgende Eigenschaften machen EBERHARDT-Netzeggen seit Jahrzehnten zum begehrten und bewährten Helfer der Landwirtschaft:

Zusammensetzbar im Baukastensystem, je nach den Erfordernissen von Boden und Pflanze · gerader Zug · 4 Arbeitsbreiten · 3 Zinkenformen · 3 verschiedene Felderausführungen: schwer, mittel und leicht (dadurch vielfältige Kombinationsmöglichkeiten) · erstklassige Qualitäten in Material und Ausführung.

Ein weiterer, ganz besonderer Vorzug ist die Tatsache, daß der Grundtragrahmen, an dem die Netzegge untergehängt wird, zum Anbringen aller weiteren EBERHARDT-Eggen, von der Löffelegge bis zur Saategge, geeignet ist. Wenn Sie sich eine EBERHARDT-Anbau-Netzegge anschaffen, bedenken Sie bitte, daß Sie nur noch die Netzeggenfelder und einige Zusatzteile kaufen müssen, wenn bereits ein normaler EBERHARDT-Eggentragrahmen vorhanden ist.

Netzeggenfelder NEG und Zugbalken für Gespann- und Schlepperzug

Netzeggen ohne Zugbalken	Zinken-belastung ca. kg	Länge der Zinken cm	Länge des Feldes ohne Zwischenketten cm	Gewicht ca. kg	Preis normal mit spitzen Zinken DM	Preis mit stumpfen Zinken DM	Zugbalken normal ca. kg	Zugbalken normal DM	Zugbalken schwere Ausführung ca. kg	Zugbalken schwere Ausführung DM
NEG 200 (leichtes Feld)	0,250	14	120	17,0	**104,—**	96,—	10,2	**40,—**	—	—
NEG 200 (mittleres Feld)	0,370	16	80	13,0	**66,—**	60,—	10,2	**40,—**	—	—
NEG 200 (schweres Feld)	0,600	17,5	80	21,2	**85,—**	79,—	10,2	**40,—**	—	—
NEG 260 (leichtes Feld)	0,250	14	120	23,0	**133,—**	123,—	11,2	**42,—**	—	—
NEG 260 (mittleres Feld)	0,370	16	80	16,8	**84,—**	77,—	11,2	**42,—**	—	—
NEG 260 (schweres Feld)	0,600	17,5	80	27,2	**108,—**	101,—	11,2	**42,—**	—	—
NEG 320 (leichtes Feld)	0,250	14	120	28,2	**161,—**	149,—	15,5	**53,—**	17,0	71,—
NEG 320 (mittleres Feld)	0,370	16	80	20,8	**101,—**	92,—	15,5	**53,—**	17,0	71,—
NEG 320 (schweres Feld)	0,600	17,5	80	33,4	**129,—**	120,—	15,5	**53,—**	17,0	71,—
NEG 380 (leichtes Feld)	0,250	14	120	33,0	**195,—**	181,—	17,1	**55,—**	20,0	77,—
NEG 380 (mittleres Feld)	0,370	16	80	24,2	**120,—**	110,—	17,1	**55,—**	20,0	77,—
NEG 380 (schweres Feld)	0,600	17,5	80	39,0	**152,—**	142,—	17,1	**55,—**	20,0	77,—

Sonderausführung: Ovale (Schiffchen-)Zinken 5 Prozent Mehrpreis je Feld auf Netzeggenfelder mit spitzen Zinken.

Kombinationsmöglichkeiten: Leichtes Eggenfeld = L, Mittleres Eggenfeld = m, Schweres Eggenfeld = s		Felderzahl hintereinander	Zinkenzahl Leichtes (L) Feld 6 mm ⌀	Zinkenzahl Mittleres (m) Feld 8 mm ⌀	Zinkenzahl Schweres (s) Feld 10 mm ⌀	Gesamt-Zinkenzahl	Gewicht mit normalem Zugbalken ca. kg	Preis normal mit spitzen Zinken und Zugbalken DM	Preis mit stumpfen Zinken und Zugbalken DM	Preis mit ovalen Zinken
NEG 200 Arbeitsbreite 2,00 m	L	1	70	—	—	70	27,2	**144,—**	136,—	Ovale (Schiffchen-)Zinken je Feld (ohne Zugbalken) 5 Prozent Mehrpreis auf Felder mit spitzen Zinken.
	LL	2	2×70	—	—	140	44,2	**248,—**	232,—	
	m	1	—	35	—	35	23,2	**106,—**	100,—	
	mL	2	70	35	—	105	40,2	**210,—**	196,—	
	mm	2	—	2×35	—	70	36,2	**172,—**	160,—	
	s	1	—	—	35	35	31,4	**125,—**	119,—	
	sm	2	—	35	35	70	44,4	**191,—**	179,—	
	ss	2	—	—	2×35	70	52,6	**210,—**	198,—	
	mLL	3	2×70	35	—	175	57,2	**314,—**	292,—	
	mmL	3	70	2×35	—	140	53,2	**276,—**	256,—	
	mmm	3	—	3×35	—	105	49,2	**238,—**	220,—	
	smL	3	70	35	35	140	61,4	**295,—**	275,—	
	smm	3	—	2×35	35	105	57,4	**257,—**	239,—	
	ssL	3	70	—	2×35	140	69,6	**314,—**	294,—	
	ssm	3	—	35	2×35	105	65,6	**276,—**	258,—	
NEG 260 Arbeitsbreite 2,60 m	L	1	90	—	—	90	34,2	**175,—**	165,—	
	LL	2	2×90	—	—	180	57,2	**308,—**	288,—	
	m	1	—	45	—	45	28,0	**126,—**	119,—	
	mL	2	90	45	—	135	51,0	**259,—**	242,—	
	mm	2	—	2×45	—	90	44,8	**210,—**	196,—	
	s	1	—	—	45	45	38,4	**150,—**	143,—	
	sm	2	—	45	45	90	55,2	**234,—**	220,—	
	ss	2	—	—	2×45	90	65,6	**258,—**	244,—	
	mLL	3	2×90	45	—	225	74,0	**392,—**	365,—	
	mmL	3	90	2×45	—	180	67,8	**343,—**	319,—	
	mmm	3	—	3×45	—	135	61,6	**294,—**	273,—	
	smL	3	90	45	45	180	78,2	**367,—**	343,—	
	smm	3	—	2×45	45	135	72,0	**318,—**	297,—	
	ssL	3	90	—	2×45	180	88,6	**391,—**	367,—	
	ssm	3	—	45	2×45	135	82,4	**342,—**	331,—	
NEG 320 Arbeitsbreite 3,20 m	L	1	110	—	—	110	41,7	**214,—**	202,—	
	LL	2	2×110	—	—	220	71,9	**375,—**	351,—	
	m	1	—	55	—	55	36,3	**154,—**	145,—	
	mL	2	110	55	—	165	64,5	**315,—**	294,—	
	mm	2	—	2×55	—	110	57,1	**255,—**	237,—	
	s	1	—	—	55	55	48,9	**182,—**	173,—	
	sm	2	—	55	55	110	69,7	**283,—**	265,—	
	ss	2	—	—	2×55	110	82,3	**311,—**	293,—	
	mLL	3	2×110	55	—	275	92,7	**476,—**	443,—	
	mmL	3	110	2×55	—	220	85,3	**416,—**	386,—	
	mmm	3	—	3×55	—	165	77,9	**356,—**	329,—	
	smL	3	110	55	55	220	97,9	**444,—**	414,—	
	smm	3	—	2×55	55	165	90,5	**384,—**	357,—	
	ssL	3	110	—	2×55	220	110,5	**472,—**	442,—	
	ssm	3	—	55	2×55	165	103,5	**412,—**	385,—	
NEG 380 Arbeitsbreite 3,80 m	L	1	130	—	—	130	50,1	**250,—**	236,—	
	LL	2	2×130	—	—	260	83,1	**445,—**	417,—	
	m	1	—	65	—	65	41,3	**175,—**	165,—	
	mL	2	130	65	—	195	74,3	**370,—**	346,—	
	mm	2	—	2×65	—	130	65,5	**295,—**	275,—	
	s	1	—	—	65	65	56,1	**207,—**	197,—	
	sm	2	—	65	65	130	80,3	**327,—**	307,—	
	ss	2	—	—	2×65	130	95,1	**359,—**	339,—	
	mLL	3	2×130	65	—	325	107,1	**565,—**	527,—	
	mmL	3	130	2×65	—	260	98,5	**490,—**	456,—	
	mmm	3	—	3×65	—	195	89,7	**415,—**	385,—	
	smL	3	130	65	65	260	113,3	**522,—**	488,—	
	smm	3	—	2×65	65	195	104,5	**447,—**	417,—	
	ssL	3	130	—	2×65	260	128,1	**554,—**	520,—	
	ssm	3	—	65	2×65	195	119,3	**479,—**	449,—	

Anbau-Netzeggen für Eggentragrahmen TEGB 133

für Schlepper mit 10—15 PS

TEGB 133 / NEGB 200 · Arbeitsbreite 200 cm
TEGB 133 / NEGB 260 · Arbeitsbreite 260 cm
TEGB 133 / NEGB 320 · Arbeitsbreite 320 cm

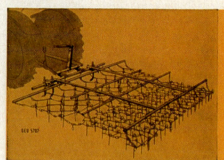

TEGB 133/NEGB 260 sl.
Kombination mit Zugbalken und Zusatzrahmen

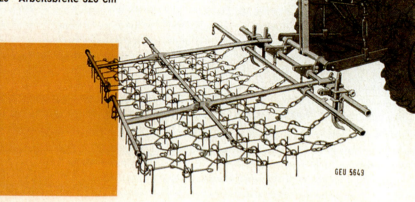

TEGB 133/NEGB 200 l, mit Zugbalken und 2 Trägern

Tragrahmen TEGB 133 — Gewicht ca. kg 61 **Preis DM 266,—**

Bezeichnung der dazu passenden Eggenfelder	Ausführung	Netzeggenfeld bzw. Kombination ohne Zugbalken (spitze Zinken) Gewicht ca. kg	Preis DM	Zugbalken allein Bez.	Gewicht ca. kg	Preis DM	Zusatzrahmen erforderlich Bezeichnung	Gewicht ca. kg	Preis DM	Netzegge bzw. Kombination kompl. m. Zugbalken (spitze Zinken) ohne Tragrahmen TEGB 133 Gewicht ca. kg	Preis DM	mit Tragrahmen TEGB 133 Gewicht ca. kg	Preis DM
NEGB 200 s	schwer	20	85,—	Zu-ba. 4412 U 1	8,0	37,—	—	—	—	28	122,—	83	388,—
NEGB 200 m	mittelschwer	12	66,—				—	—	—	20	103,—	75	369,—
NEGB 200 l	leicht	16	104,—				2 Trä. 4050 G	8	38,—	32	179,—	87	445,—
NEGB 200 sm	Kombination	33	151,—							58	272,—	113	538,—
NEGB 200 sl	Kombination	37	189,—				Trä. 10240 G	17	84,—	62	310,—	117	576,—
NEGB 200 ml	Kombination	29	170,—							54	291,—	109	557,—
NEGB 260 s	schwer	27	108,—	Zu-ba. 4418 U 1	9,0	42,—	—	—	—	36	150,—	91	416,—
NEGB 260 m	mittelschwer	17	84,—				—	—	—	26	126,—	81	392,—
NEGB 260 l	leicht	22	133,—							48	259,—	103	525,—
NEGB 260 sm	Kombination	44	192,—				Trä. 10240 G	17	84,—	70	318,—	125	584,—
NEGB 260 sl	Kombination	49	241,—							75	367,—	130	633,—
NEGB 260 ml	Kombination	39	217,—							65	343,—	120	609,—
NEGB 320 l	leicht	28,2	161,—	Zu-ba. 4422 U 1	14,0	53,—				59,2	298,—	114,2	564,—
NEGB 320 sm	Kombination	54	230,—				Trä. 10240 G	17	84,—	85	367,—	140	633,—
NEGB 320 sl	Kombination	61,5	290,—							92,5	427,—	147,5	693,—
NEGB 320 ml	Kombination	49	262,—							80	399,—	135	665,—

Tragrahmen TEGB 133/4 — Gewicht ca. kg 85 **Preis DM 358,—**

Bezeichnung	Ausführung	Gewicht ca. kg	Preis DM	Bez.	Gewicht ca. kg	Preis DM				Gewicht ca. kg	Preis DM	Gewicht ca. kg	Preis DM
NEGB 320 s	schwer	33,5	129,—	Zu-ba. 4422 U 1	14,0	53,—	—	—	—	47,5	182,—	126,5	540,—
NEGB 320 m	mittelschwer	21	101,—				—	—	—	35	154,—	114,0	512,—

Die in obiger Tabelle angeführten Netzeggenfelder können auch am Eggentragrahmen TEGB 123 L, 123 G, 111, 111 F, 112 untergehängt werden.

Zur Beachtung: Ist von einer Kombination her der Zusatzrahmen (Trä. 10240 G) vorhanden, wird für das leichte Feld allein kein besonderer Zusatzrahmen (2 Trä. 4050 G) mehr benötigt.

Netzeggenfelder mit runden (stumpfen) Zinken an den Tragrahmen TEGB 133, jeweils				weniger für 1 Feld
	NEGB 200	NEGB 260	NEGB 320	NEGB 380
leicht (l)	DM 8,—	DM 10,—	DM 12,—	DM 14,—
mittel (m) u. schwer (s)	DM 6,—	DM 7,—	DM 9,—	DM 10,—
Netzeggenfelder mit ovalen (Schiffchen-) Zinken kosten 5% mehr wie Felder mit spitzen Zinken				

Anbau-Netzeggen für Eggentragrahmen TEGB 531

für Schlepper mit 15—35 PS

TEGB 531 / NEGB 260 · Arbeitsbreite 260 cm
TEGB 531 / NEGB 320 · Arbeitsbreite 320 cm
TEGB 531 / NEGB 380 · Arbeitsbreite 380 cm

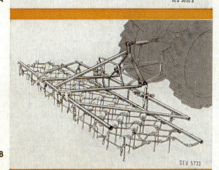

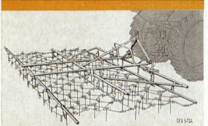

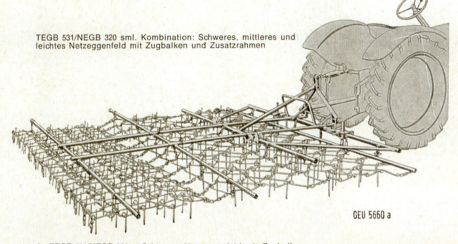

TEGB 531/NEGB 320 sml. Kombination: Schweres, mittleres und leichtes Netzeggenfeld mit Zugbalken und Zusatzrahmen

A TEGB 531/NEGB 320 s. Schweres Netzeggenfeld mit Zugbalken.
B TEGB 531/380 l. Leichtes Netzeggenfeld mit Zugbalken und Zusatzrahmen.
C TEGB 531/320 sm. Kombination: Schweres und mittleres Netzeggenfeld mit Zugbalken und Zusatzrahmen.

Tragrahmen TEGB 531 — Gewicht ca. kg 78 Preis DM 328,—

Bezeichnung der dazu passenden Eggenfelder	Ausführung	Netzeggenfeld bzw. Kombination ohne Zugbalk. (spitze Zinken) Gewicht ca. kg	Preis DM	Zugbalken allein Bez.	Gewicht ca. kg	Preis DM	Zusatzrahmen erforderlich Bezeichnung	Gewicht ca. kg	Preis DM	Netzegge bzw. Kombination kompl. m. Zugbalken (spitze Zinken) ohne Tragrahmen Gewicht ca. kg	Preis DM	mit Tragrahmen TEGB 531 Gewicht ca. kg	Preis DM
NEGB 260 s	schwer	27	108,—	Zu-ba. 4414 U 1	9,0	42,—	* 4 Haken Ha. 4160	Kein Zusatzrahm. erforderl.	2,—	36	152,—	114	480,—
NEGB 260 m	mittelschwer	17	84,—							26	128,—	104	456,—
NEGB 260 l	leicht	22	133,—							31	177,—	109	505,—
NEGB 260 sm	Kombination	44	192,—							75,5	335,—	153,5	663,—
NEGB 260 sl	Kombination	49	241,—				Rahmen 11784 G	22,5	101,—	80,5	384,—	158,5	712,—
NEGB 260 ml	Kombination	39	217,—							70,5	360,—	148,5	688,—
NEGB 260 sml	Kombination	66	325,—				2 Rahm. 11784 G	45	202,—	120	569,—	198	897,—
NEGB 320 s	schwer	34,5	129,—	Zu-ba. 5420 U 1	13,0	53,—	* 6 Haken Ha. 4160	Kein Zusatzrahm. erforderl.	3,—	47,5	185,—	125,5	513,—
NEGB 320 m	mittelschwer	22	101,—							35	157,—	113	485,—
NEGB 320 l	leicht	29,2	161,—							42,2	217,—	120,2	545,—
NEGB 320 sm	Kombination	55	230,—							90,5	384,—	168,5	712,—
NEGB 320 sl	Kombination	62,5	290,—				Rahmen 11784 G	22,5	101,—	98	444,—	176	772,—
NEGB 320 ml	Kombination	50	262,—							85,5	416,—	163,5	744,—
NEGB 320 sml	Kombination	83,2	391,—				2 Rahm. 11784 G	45	202,—	141,2	646,—	219,2	974,—
NEGB 380 s	schwer	37,5	152,—	Zu-ba. 4432 U 1	16,5	55,—	* 8 Haken Ha. 4160	Kein Zusatzrahm. erforderl.	4,—	54	211,—	132	539,—
NEGB 380 m	mittelschwer	22,7	120,—							39,2	179,—	117,2	507,—
NEGB 380 l	leicht	31,5	195,—							48	254,—	126	582,—
NEGB 380 sm	Kombination	61,7	272,—							100,7	428,—	178,7	756,—
NEGB 380 sl	Kombination	70,5	347,—				Rahmen 11784 G	22,5	101,—	109,5	503,—	187,5	831,—
NEGB 380 ml	Kombination	65,7	315,—							104,7	471,—	182,7	799,—
NEGB 380 sml	Kombination	94,7	467,—				2 Rahm. 11784 G	45	202,—	156,2	724,—	234,2	1052,—

* Die Haken (Ha. 4160) werden zur Verbindung zwischen den Ketten am hinteren Teil des Tragrahmens und dem Netzeggenfeld verwendet.

Netzeggenfelder mit runden (stumpfen) Zinken an den Tragrahmen TEGB 531, jeweils				weniger für 1 Feld
	NEGB 200	NEGB 260	NEGB 320	NEGB 380
leicht (l)	DM 8,—	DM 10,—	DM 12,—	DM 14,—
mittel (m) u. schwer (s)	DM 6,—	DM 7,—	DM 9,—	DM 10,—
Netzeggenfelder mit ovalen (Schiffchen-) Zinken, kosten 5 % mehr wie Felder mit spitzen Zinken				

Anbau-Netzeggen für Eggentragrahmen TEGB 630

TEGB 630/NEGB 320 · Arbeitsbreite 320 cm
TEGB 630/NEGB 380 · Arbeitsbreite 380 cm

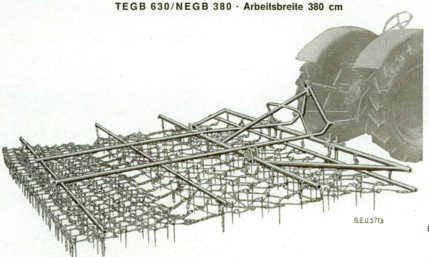

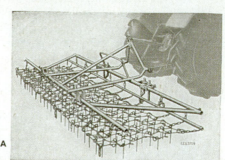

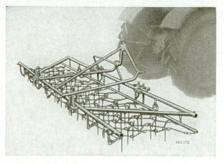

TEGB 630/NEGB 380 sml. Kombination: Schweres, mittleres und leichtes Netzeggenfeld mit Zugbalken und Zusatzrahmen

A TEGB 630/NEGB 380 l. Leichtes Netzeggenfeld mit Zugbalken
B TEGB 630/NEGB 380 s. Schweres Netzeggenfeld mit Zugbalken

Tragrahmen TEGB 630 — Gewicht ca. kg 147 **Preis DM 659,—**

Bezeichnung der dazu passenden Eggenfelder	Ausführung	Netzeggenfeld bzw. Kombination ohne Zugbalk. (spitze Zinken) Gewicht ca. kg	Preis DM	Zugbalken allein Bez.	Gewicht ca. kg	Preis DM	Zusatzrahmen erforderlich Bezeichnung	Gewicht ca. kg	Preis DM	Netzegge bzw. Kombination kompl. m. Zugbalken (spitze Zinken) ohne Tragrahmen TEGB 630 Gewicht ca. kg	Preis DM	mit Tragrahmen TEGB 630 Gewicht ca. kg	Preis DM
NEGB 320 s	schwer	34,5	129,—	Zu-ba. 5420 U 1	13,0	53,—	*6 Haken Ha. 4160	Kein Zusatzrahm. erforderl.	3,—	47,5	185,—	194,5	844,—
NEGB 320 m	mittelschwer	22	101,—				*6 Haken Ha. 4160			35	157,—	182	816,—
NEGB 320 l	leicht	29,2	161,—				*6 Haken Ha. 4160			42,2	217,—	189,2	876,—
NEGB 320 sm	Kombination	55	230,—							94	391,—	241	1050,—
NEGB 320 sl	Kombination	62,5	290,—				Rahmen 11180 G	26	108,—	101,5	451,—	248,5	1110,—
NEGB 320 ml	Kombination	50	262,—							88	423,—	235	1082,—
NEGB 320 sml	Kombination	83,2	391,—				Rahmen 11180 G u. 11190 G	53	216,—	149,2	660,—	296,2	1319,—
NEGB 380 s	schwer	37,5	152,—	Zu-ba. 4432 U 1	16,5	55,—	*8 Haken Ha. 4160	Kein Zusatzrahm. erforderl.	4,—	54	211,—	201	870,—
NEGB 380 m	mittelschwer	22,7	120,—				*8 Haken Ha. 4160			39	179,—	186	838,—
NEGB 380 l	leicht	31,5	195,—				*8 Haken Ha. 4160			48	254,—	195	913,—
NEGB 380 sm	Kombination	61,7	272,—							104,2	435,—	251,2	1094,—
NEGB 380 sl	Kombination	70,5	347,—				Rahmen 11180 G	26	108,—	113	510,—	260	1169,—
NEGB 380 ml	Kombination	65,7	315,—							108,2	478,—	255,2	1137,—
NEGB 380 sml	Kombination	94,7	467,—				Rahmen 11180 G u. 11190 G	53	216,—	164,2	738,—	311,2	1397,—

* Die Haken Ha. 4160 werden zur Verbindung zwischen den Ketten am hinteren Teil des Tragrahmens und dem Netzeggenfeld verwendet.

Netzeggenfelder mit runden (stumpfen) Zinken an den Tragrahmen TEGB 630, jeweils				weniger für 1 Feld
	NEGB 200	NEGB 260	NEGB 320	NEGB 380
leicht (l)	DM 8,—	DM 10,—	DM 12,—	DM 14,—
mittel (m) u. schwer (s)	DM 6,—	DM 7,—	DM 9,—	DM 10,—
Netzeggenfelder mit ovalen (Schiffchen-) Zinken kosten 5% mehr wie Felder mit spitzen Zinken				

Gebrüder Eberhardt

Pflugfabrik · Ulm (Donau) · Postfach 204
Tel. (0731) 6 19 31 · Fernschreiber 07 12875
Telegr.-Anschr.: Eberhardtwerke Ulmdonau

Grundlage: Unsere Lieferbedingungen · Ausgabe 1. 1. 1962 · Gewichte und Abbildungen unverbindlich · Änderungen vorbehalten · Zu beziehen durch:

Verk.-Büro u. Lager Langenhagen 1 (Hann.) · Am Brinker Hafen 10 · Postf. 61
Tel.: Hann. 66 79 15 · FS: Hannover 09 22 209 · Bahnst. Vinnhorst (Anschlußgl.)
Verk.-Büro u. Lager Landshut (Ndb.) · Ladehofplatz 6 · Tel.: Landshut 31 35

Mo. 2519 b 1. 62

Mengele-Ackerwalzen

Einteilige Cambridge- und Croskillwalze

mit Langfahrvorrichtung, ohne Kutschersitz

Zürich 1	425	1,70	20	350	**810.–**
Zürich 2	495	2,00	24	350	**950.–**
Mehrpreis der Handwinde für beide Typen					**29.–**
Mehrpreis der Luftbereifung für beide Typen					**290.–**
Mehrpreis für Kutschersitz mit Schutzbügel					**26.–**

3 teil. Scharnier-Rillenwalzen

mit Kutschersitz und Schutzbügel

RW 1	430	1,70	33	400	**865.–**
RW 2	480	2,00	39	400	**960.–**

Dreiteilige Cambridgewalzen

Würzburg 24	420	2,00	24	350	**840.–**
Würzburg 30	545	2,50	30	350	**1020.–**
Würzburg 36	640	3,00	36	350	**1200.–**
Bamberg 24	530	2,00	24	400	**990.–**
Bamberg 30	650	2,50	30	400	**1220.–**
Bamberg 36	760	3,00	36	400	**1440.–**

Düngerstreuer

Amazone-Walzendüngerstreuer

Spezialausführung für vorhandene PKW-Bereifung
H 200 G / H 250 G   Ohne Scherdeichsel

Typ	Streubreite	Gewicht m. Rädern	Spur	Kasteninhalt	Preis mit Naben u. Felgen 15"	Preis nur mit Naben
H 200 G	2,00 m	230 kg	2,45 m	150 l	DM 681.–	DM 605.–
H 250 G	2,50 m	280 kg	2,95 m	190 l	DM 826.–	DM 750.–

Sonderzubehör:

Scherdeichsel (für ein Pferd)	DM 25.–
Stangendeichsel (für Gespann)	DM 55.–
Anbaurahmen für Schlepperdreipunkthydraulik	DM 75.–
Schlepperdeichsel mit Verstrebung und Schaltvorrichtung vom Schleppersitz aus	DM 76.–
2 Verlängerungsstücke für die unteren Lenkarme (bei hohen Schlepperhinterreifen)	DM 32.–
Bürsten für Abdeckbrett p/m Streubreite	DM 10.–
Windschutzgummituch p/m Streubreite	DM 19.–
SF-Verteiler (Verteilvorrichtung bei schneller Fahrt und hartem Boden) p/m Streubreite	DM 35.–
Kalk-Aufsteckkasten, 1,50 m hoch p/m Streubreite	DM 20.–
Nabenvergrößerung (erforderlich, wenn Lochkreis größer als 130 mm ⌀ ist) p/Paar	DM 49.–
Scheiben für Radversatz (erforderlich bei großer Einpreßtiefe der vorhandenen Felgen) p/Paar	DM 18.–
Felgen 15" p/Paar	DM 76.–
Felgen 20" p/Paar	DM 137.–
Bereifung 5.60–15 mit Schlauch p/Paar	DM 178.–
Bereifung 130–20 mit Schlauch p/Paar	DM 226.–
Naben, ungebohrt oder gebohrt (bei Nachlieferung) p/Paar	DM 59.–

Betr.: H 250 G

Wir weisen darauf hin, daß die Maschine H 250 G breiter ist als 3,00 m. Damit ist der Streuer nach der neuen StVZO § 32 für den Verkehr auf öffentlichen Straßen n i c h t z u g e l a s s e n.
Falls Sie unbedingt Wert auf eine Maschine legen müssen, die auf öffentlichen Straßen gefahren werden, so verweisen wir auf die Type LZ 250 bzw. L 250.

Amazone-Leichtdüngerstreuer

L 200 / L 250 / BL 200   ohne Scherdeichsel

Typ	Streubreite	Gewicht	Spur	Kasteninhalt	Stahlräder	Preis Serienausst.
AMAZONE L 200	2,00 m	103 kg	2,26 m	100 l	700 ⌀ 60 mm breit	DM 389.–
AMAZONE L 250	2,50 m	120 kg	2,76 m	135 l	700 ⌀ 80 mm breit	DM 495.–
AMAZONE BL 200 mit 2 Streuwalzen für berg. Gelände	2,00 m	140 kg	2,26 m	125 l	700 ⌀ 80 mm breit	DM 498.–

Zubehör für L 200 / L 250 / BL 200

Scherdeichsel	DM 25.–
Anbaurahmen für Dreipunkt-Aufhängung	DM 42.–
Schlepperdeichsel	DM 45.–
Kalkaufsatzkasten für L 200 / BL 200	DM 29.–
Radverbreiterung auf 80 mm (nur f. L 200) Mehrpr.	DM 10.–
Gummibereifung 26–2.50 (für L 200) Mehrpr.	DM 67.–
Gummibereifung 4.00–19 AM Mehrpr.	DM 165.–
Walzenabdeckbrett für L 200	DM 7.50
Walzenabdeckbrett für L 250	DM 9.–
Walzenabdeckbretter für BL 200	DM 15.–
2 Verlängerungsstücke für die unteren Lenkarme bei hohen Schlepperhinterreifen	DM 32.–
Stahlräder 700 mm ⌀, 60 mm breit (bei Nachlieferung)	DM 65.–

Düngerstreuer

Amazone-Zweisortendüngerstreuer

LZ 200 / LZ 250

Leichte Schlepperausführung

Serienausstattung: 2 getrennt voneinander arbeitende und einstellbare Streukästen, verbunden durch Stahlrohrrahmen. 2 Streuwalzen, die sich bei Verwendung als 1-Sorten-Maschine gegenseitig ausgleichen (für stark bergiges Gelände); Rührschieber mit Hubverstellung; Hemmschienen für stark rieselnde Dünger; Abdeckbretter für beide Streuwalzen.

Typ	Streubreite	Gewicht	Spurweite	Kastenhinhalt	Preis kpl. m. Bereif. 4.00–19 AM	Preis kpl. mit Stahlräd. 700 ⌀ 80 mm breit
AMAZONE LZ 200	2,00 m	200 kg	2,34 m	185 l	DM 940.–	DM 775.–
AMAZONE LZ 250	2,50 m	242 kg	2,84 m	230 l	DM 1110.–	DM 945.–

Zubehör für LZ 200 / LZ 250:

Vorrahmen für Pferdezug	DM 37.–
Scherdeichsel für Pferdezug	DM 25.–
Schlepperdeichsel mit Verstrebung und Ausrückvorrichtung vom Schlepper aus	DM 74.–
Stahlräder 700 ⌀, 80 mm breit (bei Nachlieferung) pro Paar	DM 95.–
Stahlspeichenräder mit Bereifung 4.00–19 AM (bei Nachlieferung) pro Paar	DM 260.–

Bei Ausstattung LZ 200 / LZ 250 mit PKW-Bereifung:

- LZ 200 ohne jegl. Räder, sonst wie oben — DM 680.–
- LZ 250 ohne jegl. Räder, sonst wie oben — DM 850.–

Naben (wenn nicht Lochkreisdurchmesser, Lochzahl und Bohrung angegeben sind, werden die Naben ungebohrt geliefert) pro Paar DM 44.–

Nabenvergrößerung (erforderlich, wenn Lochkreis größer als 130 mm ⌀ ist) pro Paar DM 49.–

Scheiben für Radversatz (erforderlich bei großer Einpreßtiefe der vorhandenen Felgen) pro Paar DM 18.–
Felgen 15" pro Paar DM 76.–

Bei LZ 250 ist zu beachten, daß durch besonders breite Bereifung die Gesamtbreite der Maschine größer als 3 m wird. Damit ist die Maschine laut StVZO § 32 auf öffentlichen Straßen nicht mehr zugelassen.

Amazone Za Zentrifugalstreuer

Serienausstattung:
Anschlüsse für Schlepper-Dreipunkt-Hydraulik, Stahlrohrrahmen, Doppeltrichter und Zweischeiben-Streuwerk. Ölbadgetriebe, Anhängemaul für nachlaufenden Wagen, Walterscheid-Gelenkwelle mit Schutz 1³/₈".
Für Schlepper mit anderen Zapfwellenmaßen (z. B. Ferguson 1¹/₈") können bei entsprechendem Vermerk im Auftrag Spezialgelenkwellen anstatt der Serienwellen gelief. werden.

Zentrifugalstreuer Amazone Za — DM 788.–

Sonderausstattungen:

Sonderrührwerk für beide Trichterhälften (erforderlich bei feuchtem Dünger)	DM 48.–
Staubschutz mit rückwärts ausweichenden, federnden Seitenauslegern zum Ausstreuen staubigen Düngers, PVC-beschichtet, abwaschbar	DM 279.–
Anbaubock für starre Ackerschiene zum Schlepper ohne Hydraulik	DM 62.–
Zwischenrahmen für großen Bodenabstand (erforderlich zur Getreide-Spätdüngung)	DM 25.–
Visiereinrichtung, ermöglicht genaues Anschlußfahren	DM 34.–
Transportdeckel	DM 39.–
Anbaubock für Stalldungstreuer K 15	DM 162.–
Anbaubock für Stalldungstreuer K 17	DM 173.–
Anbaubock für UNIMOG ohne Dreipunkt-Aufhängung	DM 96.–

Hierzu ist zusätzlich ein Anhängebock für deichsellastige Geräte von der Firma Erhard & Söhne, Schwäbisch-Gmünd, zu beziehen! Bestell-Nr. GF 10.001.1

Anbau-Klemmböcke für UNIMOG-Dreipunkt-Aufhängung	DM 27.–
Übergangsbuchsen für verstärkte Aufhängekugeln der Dreipunkt-Hydraulik (erforderlich bei Schleppern über 30 PS) pro Paar	DM 3.–
Meßbeutel	DM 20.–

Düngerstreuer

A. Gespann-Düngerstreuer — 5% Teuerungszuschlag

Type	Drahtwort	Streubreite ca. m	Laufräder mm	Gewicht mit Rädern und Lannen ca. kg	Düngerstreuer ohne Lannen und ohne Schlepperdeichsel ohne Räder DM	mit eis. Laufrädern DM
D 1½	Dachs	1,50		100	250.–	315.–
D 1¾	Delphin	1,75	700x60	115	270.–	335.–
D 2	Dohle	2,00		125	290.–	355.–
D 2½	Drossel	2,50	800x70	160	365.–	440.–

Stahlrohrlannen 48 ⌀ für D 1½ – D 2½ — werden jeweils im Zugrahmen des Düngerstreuers angeschlossen — 30.–
Schlepperdeichsel für D 1½ – D 2 — 20.–
Schlepperdeichsel für D 2½ — 22.–

Besondere Ausrüstung: DM
2 Felgenräder für Bereifung 26x2,5 (nur für D 1½ – D 2) — 65.–
dazugehörige Luftbereifung — 48.–
2 Felgenräder für Bereifung 3,50 – 19 AM — 75.–
dazugehörige Luftbereifung (Ackerstollenprofil) — 110.–
2 Felgenräder für Bereifung 4,00 – 19 AM — 85.–
dazugehörige Luftbereifung (Ackerstollenprofil) — 130.–
(den Preisen für Düngerstreuer ohne Räder hinzurechnen)
Streumengenregulierung vom Schleppersitz aus — 26.50
Einrichtung zum Ein- und Zweispännigfahren — 6.–
Zusätzliches Rührwerk (für brückenbildenden Dünger) — 46.–

	D 1½ - D 2	D 2½
Kalkaufsatzteile	11.–	12.–
Windschutztuch	17.–	21.–
Reihenstreuvorrichtung (bei Bestellung Reihenabstand angeben)	25.–	30.–
Streuboden mit **rostfreiem** Bodenblech Mehrpr.	32.–	40.50
Zusätzlicher Streuboden für Kalk (2 reihig)		Auf Anfrage

B. Universal-Düngerstreuer — 5% Teuerungszuschlag

Dreipunktaufhängung-Gespann-Schlepperzug

a) „PONY" (Standard-Modell)

Type und Drahtwort	Streubreite ca. m	Gewicht mit Rädern (Normalausführung) ca. kg	Düngerstreuer mit 3 Pkt.-Anschluß (Normalausf.) ohne Räder DM	mit eis. Laufrädern 800x70 DM
Pony 20	2,00	122	295.–	370.–
Pony 25	2,50	142	355.–	430.–

Besondere Ausrüstung: DM
Einspännervorrichtung mit Stahlrohrlannen 48 ⌀ — 42.–
Zweispännerdeichsel — 42.–
Schlepperzugvorrichtung (einschl. Verstellhebel-Verlängerung) — 28.–
Kalkaufsatzteile — 11.–
Luftbereifung, zusätzliches Rührwerk, **rostfreies** Bodenblech, Windschutztuch siehe links

b) „HD" Düngerstreuer

Diese Streuer sind gegenüber den „Pony"-Typen mit größerem Kasten und in schwererer Konstruktion ausgeführt.

Type	Drahtwort	Streubreite ca. m	Gewicht mit Rädern (Normalausführung) ca. kg	Düngerstreuer mit 3-Pkt.-Anschluß (Normalausführung) ohne Räder DM	mit eis. Laufrädern 800x70 DM
HD 1¾	Habicht	1,75	115	300.–	375.–
HD 2	Hydra	2,00	125	325.–	400.–
HD 2½	Hummel	2,50	148	405.–	480.–

Besondere Ausrüstung: DM
Einspännervorrichtung mit Stahlrohrlannen 48 ⌀ — 54.–
Ein- und Zweispännerdeichsel — 60.–
Schlepperzugvorrichtung anstelle der Einspännervorrichtung (einschl. Verstellhebel-Verlängerung) — 28.–
Schlepperdeichsel extra (in Verbindung mit der Einspännervorrichtung zu verwenden) — 22.–
Kalkaufsatzteile — 12.–

Luftbereifung, zusätzliches Rührwerk, **rostfreies** Bodenblech, Windschutztuch siehe links

RAUCH

Universal-Düngerstreuer *Pony*

▶ Für Dreipunkt-Aufhängung!

▶ Für Gespann!

▶ Für Schlepperzug!

Bild 2 Dreipunktanschluß (Grundausrüstung)

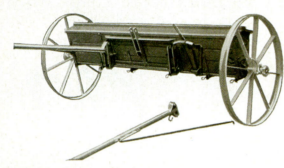

Bild 3 Einspännervorrichtung

Bild 4 Schlepperzugvorrichtung

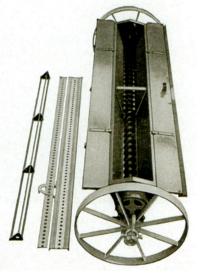

Bild 5
Ansicht des Rührwerkes (Rührstabwelle herausgenommen)

Der **RAUCH Universaldüngerstreuer**

„Pony"

- ● ist in der Grundausrüstung anbaufertig für die Dreipunkt-Aufhängung. (Pendelnde Aufhängung für weitgehende Geländeanpassung).
- ● Die für die Ausrüstung als Gespann- bzw. Anhängedüngerstreuer erforderlichen Zugvorrichtungen werden in kürzester Zeit und ohne Verwendung von Werkzeug angeschlossen.
- ● Abmessungen und Konstruktionsmerkmale entsprechen den bewährten Typen D 2 u. D 2½:
  - ● Streuwelle mit Taumelscheiben aus verschleißfestem Spezialguß.
  - ● Streuboden leicht zerlegbar. Streuwelle und Streuboden aus bestem rostträgem Material.
  - ● Die Streuwelle ist in der Mitte geteilt, jede Kastenhälfte daher getrennt abschaltbar.
  - ● **Der „Pony" streut gleichmäßig, auch bergauf - bergab und am Hang,** er streut selbst gekörnte Dünger in kleinsten Mengen.
  - ● Die Streuwelle verarbeitet brockigen und klumpigen Dünger.
  - ● Zweiteiliger Streukastendeckel, der leicht zu einem Kalkaufsatz ausgebildet werden kann und dessen hinteres Deckelbrett als Auflage zum bequemen Einfüllen des Düngers dient.
  - ● Einbau eines zusätzlichen Rührwerkes möglich.

Type und Drahtwort	Streubreite ca. m	Kasteninhalt normal ltr.	Kasteninhalt mit Kalkaufsatz	Gewicht ca. kg	Preis cpl. DM
Pony 20	2,00	112	185	122	
Pony 25	2,50	137	230	142	

Besondere Ausrüstung:

Einspännervorrichtung mit Rohrlannen . . . .

Zweispännerdeichsel . . . .

Schlepperzugvorrichtung . . . .

Kalkaufsatzteile . . . .

Zusätzliches Rührwerk
(für brückenbildende Dünger)

Luftbereifung 2,5 x 26 – 3,5 x 19 – 4,0 x 19 . . .

Windschutztuch . . . .

Der „Pony" streut alle handelsüblichen trockenen Dünger einwandfrei, die schmierenden und backenden bedingt.

HERMANN RAUCH KG. **SINZHEIM** bei Baden-Baden
LANDMASCHINENFABRIK
Fernsprecher Nr. 548 / 549 Amt Steinbach

D 79

Sämaschinen

Isaria-Super-Universal 1.25 — 2.50 m

für Gespannzug, Einheits-Särad und 72-stufiges Stellwerk, Auto-Vorderwagen mit komb. Seiten- und Hintersteuer, ohne Mehrpreis. Hinterräder 1100 mm Durchmesser, 60 mm breit, oder auf Wunsch auch Eisenräder. Die 2½ m Maschine wird ohne Mehrpreis mit 70 mm breiten hölzernen Hinterrädern mit Kegelrollenlagern und hohen Schutzblechen geliefert.

Mehrpreis für Luftbereifung auf Anfrage.

Breite und	Reihenzahl	Reihen-Abstand in mm	Gewicht etwa kg	Telegrammwort	Preise in DM	Auf Wunsch ab 1,50 m bis 2,25 m mit Flacheisenscharen u. hinterem Aufzug Mehrpreis DM
1,25 m	7	178	355	Dank	1116.—	
	9	139	367	Dattel	1163.—	
	11	114	379	Donau	1215.—	
	13	96	391	Dose	1262.—	
1,50 m	9	167	374	Ernte	1262.—	
	11	136	384	Eule	1314.—	56.—
	13	115	394	Eva	1364.—	
	15	100	404	Export	1420.—	
1,75 m	11	159	396	Fugger	1404.—	
	13	135	406	Folge	1456.—	56.—
	15	116	416	Friede	1505.—	
	17	103	426	Freia	1557.—	
2,00 m	11	182	418	Gasse	1503.—	
	13	154	428	Gabe	1555.—	67.—
	15	133	438	Gerste	1602.—	
	17	118	448	Garten	1654.—	
2,25 m	13	173	451	Nathan	1668.—	
	15	150	464	Neffe	1717.—	80.—
	17	132	478	Nute	1767.—	
	19	119	491	Nessel	1821.—	
2,50 m	15	166	528	Olaf	2042.—	mit Flacheisen-
	17	147	550	Ofen	2082.—	scharen und
	19	132	572	Otto	2134.—	hinterem
	21	119	594	Omen	2185.—	Aufzug

Obige Preise verstehen sich für die komplette Maschine, einschl. **Auto-Vorderwagen, Momentenleerung, Fettdruckschmierung, Abdrehkurbel, Deichsel, Stellbrett,** Stoßfänger, Werkzeugkasten mit Inhalt, **Räumspieß, verschiebbaren Gewichten, drehbarem Scharbalken,** hölzernen Vorder- und Hinterrädern, einschließlich Rückstrahler, Saat-Tabelle und Gebrauchsanweisung.

Weitere Drillmaschinen und besondere Ausrüstung Preis auf Anfrage.

RAU Anbau-Drillmaschinen

RAU Anbau-Drillmaschine				**DM**
	Luftbereifung 4,00–16, Laufbrett mit Rückenlehne, Nockensäräder,			
17/1	2,10 m	11 Rh.	1	**1704.–**
17/2	2,10 m	13 Rh.	1	**1742.–**
17/3	2,10 m	15 Rh.	1	**1802.–**
17/4	2,10 m	17 Rh.	1	**1843.–**
17/5	2,50 m	15 Rh.	1	**2176.–**
17/6	2,50 m	17 Rh.	1	**2215.–**
17/7	2,50 m	19 Rh.	1	**2255.–**
17/8	2,50 m	21 Rh.	1	**2296.–**
17 S	Schaltkopf mit Markeur-Seilen		1	**37.–**
27	Markeure		1	**36.–**
17/00	Spurlockerer, gefed. z. Drillmasch.		Paar	**104.–**
17 E 1	Saateggenrahmen 2,10 m		1	**87.–**
17 E 2	Saateggenrahmen 2,50 m		1	**98.–**
17 K 1	Saateggenfelder (3 Stck. f. 2,10 m)		Garn.	**70.–**
17 K 2	Saateggenfelder (4 Stck. f. 2,50 m)		Garn.	**93.–**
17 D	3-Punkt-Anhängedeichsel		1	**61.–**
17 ER	Rübeneinsatzkästen		je Rh.	**11.–**
17 RD	Rübendruckrollen konkav		je Rh.	**29.–**
17 KL 1	Kleesäapparat 2,10 m		1	**281.–**
17 KL 2	Kleesäapparat 2,50 m		1	**302.–**
17 H 1	Hektarzähler für 2,10 m		1	**170.–**
17 H 2	Hektarzähler für 2,50 m		1	**170.–**
17 SL	Sitzlehne für OST		1	**8.–**
17 Sch	Säbelschare Mehrpreis je Rh.			**8.50**

Der Bautz-Gabelheuwender GW 61/GW 81 mit automatischer Kurvenanhebung

Ein kräftiger Stahlrohr-Hauptträger verleiht der Maschine eine große Stabilität.

Die Laufräder sind fest mit der Achse verbunden, die Sperrknaggen im Getriebegehäuse eingebaut.

Das Ganzstahlgetriebe läuft in gekapseltem Ölbad.

Die präzisionskugelgelagerten Gabeln, aus einem Stück geschmiedet, haben eine große Festigkeit und eine gute Wurfwirkung.

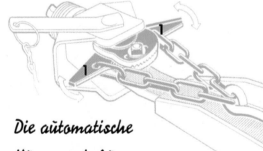

Die automatische Kurvenanhebung

schützt die Gabellager vor ungünstigen seitlichen Belastungen beim Kurvenfahren. Die Automatic der Maschine arbeitet dabei wie folgt: Beim Fahren in die Kurve stößt der Hebel (1) an die Zugmaultasche, spannt dadurch die gegenüberliegende Kette und hebt die Kurbelwelle der Gabeln aus.

LEICHTZÜGIG — GERÄUSCHARM — WARTUNGSFREI

GW 61/81

Bautz - Gabelheuwender

mit *Palloid*-Getriebe

Zweistufiger Kegelantrieb mit Knaggengesperre im Ölbad laufend

Spiralkegelräder für den Kurbelwellen-Antrieb (Ölbad)

Neuartiger Gabelstiel aus kräftigem Pressprofil. Gabeln und Kurbelwelle in Präzisions-Kugellagern gelagert

Technische Daten

Bezeichnung	GW 61	GW 81
Gabeln	6	8
Arbeitsbreite	2,10 m	2,90 m
Drahtwort	Pallosechs	Palloacht
Gewicht	260 kg	310 kg

Tiefeneinstellung mit Handhebel vom Schlepper aus

JOSEF BAUTZ GMBH SAULGAU/WÜRTT.

Automatische Kurvenaushebung

Tiefeneinstellung

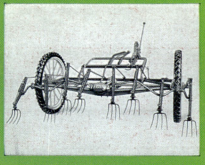
Ausführung ohne Sitz mit luftbereiften Laufrädern (Sonderausrüstung) und Schlepperzugrahmen.

GW 61 im Einsatz

Gabelheuwender • Kreiselheuer

BAUTZ Gabelheuwender GW
zweifaches Stahlkegelgetriebe m. Palloidverzahnung im Ölbad, Kurbelwelle, Zwischenwelle und Gabellager in Kugellagern, Fettpreßschmierung, Hand- u. Fußaushebung, Stahlrohrlannen.

GW 61, 6 Gabeln, 2,10 m Arbeitsbreite Einspännerausführung	DM 1 090.–
GW 81, 8 Gabeln, 2,90 m Arbeitsbreite Zweispännerausführung	DM 1 245.–
GW 61, 6 Gabeln, 2.10 m — Traktorzug **mit automat.** Kurvenaushebung ohne Sitz, Hebelbedienung vom Schleppersitz aus	DM 1 070.–
GW 81, 8 Gabeln, 2.90 m	DM 1 210.–
Sitz (kompl. mit Schutzbügel) extra, für GW mit Traktorzug	DM 40.–
Bandbremse	DM 35.–
Mehrpreis für Zweispänner-Ausführung für GW 61	DM 30.–
Traktorzug (mit automatisch. Kurvenaushebung) extra	DM 55.–

	Mitl.-Preis	Nachl.-Preis
Mehrpreis für 2 luftbereifte Laufräder (4.00 – 36)	380.–	510.–

FELLA Gabelheuwender Kuli II
für Schlepperzug, ohne Sitz, mit Ein- und Ausrückvorrichtung, **sowie Spindel-Hoch- und Tiefstellvorrichtung,** beides vom Schleppersitz aus zu bedienen,

Kuli II / 6 S mit 6 patentierten, abgefederten Gabeln	DM 995.–
Kuli II / 8 S mit 8 patentierten, abgefederten Gabeln	DM 1 165.–
Spindel-Hoch- und Tiefstellvorrichtung, vom Schleppersitz aus zu bedienen, für Maschinen bis einschließlich Jahrgang 1961 nachträglich anzubauen	DM 36.–
Kutschersitz mit Feder und Strebe	DM 16.50
Unfallschutz-Greifstange	DM 11.50
Gespannzugvorrichtung (Lannen, Ortscheit)	DM 43.–
Bremse bei Mitlieferung und Extrabezug	DM 33.–
Unfall-Gabelschutz, pro Gabel, 18 670 G	DM 3.50

FELLA Gabelheuwender Kuli II
für Zapfwellenantrieb und Dreipunkt-Aufhängung

Kuli II / 8 ZD mit 8 patentierten, abgefederten Gabeln, Ölbadgetriebe und 2 Stahlrädern für Arbeitsstellung, mit 2 gesetzlich geschützten Gelenkwellen-Anschlüssen für 2 Geschwindigkeiten, passend für alle Schlepper mit Dreipunkt-Aufhängung, mit Gelenkwelle bis zur Zapfwelle, Schnellverschluß und Gelenkwellenschutz, Arbeitsbreite 2,90 m — DM 1 100.–

SONDERAUSRÜSTUNG:
Abstellstütze mit schwenkbarer Laufrolle	bei Mitlieferung	DM 16.–
	bei Nachlieferung	DM 20.–

Verlängerungs-Vorrichtung für den Anbau an Massey-Ferguson-Schlepper 18 712 G	DM 45.–
Unfall-Gabelschutz, pro Gabel, 18 670 G	DM 3.50

FELLA Gabelheuwender Kuli II
für Gespannzug, mit Sitz und Unfallschutz-Greifstange

Kuli II / 6 G mit 6 patentierten, abgefederten Gabeln	DM 997.–
Kuli II / 8 G mit 8 patentierten, abgefederten Gabeln	DM 1 167.–
Schlepperdeichsel	DM 33.–
Ein- und Ausrückvorrichtung, vom Schleppersitz aus zu bedienen	DM 16.50
Spindel-Hoch- und Tiefstellvorrichtung, vom Schleppersitz aus zu bedienen, nachträglich anzubauen	DM 36.–
Bremse bei Mitlieferung und Extrabezug	DM 33.–
Unfallschutz-Greifstange, bei Nachlieferung zu früheren Modellen	DM 11.50
Unfall-Gabelschutz, pro Gabel, 18 670 G	DM 3.50

FAHR KH 2
Kreiselheuer, 3-fach verwendbar zum Grünfutter-Mahdenzetten, Heuwenden und Schwadenstreuen mit 2 luftbereiften Laufrollen 3.00 – 4 AM mit kpl. Gelenkwelle einschl. Schutz sowie Anschlußteilen bis zum Schlepper

KH 2 = 1,60 m Arbeitsbreite	DM 1 025.–
KH 2 L = 1,60 m Arbeitsbreite mit **Lohreihengetriebe**	DM 1 170.–

FAHR KH 4
Kreiselheuer, 3-fach verwendbar zum Grünfutter-Mahdenzetten, Heuwenden und Schwadenstreuen mit 4 luftbereiften Laufrollen 3.00 – 4 AM mit kpl. Gelenkwelle einschl. Rutschkupplung u. Schutz sowie Anschlußteilen bis zum Schlepper

KH 4 = 3,20 m Arbeitsbreite	DM 1 540.–
KH 4 L = 3,20 m Arbeitsbreite mit **Lohreihengetriebe**	DM 1 685.–

FAHR KH 6
Kreiselheuer, 3-fach verwendbar zum Grünfutter-Mahdenzetten, Heuwenden und Schwadenstreuen mit 6 luftbereiften Laufrollen 3.00 – 4 AM mit kpl. Gelenkwelle einschl. Rutschkupplung und Schutz sowie Anschlußteilen bis zum Schlepper

KH 6 = 4,80 m Arbeitsbreite	DM 2 055.–
KH 6 L = 4,80 m Arbeitsbreite mit **Lohreihengetriebe**	DM 2 200.–
Ergänzungsteile zum nachträglichen Umbau einer Maschine **KH 2** in **KH 6** einschl. kpl. Gelenkwelle mit Rutschkupplung und Schutz	DM 1 235.–
Lohreihengetriebe zu KH 2, KH 4, KH 6 Nachbezug	DM 195.–

NACHTRÄGE

FAHR Kreiselheuer KH 4

Der neue Weg zur rationellen Heuwerbung.
Einmalig in Konstruktion und Leistung!
Mit einer Maschine und einer Arbeitsstellung
bei gleichbleibender Arbeitsbreite
vollendetes Zetten, Wenden
und Schwadenstreuen!

**Flächenleistung
2,5 — 3 ha/Std.**

KH 2
Flächenleistung 1-1,5 ha/Std.
(ohne Abbildung)

KH 6
Flächenleistung 4-4,5 ha/Std.
(ohne Abbildung)

Das neuartige Arbeitsprinzip des F A H R - Kreiselheuers

bringt große wirtschaftliche Vorteile:

1. Einfache Umstellung vom Transport zur Arbeit und umgekehrt, leichte Bedienung, große Arbeitsbreite (3,20 m), enorme Flächenleistung.
2. Durch Unterteilung in verschiedene bewegliche Glieder hervorragende Anpassung an alle Bodenunebenheiten, auch in Hanglagen sichere Führung, stets saubere Arbeit.
3. Durch genaues Abtasten des Bodens mit den Tasträdern und die direkt davor eingreifenden Federzinken wird das Erntegut selbst aus kleinen Mulden aufgenommen.
4. Kein Schlagen und Zerreißen des Futters. Durch die bewußt langgefingerten Doppelzinken und das Kreiselprinzip äußerst schonende Futterbehandlung.
5. Saubere Zett-, Wende- und Streuarbeit sowie vollständige Futteraufnahme vor allem auch noch bei sehr langem, schwerem und dicht „verfilztem" Erntegut.
6. Kein Aufreißen der Grasnarbe, keine Verletzung des Wiesenbodens, weil die Zinken bei der Arbeit den Boden nicht berühren.

1 = Zetten

2 = Wenden

3 = Schwadenstreuen

Abbildung 1: Wie groß auch die Mähschwaden sind, wie lang auch das Futter ist, der FAHR-Kreiselheuer KH 4 zettet mehrere Schwaden auf einmal, gleichmäßig bei flottem Arbeitstempo.

Abbildung 2: Vollendete Wendearbeit ist eine Spezialität des FAHR-Kreiselheuers. Schonend behandelt er das Gut. Sie ernten ein Qualitätsfutter mit allen nährstoffreichen Bestandteilen.

Abbildung 3: Wie auch die Schwaden beschaffen sein mögen: Gleichmäßig oder „verzopft" und verregnet, der FAHR-Kreiselheuer streut so, daß es eine Freude für jeden Landwirt ist, der gute Arbeit zu schätzen weiß.

MASCHINENFABRIK FAHR AG. GOTTMADINGEN
ERNTEMASCHINEN   DIESELSCHLEPPER

Ruf: Singen (Hohentwiel) 3571 · Fernschreiber: 0793823
Draht: — Telex: 0793823 — fahrwerke gottmadingen

FAHR-Fabrikate führt:

3798 c / 619 · Printed in Germany · Imprimé en Allemagne

Wie arbeitet der neuartige FAHR-Kreiselheuer?

Je zwei Kreisel wirken zusammen und drehen sich gegenläufig. Jeder Kreisel hat vier Arme und an jedem Arm eine „Hand" mit langen gefederten „Doppelfingern". Durch diese Kreiselbewegungen und die Arbeitsstellung der Kreisel und Tasträder wird das Futter nach rückwärts sowohl hoch- wie auseinandergestreut und zugleich gewendet. Ob Zetten, Wenden oder Schwadenstreuen, der FAHR-Kreiselheuer arbeitet in jedem Fall schonend. Man kann außerdem mit verminderter Zapfwellen-Drehzahl arbeiten, wobei immer noch eine einwandfreie Heuwerbung gewährleistet ist. Selbst übergroße Futtermengen werden sauber aufgenommen und sehr gleichmäßig verteilt.

Das Bild A zeigt Ihnen das Zusammenwirken von je zwei Kreiseln, das typische Streubild und vor allem die durch die große Arbeitsbreite gegebene Flächenleistung: Fast drei Schwaden können gleichzeitig gestreut werden.

Das Bild B zeigt die Arbeitsstellung von Tastrad und Kreisel. Sie erkennen auch die typische Wurfrichtung des Futters. Es wird niemals von den Tasträdern überfahren! Durch das Zusammenwirken von je zwei Kreiseln wird es laufend vor den Tasträdern fortgeräumt, so daß diese sich stets in einem von Futter freiem Raum bewegen.

Durch die Unterteilung des Kreiselheuers in mehrere „Glieder" paßt er sich jeder Bodenunebenheit gut an (Bild C).

Wir fertigen den Kreiselheuer auch noch in 2 weiteren Typen:

KH 2 = 2 Kreisel, Arbeitsbreite = 1,60 m
  Flächenleistung = 1 – 1,5 ha/Std.

KH 6 = 6 Kreisel, Arbeitsbreite = 4,80 m
  Flächenleistung = 4 – 4,5 ha/Std.

"ORION" in Transportstellung

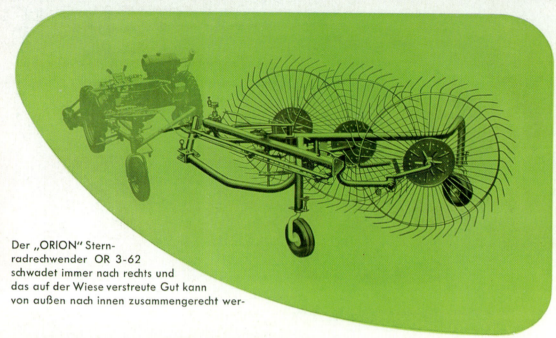

Straßentransport
Spurweite: ca. 1.25 m
Transportbreite: ca. 1.35 m

Anstreuen (Zetten) von Mähschwaden
Arbeitsbreite: ca. 1-1.60 m

Breitwenden
Arbeitsbreite: ca. 1-1.60 m

Schwadenziehen
Arb.-Breite: ca. 1.15-1.60 m

Schwadenziehen a. Graben
Arb.-Breite: ca. 1.15-1.60 m

Der "ORION" Sternradrechwender OR 3-62 schwadet immer nach rechts und das auf der Wiese verstreute Gut kann von außen nach innen zusammengerecht werden, ohne daß dabei das Erntegut mit der Zugmaschine (Motormäher, Einachser, Kleinschlepper) befahren wird. Durch die günstige Anhängung des "ORION" beim Schwadenziehen fährt die Zugmaschine auf der bereits abgerechten Fläche und die sonst auftretenden Verluste, vor allem bei blattreichem Heu, werden wesentlich geringer.

▶ "ORION" in Verbindung mit einem Einachsschlepper beim Breitwenden bzw. Anstreuen (Zetten) von Mähschwaden

Zurückstoßen oder auf der Stelle nach rechts oder links Einkehren macht mit diesem wendigen Gerät keine Schwierigkeiten.

Gewicht: ca. 160 kg
Zugkraftbedarf: ca. 8-10 PS

▶ ORION-OR 3-62 beim Schwadenziehen mit Vierrad-Schlepper

Zusatzausrüstung: Verlängerungsrahmen mit 4. Sternrad zum Umbau des OR 3-62 auf 4 Sternräder

BAYERISCHE PFLUGFABRIK GMBH · LANDSBERG/LECH

Abbildungen, Maße und Gewichte unverbindlich. Änderungen vorbehalten.

Nr. 557 20000 10. 62 HD

Heuernte noch wirtschaftlicher durch den ...

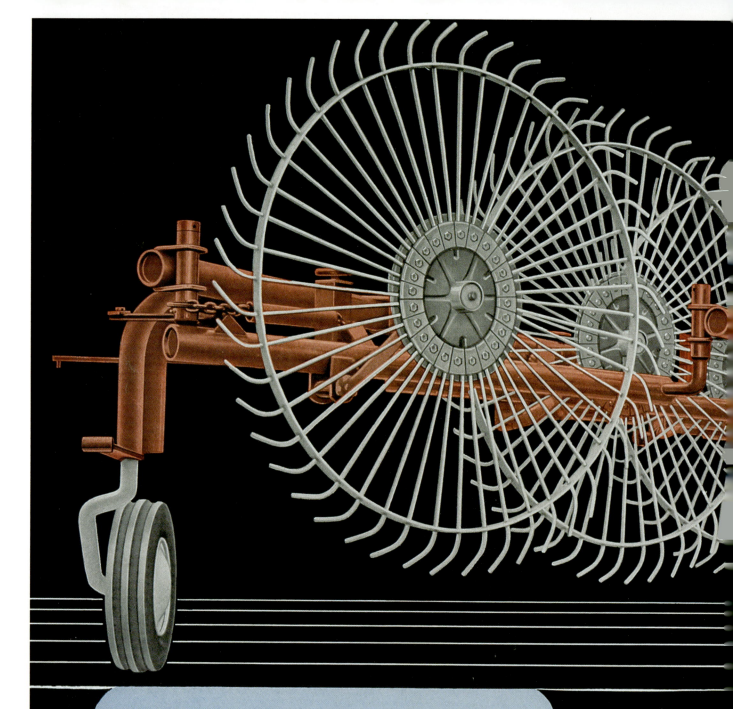

Anhänge- und Front-Gerät

IN EINER MASCHINE

Durch eine äußerst preisgünstige Zusatz-Einrichtung kann der ORION auch als Front-Gerät eingesetzt werden! Dies bedeutet eine wesentliche Steigerung seiner Wirtschaftlichkeit!

ORION TYPE OR 6

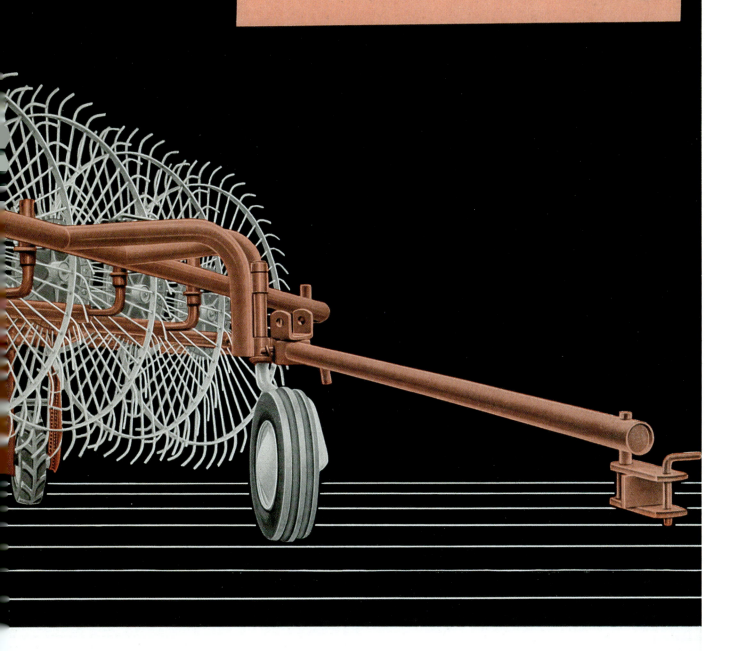

(Zetten) von Mähschwaden

Breitwenden

Schwadziehen

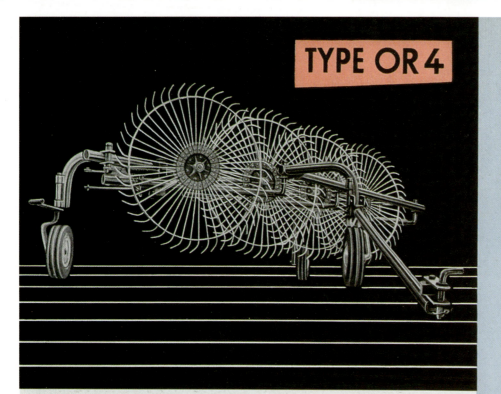

TYPE OR 4

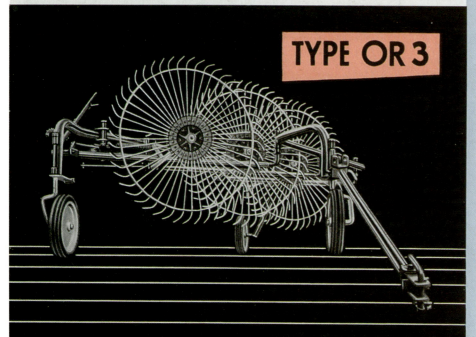

TYPE OR 3

STERNRAD-Rechwender
ORION

Arbeitsmöglichkeiten

- Anstreuen (Zetten) von Mähschwaden
- Breitwenden
- Schwadziehen (Einfachschwaden)
- Doppelschwaden
- Zusammenschlagen von Schwaden zum Großschwad
- Frontschwadziehen (Kombinationsmöglichkeit mit Feldlader oder Presse)
- Kleinschwadziehen (Loreihen, Schlageln, Zeilen)
- Kleinschwadlüften und -wenden
- Zusammenschwaden von Stroh, Kartoffel- und Erbsen-Kraut
- Sammeln von Rübenblättern
- Zusammenrechen an Gräben, Grüppen, Zäunen usw.

Nähere Angaben in der Betriebsanleitung!

Frontschwadziehen

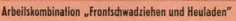

Arbeitskombination „Frontschwadziehen und Heuladen"

Zusammenrechen an Gräben, Grüppen, Zäunen usw.

ORION
Sternrad-Rechwender

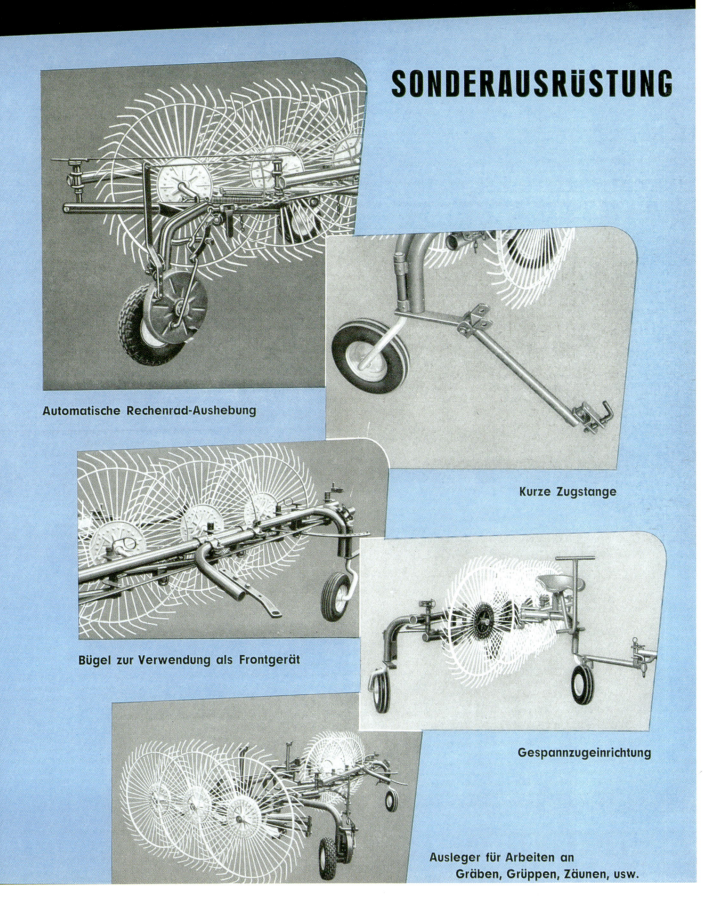

SONDERAUSRÜSTUNG

Automatische Rechenrad-Aushebung

Kurze Zugstange

Bügel zur Verwendung als Frontgerät

Gespannzugeinrichtung

Ausleger für Arbeiten an Gräben, Grüppen, Zäunen, usw.

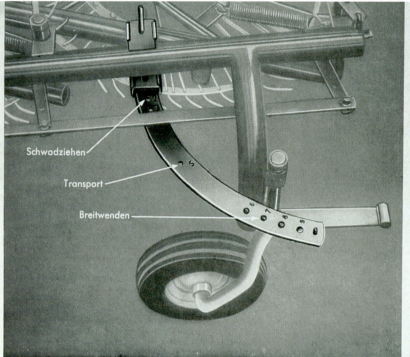
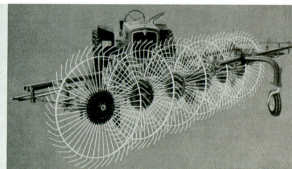
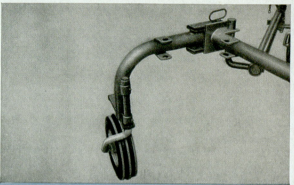

Bild oben: Einstellbogen für alle Arbeitsgänge und Arbeitsbreiten

Bild oben: Frontgerät mit Verlängerungsarm
Bild unten: Schwenkstellrad für geringere Transportbreite beim OR 4
(beim OR 6 als Sonderausführung gegen Mehrpreis)

NORMALAUSFÜHRUNG: Schlepperzugstange, automatische Rechenradaushebung mit Höheneinstellung der Rechenräder durch Spannschloß oder Rechenradaushebung und Höheneinstellung der Rechenräder mit Spindel beim OR 4 und OR 6, Rechenradaushebung und Höheneinstellung der Rechenräder mit Handhebel beim OR 3, Schwenkstellrad beim OR 4, Gummibereifung, Fettpresse, Schlüssel.

Gewicht ca. kg
- OR 3 (Rechenradaushebung m. Handhebel) 214
- OR 4 (mit autom. Rechenradaushebung) 337
- OR 4 (Rechenradaushebung mit Spindel) 315
- OR 6 (mit autom. Rechenradaushebung) 407
- OR 6 (Rechenradaushebung mit Spindel) 382

SONDERAUSRÜSTUNG: Einachsschlepperzugstange mit Sitz
gegen Mehrpreis
Fronteinrichtung (Frontbügel u. Schelle) f. OR 3/4/6
Fronteinrichtung (Frontbügel, Schelle, Verlängerungsarm) f. OR 4/6
Einspännerschere zum OR 3/4
(bestehend aus Zwischendeichsel, Sitzeinrichtung und Einspännerzug, mit oder ohne Holzlannen)
Gespannzugvorrichtung zum OR 4/6
(bestehend aus Zwischendeichsel, Sitz u. Stahldeichsel)
Schwenkbarer Laufradbügel zum OR 6
(für Umbau auf Schwenkstellrad)
Ausleger f. Arbeiten an Gräben, Grüppen, Zäunen usw.
Kurze Schlepperzugstange f. Arbeiten am Hang
Windschutzscheiben

Technische Daten

Hauptarbeitsgänge		ORION OR 3 für Kleinschlepper, Einachsschlepper, Gespannzug		ORION OR 4 für Schlepper und Gespannzug		ORION OR 6 für Schlepper und Gespannzug		Bemerkungen
		als Anhängegerät	als Frontgerät*	als Anhängegerät	als Frontgerät*	als Anhängegerät	als Frontgerät*	
Anstreuen (Zetten)	Arbeitsbreite	1,00 – 1,60 m	—	0,90 – 1,90 m		1,50 – 3 m		
	Zugkraftbedarf	8 – 10 PS		10 – 12 PS		ab 15 PS		
Breitwenden	Arbeitsbreite	1,00 – 1,60 m	—	0,90 – 1,90 m		1,50 – 3 m		
	Zugkraftbedarf	8 – 10 PS		10 – 12 PS		ab 12 PS		
Kleinschwaden (Loreihen, Schlageln)	Arbeitsbreite	1,00 – 1,40 m (1 Kleinschwad)	ca. 1,40 m (1 Kleinschwad)	1 Kleinschwad	1 Kleinschwad	1 Kleinschwad	—	auch mit Gespann durchführbar
	Zugkraftbedarf	8 – 10 PS oder 1 Pferd	8 – 10 PS	10 – 12 PS oder 1-2 Pferde	10 – 12 PS	ab 15 PS oder 2 Pferde		
Schwadziehen	Arbeitsbreite	1,00 – 1,40 m	ca. 1,40 m	1,10 – 1,85 m	ca. 1,60 m	1,40 – 2,60 m	ca. 2,20 m	auch mit Gespann durchführbar
	Zugkraftbedarf	8 – 10 PS oder 1 Pferd	8 – 10 PS	10 – 12 PS oder 1-2 Pferde	10 – 12 PS	ab 15 PS oder 2 Pferde	ab 15 PS	
Schwadlüften und -wenden	Arbeitsbreite	1 Schwad	1 Schwad	1 Schwad	1 Schwad	1 Schwad	1 Schwad	auch mit Gespann durchführbar
	Zugkraftbedarf	8 – 10 PS oder 1 Pferd	8 – 10 PS	10 – 12 PS oder 1-2 Pferde	10 – 12 PS	ab 15 PS oder 2 Pferde	ab 15 PS	
	Transportbreite	Spur ca. 1,60 m		Spur ca. 1,60 m		Normalausrüstung: Spur ca. 2,20 m Sonderausführung: mit Schwenkstellrad, Spur ca. 1,75 m		

Der Zugkraftbedarf ist von den Einsatzbedingungen abhängig. Die angegebenen PS-Zahlen beziehen sich auf normale Geländeverhältnisse

* Als Frontgerät kann der ORION nur an Vierrad-Schleppern eingesetzt werden.

BAYERISCHE PFLUGFABRIK GMBH — LANDSBERG/LECH

Abbildungen, Maße und Gewichte unverbindlich. Änderungen vorbehalten.

Nr. 507 40 000 12. 60 HDM

Sternradheumaschinen

Sternradrechwender „ORION" Type OR 3-62

Arbeitsmöglichkeiten und Arbeitsbreiten

	mit 3 Sternrädern	mit 4 Sternrädern
Anstreuen (Zetten) von Mähschwaden	ca. 1,00–1,60 m	ca. 1,00–1,90 m
Breitwenden	ca. 1,00–1,60 m	ca. 1,00–1,90 m
Schwadenziehen	ca. 1,15–1,60 m	ca. 1,15–1,85 m
am Graben	ca. 1,15–1,60 m	ca. 1,15–1,85 m
Kleinschwaden	1 Kleinschwad	1 Kleinschwad
Schwadlüften und -wenden	1 Schwad	1 Schwad
Transportbreite	Spur ca. 1,25 m	ca. 1,25 m
	Gesamt ca. 1,35 m	ca. 1,35 m

	Gewicht ca. kg	Preis DM
OR 3-62 für Kleinschlepper mit **Schlepperzugstange**, Rechenradaushebung vom Schleppersitz aus mittels Zugseil und Selbstsperrklinkhebel, Luftbereifung, Fettpresse	160	700.–
OR 3-62 für Einachsschlepper (8 – 10 PS) mit **Einachsschlepperzugstange mit Sitz**, Rechenradaushebung mittels Zugseil und Selbstsperrklinkhebel, Luftbereifung, Fettpresse	176	753.–

Die Einachsschlepperzugstange wird für alle Einachsschlepper in der gleichen Ausführung geliefert. Ein besonderes Verbindungsteil, das zur Anhängekupplung des Einachsschleppers paßt, muß der Kunde vom örtlichen Handwerker selbst anfertigen lassen.

Zusatzeinrichtung zum Umbau des OR 3-62 auf 4 Sternräder		
komplett mit 4. Sternrad	36	158.–
ohne Sternrad	15	58.–

Sternradrechwender „ORION" Type OR 4

mit LANDSBERGER FRONTANBAU-Verfahren

Arbeitsmöglichkeiten und Arbeitsbreiten

Anstreuen (Zetten) von Mähschwaden	ca. 1,00–1,90 m
Breitwenden	ca. 1,00 – 1,90 m
Schwadenziehen	ca. 1,10 – 1,85 m
Frontschwadziehen	ca. 1,35 – 1,60 m
Kleinschwaden	2 Kleinschwaden
Schwadlüften und -wenden	
Zusammenrechen an Gräben, Grüppen, Zäunen usw.	
Transportbreite	Spur ca. 1,60 m

Anhänge- u. Frontgerät in einer Maschine

	Gewicht ca. kg	Preis DM
OR 4 für Schlepper von 10 – 20 PS mit **Schlepperzugstange, Schwenkstellrad, automatischer Rechenradaushebung** mit Höheneinstellung der Rechenräder durch Spannschloß, Luftbereifung, Fettpresse	310	1320.–
OR 4 für Gespann mit **Gespannzugvorrichtung** (für Zweispänner), Sckwenkstellrad, automatischer Rechenradaushebung mit Höheneinstellung der Rechenräder durch Spannschloß, Luftbereifung, Fettpresse	337	1438.–

Sternradrechwender „ORION" Type OR 6

mit LANDSBERGER FRONTANBAU-Verfahren

Arbeitsmöglichkeiten und Arbeitsbreiten

Anstreuen (Zetten) von Mähschwaden	ca. 1,50 – 3,00 m
Breitwenden	ca. 1,50 – 3,00 m
Schwadenziehen	ca. 1,40 – 2,60 m
Frontschwadziehen	ca. 1,80 – 2,20 m
Kleinschwaden	3 Kleinschwaden
Schwadlüften und -wenden	
Zusammenrechen an Gräben, Grüppen, Zäunen usw.	
Transportbreite	Spur ca. 1,75 m

Anhänge- u. Frontgerät in einer Maschine

	Gewicht ca. kg	Preis DM
OR 6 für Schlepper ab 15 PS mit **Schlepperzugstange, Schwenkstellrad, automatischer Rechenradaushebung** mit Höheneinstellung der Rechenräder durch Spannschloß, Luftbereifung, Fettpresse	417	1680.–
OR 6 mit Spindelaushebung Minderpreis	25	160.–
OR 6 für Gespann mit **Gespannzugvorrichtung** (für Zweispänner), Schwenkstellrad, automatischer Rechenradaushebung mit Höheneinstellung der Rechenräder durch Spannschloß, Luftbereifung, Fettpresse	446	1807.–
OR 6 mit Spindelaushebung Minderpreis	25	160.–

Zusatzausrüstungen u. Sonderausführungen zum „ORION"

Bitte geben Sie bei Bestellung von Sonderausrüstung die Gerätetype an, z. B. zum OR 3, OR 3-62, OR 4 oder OR 6. Bei Bestellung von Gespannzugvorrichtungen zum OR 6 ist auch anzugeben, ob das Gerät ohne oder mit Schwenkstellrad ausgestattet ist.

	Gewicht ca. kg	Preis DM
Fronteinrichtung zum OR (nicht für OR 3-62 lieferbar)	16,5	56.–
Fronteinrichtung (Frontbügel, Schelle) zum OR 4 und OR 6	17	56.–
Fronteinrichtung mit Verlängerungsarm zum OR 4	41,5	143.–
zum OR 6	43	146.–
Einzelpreis für Verlängerungsarm OR 4	24,5	87.–
Einzelpreis für Verlängerungsarm OR 6	26	90.–
Kleinschwadeinrichtung zum OR 4	22	71.–
Kleinschwadeinrichtung zum OR 6	30	95.–
Ausleger für Arbeiten an Gräben, Grüppen, Zäunen usw. (zum OR 4 und OR 6)	22	92.–

Sternradheumaschinen

Zusatzausrüstungen und Sonderausführungen

zum „ORION"	Gewicht ca. kg	Preis DM
Einachsschlepperzugstange mit Sitz zum		
OR 3	29	90.–
OR 3-62	24	85.–
Kurze Schlepperzugstange für Arbeiten am Hang (zum OR 3/4/6)	6,5	22.–
Normale Schlepperzugstange OR 3	8,5	28.–
Normale Schlepperzugstange OR 4/6	10	33.–
Windschutzscheiben pro Stück	3	11.–
Umbau OR 6 auf Schwenkstellrad bei frachtfreier Rücklieferung des einwandfreien normalen Rahmenrohr links zum Umbau in Rahmenrohr mit Schwenkstellrad	20	90.–
bei Einzellieferung	54	202.–
Automatische Rechenradaushebung Einzelpreis	63	364.–
Sternrad mit Achse und Feder kpl.	21	100.–
Sternrad ohne Achse, ohne Feder	17	77.50

BAUTZ Spinne BS   System Lely, mehrfach patentiert

ohne Getriebe (Antrieb durch Bodenberührung), vollelastische Arbeitszinken, **vierfach verwendbar** zum Zetten, Heuwenden, Schwadenrechen und Schwadenstreuen, hervorragende Anpassungsfähigkeit an Bodenunebenheiten.

BS 3, Arbeitsbreite 1,85 m	DM 1 185.–
BS 4, Arbeitsbreite 2,55 m	DM 1 370.–
Frontgestänge (zu BS 4 mit Hebeautomatik)	DM 95.–
Auslegearm mit zusätzl. Arbeitsrad zur Vergrößerung der Arbeitsbreite (bei BS 3 auf 2,55 m, bei BS 4 auf 3,25 m), insbes. auch bei Frontanbau der BS 4 (bei BS 4 Maschinen-Nr. angeben)	DM 168.–
Querausleger mit Abweisrad zu BS 4 ergänzend zur Fronteinrichtung (wenn gleichzeitig mit Feldhäcksler, Feldpresse oder Futterlader geladen werden soll)	DM 150.–
Windschild (dreiteilig), pro Federwurfrad	DM 16.–
Hebeautomatik, bei Mitlieferung	DM 170.–
Hanghalter	DM 67.–

BAUTZ Skorpion   System Lely, mehrfach patentiert

für Dreipunkt-Hydraulik, ohne Getrieb (Antrieb durch Bodenberührung), vollelastische Arbeitszinken, **vierfach verwendbar** zum Zetten, Heuwenden, Schwadenrechen und Schwadenstreuen, hervorragende Anpassungsfähigkeit an Bodenunebenheiten.

Skorpion (Arbeitsbreite 2,55 m)	DM 985.–
Windschild (dreiteilig), pro Federwurfrad	DM 16.–

BAUTZ Allheuer AH

patentiert, mit Zapfwellenantrieb.

Eine **Neuentwicklung** für alle Arbeitsgänge bei der Heuernte wie Zetten, Breitwenden, Schwaden, Mehrfach-Schwaden, Schwadenstreuen, Lohreihenstreuen. Kugelgelagertes Wendegetriebe – palloidverzahnt wartungsfrei im Ölbad laufend – mit Vorwählschaltung, leicht verstellbare hochelastische Federzinken, Einzelzinkenbefestigung, **neuartige** Vorratsschmierung der Zinkenstangenlager, große luftbereifte Laufrollen, Gelenkwelle mit Schnellverschluß.

AH 20, 2,00 m Trommelbreite mit Schnellverstellung für Arbeitsgänge und Transportstellung	DM 1 580.–
AH 24, 2,40 m Trommelbreite mit Schnellverstellung für Arbeitsgänge und Transportstellung	DM 1 650.–

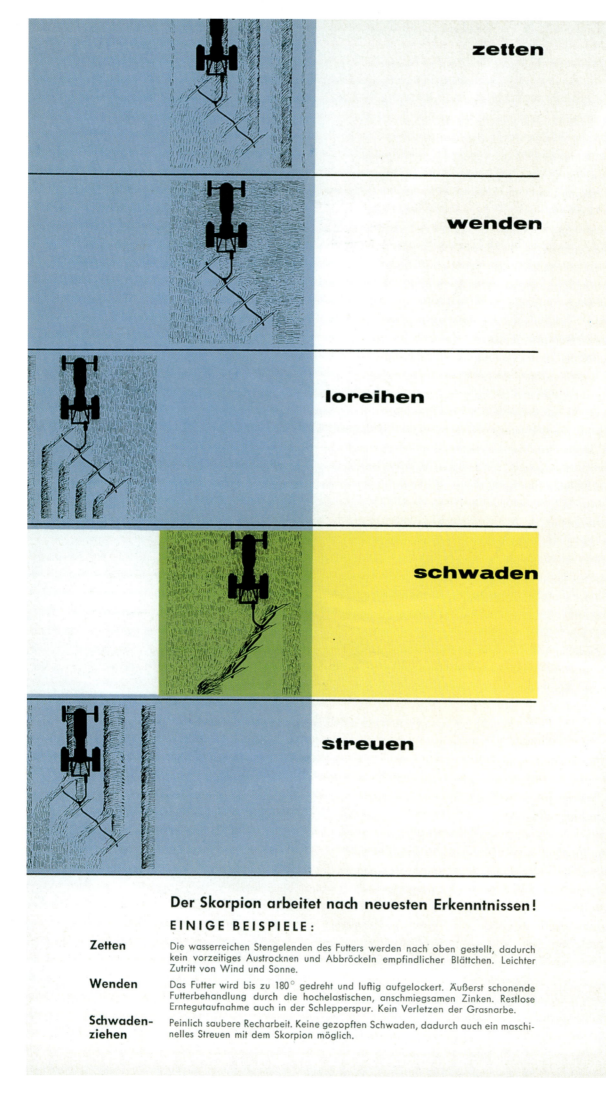

zetten

wenden

loreihen

schwaden

streuen

Der Skorpion arbeitet nach neuesten Erkenntnissen!
EINIGE BEISPIELE:

Zetten
: Die wasserreichen Stengelenden des Futters werden nach oben gestellt, dadurch kein vorzeitiges Austrocknen und Abbröckeln empfindlicher Blättchen. Leichter Zutritt von Wind und Sonne.

Wenden
: Das Futter wird bis zu 180° gedreht und luftig aufgelockert. Äußerst schonende Futterbehandlung durch die hochelastischen, anschmiegsamen Zinken. Restlose Erntegutaufnahme auch in der Schlepperspur. Kein Verletzen der Grasnarbe.

Schwaden-ziehen
: Peinlich saubere Recharbeit. Keine gezopften Schwaden, dadurch auch ein maschinelles Streuen mit dem Skorpion möglich.

Bautz Skorpion

SYSTEM LELY

Die Anbau-Vielzweckmaschine für Dreipunktaufhängung!

Hervorragend geeignet für die Heuwerbung. Der Skorpion erlaubt hohe Arbeitsgeschwindigkeiten. In Verbindung mit der großen Arbeitsbreite ergeben sich außerordentliche Flächenleistungen. Auf Grund der hydraulischen Aushebung ist er auch sehr geeignet für Wiesen mit kleinem Vorgewende, für kleine Parzellen und Baumwiesen. Mit dem Skorpion kann ohne Zusatzausrüstung dicht an Zäunen und Gräben gearbeitet werden.

Genau wie die Spinne:

Mit breit aufliegenden Federwurfrädern und langen, hochelastischen Federzinken. Die dreifach kombinierte Federwirkung der Zinken erzeugt einen unnachahmlichen Wurf- und Wendeeffekt. Elastisch schmiegen sich die Zinken allen Bodenunebenheiten an.

Gleiche Arbeitsqualität und gleiche Flächenleistungen wie mit der Spinne. – Große geschlossene Arbeitsbreite.

Spielend einfaches Ausheben und Einsetzen des Skorpion an jeder gewünschten Stelle.

Unabhängig vom Schlepper paßt sich der Skorpion allen Geländeverhältnissen an, arbeitet also auch auf unebenen Wiesen einwandfrei sauber.

bbau vom Schlepper erfolgt
venigen Griffen. Zum Ab-
 dient ein Stützfuß.

Der Skorpion in Transportstellung. Wende- oder Schwadstellung werden durch einfaches Durchschwenken des Rahmens erreicht.
Das Drehen der Federwurfräder geschieht wie bei der Spinne mit wenigen Handgriffen.

TECHNISCHE DATEN

Zetten	2 Mähschwaden 5'
Breitwenden	Arbeitsbreite 2,10 m
Loreihen	Arbeitsbreite 2,10 m
Vollschwaden	Arbeitsbreite 2,55 m

Für den SKORPION ist ein Schlepper ab 15 PS erforderlich. Die Vorderachslast soll 400 kg betragen.

ARBEITSGESCHWINDIGKEITEN:

Zetten, Wenden	ab 10 km
Schwadenstreuen	ab 12 km
Schwaden	gering

JOSEF BAUTZ GMBH SAULGAU/WÜRTT.

Der Weg zur modernen Heuwerbung

Durch Vielseitigkeit noch wirtschaftlicher:

Im Frühling

hilft die Spinne beim Wiesenstrohzusammenrechen ● bei der Unkrautbekämpfung (Akkerstriegel) ● beim Streuen von Häckselmist ● bei der Saatbettbereitung ● beim Laubrechen

Im Sommer

bei der Heuwerbung ● in einer beachtlichen Zahl von Arbeitsgängen zeigt hier die Spinne ihre besondere Eignung (siehe nebenstehende Abbildungen)

Im Herbst

beim Schwaden von Rübenblatt, Kartoffelkraut, Erbsenstroh. (Arbeiten, die seither mit Ärger und Schwierigkeiten verbunden waren.)

Zetten von Mähschwaden

Die Spinne arbeitet hierbei nach neuesten Erkenntnissen. Sie dreht das Futter um ca. 120°, bringt die wasserreichen Stengelenden zum Vortrocknen nach oben, schützt damit die untenliegenden feinen Blättchen und beugt so, im Gegensatz zu älteren Methoden, einem vorzeitigen Austrocknen und Abbröckeln der nährstoffreichen feinen Blätter vor. Das aufgelockerte Futter bietet Wind und Sonne guten Zutritt. — Eine vorbildliche Zettarbeit, die jeden Fachmann begeistert.

Wenden in der Breite

Durch die hervorragende Wurf- und Wendewirkung der hochelastischen Zinken wird das Futter luftig aufgelockert u. gewendet. Die Zinken nehmen alle Halme auf und lassen weder in der Schlepperspur, noch in den Bodenunebenheiten etwas liegen. Kein Einschlagen der Zinken ins Heu. Schonende Behandlung der wertvollen Blättchen. Schonung der Grasnarbe.

Loreihenziehen

Eine Heuwerbemethode, die teilweise in Gebieten mit häufigem Grasschnitt zur Anwendung kommt. Da und dort wird auch von „Zeilen oder Schlageln" gesprochen. In einem Arbeitsgang werden von der Maschine mehrere kleine Schwaden gefertigt. Und wenn der Boden zwischen den Loreihen abgetrocknet ist, wird das Erntegut auf die abgetrockneten Streifen gelegt. Voraussetzung ist ein nicht zu langes Futter. Hierbei wird die Spinne mit geringer Geschwindigkeit gefahren und zieht jeweils pro Arbeitsrad eine Loreihe.

Schwadenziehen

Ein Arbeitsgang, den die Spinne besonders mustergültig bewältigt. Auffällig tritt hier ihre exakte Recharbeit hervor. Die Zwischenräume von Schwad zu Schwad sind so sauber, als wäre aufs feinste mit dem Handrechen gearbeitet worden. Die Schwaden werden nicht gezopft*) und machen dadurch auch ein maschinelles Streuen möglich. Nach dem ersten Schwad **fährt der Schlepper nicht mehr über das Heu** und das Erntegut bleibt weiter geschont.
*) Ein besonderer Vorzug der hochelastischen Zinken.

Mehrfach-Schwaden aus der Breite

Beim Mehrfachschwaden aus der Breite wird die Wiese, je nach Größe der gewünschten Schwaden, in Parzellen eingeteilt und das Erntegut mit der Spinne von außen nach innen zusammengeschwadet. Mit dieser Methode lassen sich besonders große Schwaden herstellen, wobei der Schlepper nur einmal über das Heu fährt.

Mehrfach-Schwaden aus Vollschwaden

Hier fährt der Schlepper überhaupt nicht über das Erntegut.

Streuen der Schwaden

Es wird schnell gefahren. Durch die hochelastischen Zinken ergibt sich dann eine gute Wurf- und Streuwirkung

Die Probe aufs Exempel

Ein Beweis für die Qualität und Elastizität der Spinne-Zinken. Auffallend ihre große Länge und ihr hakenförmiges Aussehen. Jedes Federwurfrad der Spinne ist mit 52 dieser langen Zinken ausgestattet. Außergewöhnlich groß ist sein Durchmesser, außergewöhnlich breit liegt es auf. Lückenlos schließt sich die Auflagefläche jedes Rades der anderen an und ergibt eine große geschlossene Arbeitsbreite. So ist auch die hohe Flächenleistung der Spinne bei nur wenigen Arbeitsrädern zu erklären.

Jeder Zinken schmiegt sich elastisch allen Bodenunebenheiten an und erfaßt den letzten Halm. Hohe Fahrgeschwindigkeiten spielen dabei keine Rolle. Die Federwurfräder der Spinne bleiben immer am Boden, hüpfen nicht, springen nicht. Selbst große Hindernisse wie Steine u. ä. können ihr nichts anhaben.

Kein Einschlagen der Zinken ins Heu, Schonung der Grasnarbe. Der dreifach kombinierte Wurf- und Wendeeffekt der Zinken ermöglicht luftiges, lockeres Wenden. Lockere, nicht gezopfte Schwaden. Die fortlaufende Bewegung des Zinkenschleiers bringt von Arbeitsrad zu Arbeitsrad eine fließende Futterberührung und damit eine vollständige, schonende Behandlung des Erntegutes.

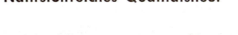

Vorteile von Arbeitsgang zu Arbeitsgang – ausgerichtet auf ein Ziel:

Nährstoffreiches Qualitätsheu.

SYSTEM LELY

Einfach und über
Konstruktion - N

Abbildung der V
Normalausrüstung

Die Spinne und ihre Ausrü:

Frontschwaden mit der Spinne vor dem Schlepper
Kein Schlepperrad überfährt das Erntegut.

Vierrad-Spinne im Frontanbau mit Hebeautomatik und Zusatzrad.

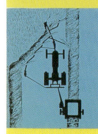 

Vierrad-Spinne im Frontanbau mit Hebeautomatik, Zusatzrad und seitlichem Abweisrad. Eine Methode, die besonders beim Ziehen von Schwaden unter gleichzeitiger Verwendung eines hinter dem Schlepper laufenden Feldhäckslers oder einer Sammelpresse wesentliche Arbeits- und Zeitersparnisse bringt. Das seitliche Abweisrad grenzt dabei jeweils den vorher gezogenen Schwad ab und macht ihn aufnahmegerecht für die nachfolgende Presse oder Häcksler.

Für die Ausrüstung ③ ist eine 4-Radspinne mit Hebeautomatik erforderlich. Die Ausrüstung ④ setzt eine 4-Radspinne mit Hebeautomatik, Zusatzrad und Fronteinrichtung voraus.

① **Hebeautomatik**

Eine praktische Einrichtung, die
Auslösen einer Schaltung autom
die Federwurfräder aushebt
durch eine wesentliche Vereinfa
der Bedienung, besonders im
gewende sowie ein schneller S
ortwechsel. Die Hebeautoma
sowohl für die 3-Rad- als auch
spinne lieferbar.

n der
...artungsfrei.

Spielend leicht in der Bedienung

- Müheloses Umschwenken der Federwurfräder in Wende- oder Schwadstellung.

- Einfaches Einsetzen u. Ausheben der Spinne mittels Handkurbel oder Hebeautomatik.

- Feineinstellung der Arbeitsgänge mit einem Griff durch die hintere Laufradsteuerung.

- Leicht umsteckbare Deichsel für verschiedene Anhängemöglichkeiten.

Bautz

Die Spinne mit 3 Federwurfrädern.

Vierrad-Spinne mit Fronteinrichtung, Hebeautomatik und Zusatzrad.

...glichkeiten.

...uslegearm mit Zusatzrad

...em mühelos einzuhängenden
...rad, für die 3- oder 4-Rad-
..., kann dicht an Zäunen, Hecken
...räben entlang gearbeitet wer-
...ußerdem läßt sich die Arbeits-
... beim Schwaden vergrößern.
...nne wird damit leicht den unter-
...ichen Einsatzverhältnissen und
...rhandenen Zugkraft angepaßt.

③ **Frontgestänge**

Zur Verwendung bei Schwadarbeiten vor dem Schlepper. Grundsätzlich ist hierbei die Spinne mit Hebeautomatik und 4 Federwurfrädern erforderlich. Bei dieser Ausrüstung wird die linke Schlepperspur freigemacht. Verwendet man dazu noch den Auslegearm mit Zusatzrad (s. ②), so werden beide Schlepperspuren freigemacht.

④ **Seitliches Abweisrad**

Diese Zusatzausrüstung ist dort zu empfehlen, wo der mit der Frontspinne gezogene Schwad im gleichen Arbeitsgang von Feldhäcksler oder Sammelpresse aufgenommen werden soll. Das seitliche Abweisrad formt dabei dem nachfolgenden Feldhäcksler oder der Sammelpresse einen aufnahmegerechten einwandfreien Schwad.

TECHNISCHE DATEN bei Verwendung der Spinne *hinter* dem Schlepper

Arbeitsgang		BS 3 mit 3 Arbeitsrädern	BS 4 mit 4 Arbeitsrädern oder BS 3 und Zusatzrad	BS 4 und Zusatzrad	Bemerkungen
Zetten	Arbeitsbreite Geschwindigkeit Leistungsbedarf	2 Mähschwad. 4½' ab 10 km/h 12 PS	2 Mähschwaden 5' ab 10 km/h 16 PS	2 Mähschwaden 5' ab 10 km/h 20 PS	
Wenden	Arbeitsbreite Geschwindigkeit Leistungsbedarf	1,55 m ab 10 km/h 12 PS	2,10 m ab 10 km/h 16 PS	2,65 m ab 10 km/h 20 PS	
Loreihen-ziehen	Arbeitsbreite Geschwindigkeit Leistungsbedarf	1,55 m gering 8 PS	2,10 m gering 10 PS	2,65 m gering 12 PS	bei kurzem Futter
Schwaden-ziehen	Arbeitsbreite Geschwindigkeit Leistungsbedarf	1,85 m gering 8 PS	2,55 m gering 10 PS	3,25 m gering 12 PS	Zum Schwaden ist auch ein Gespann ausreichend. Bei Bestellung bitte angeben ob zusätzlich Pferdezugeinrichtung erwünscht.
Schwaden-streuen	Arbeitsbreite Geschwindigkeit Leistungsbedarf	1,55 m ab 12 km/h 12 PS	2,10 m ab 12 km/h 16 PS	2,65 m ab 12 km/h 20 PS	bei nicht zu langem Heu
	Gewicht	240 kg	270 kg	300 kg	

TECHNISCHE DATEN bei Verwendung der Spinne *vor* dem Schlepper

Arbeitsgang		BS 4 mit Hebeautomatik	BS 4 mit Hebeautomatik und Zusatzrad	BS 4 mit Hebeautomatik, Zusatzrad und seitlichem Abweisrad
Schwaden-ziehen	Arbeitsbreite Geschwindigkeit Leistungsbedarf	2,55 m beliebig 10 PS	3,25 m beliebig 12 PS	3,60 m beliebig 15 PS

Die Leistungsangaben beziehen sich auf normale Geländeverhältnisse.

JOSEF  GMBH SAULGAU/WÜRTTEMBERG

Nr. 5104-56130

4-Rad-Spinne beim Rübenblattschwaden

Sternradheumaschinen • Schubrechwender

BAUTZ Trommel-Zettwender TZW

mit Zapfwellenantrieb, **dreifach verwendbar** zum Zetten, Wenden und Schwadenstreuen. Mit Ölbad-Stahlkegelgetriebe, hochelastischen Zinken, Höhenverstellung vom Schleppersitz, großen luftbereiften Stützrollen, Schnellverschluß für Zapfwelle.

TZW, 2,20 m Arbeitsbreite
einschl. Langfahrvorrichtung DM 1 350.—

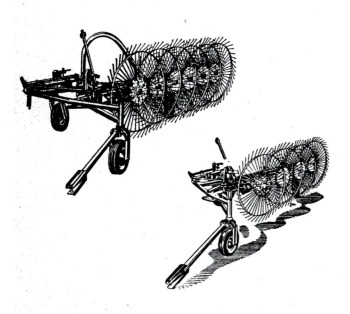

	HEUMA Patent Lely	HEUMA H 4 L DM	HEUMA H 6 L DM	HEUMA R 6 DM
Normalausführung: HEUMA H 4 L – H 6 L – R 6 für **Schlepperzug** mit Schlepperzugstange, Aushebevorrichtung, Seilhalter mit Umlenkrolle für Seil		1350.— 341 kg	1690.— 451 kg	1295.— 345 kg
HEUMA H 4 L – H 6 L – R 6 für Gespannzug mit Einspänner-Scherdeichsel für H 4 L oder mit Gespann-Deichsel für H 6 L – R 6 mit Aushebevorrichtung, mit kompletter Sitzeinrichtung für Gespannführer		1429.— 364 kg	1740.— 469 kg	1388.— 375 kg
HEUMA H 4 L – H 6 L – R 6 kombiniert für Schlepper- und Gespannzug mit Schlepperzugstange, mit Einspänner-Scherdeichsel für H 4 L oder Gespann-Deichsel für H 6 L – R 6, mit Aushebevorrichtung, mit kompletter Sitzeinrichtung für Gespannführer, mit Seilhalter mit Umlenkrolle für Seil		1493.— 385 kg	1810.— 493 kg	1427.— 390 kg

Ausführung für Front-Anbau und gezogene Maschine:	H 4 L DM	H 6 L DM	R 6 DM
HEUMA H 4 L – H 6 L – R 6 für **Schlepperzug,** wie in Normalausführung, jedoch mit kompletter Front-Einrichtung	1482.— 383 kg	1822.— 493 kg	1427.— 384 kg
HEUMA H 4 L – H 6 L – R 6 – kombiniert für Schlepper- und Gespannzug, wie in Normalausführung, jedoch mit kompletter Front-Einrichtung	1625.— 427 kg	1942.— 535 kg	1559.— 429 kg
Zubehör und Zusatzteile für HEUMA H 4 L, HEUMA H 6 L und HEUMA R 6			
1 Spezial-Anhängeschiene (gleiche Ausführung wie H 4 L und H 6 L), erforderlich für Schlepper mit kurzer Ackerschiene	55.— 21 kg	55.— 21 kg	—
1 Lohreihenschiene für HEUMA H 4 L (entfällt bei Vorhandensein der Spezial-Anhängeschiene) zum Verlängern einer vorhandenen langen Schlepperackerschiene — unbedingt erforderlich für Lohreihen Schlageln	20.— 8 kg	—	—

Schubrechwender Polyp

Gültig ab 1. 10. 1962

Die Heumaschine für alle Arbeitsgänge: Anlüften, Zetten, Schwadwenden, Breitwenden, Schwaden, Mehrfach-Schwaden, Schwadenbreitstreuen — Dreifacher Gelenkwellenanschluß — Ölbadgetriebe mit gefrästen Stahlzahnrädern — Haspel- und Balkenlager mit wartungsfreien Präzisionskugellagern — Gelenkwelle mit Schutzrohr.

Typ SWD I für Dreipunkthydraulik
bis 3,00 m Arbeitsbreite, ca. 350 kg DM 1 750.—

Typ SWD II für Dreipunkthydraulik
bis 2,00 m Arbeitsbreite, ca. 340 kg DM 1 620.—

Typ SW I
bis 3,00 m Arbeitsbreite, ca. 440 kg DM 1 880.—

Typ SW II
bis 2,00 m Arbeitsbreite, ca. 400 kg DM 1 760.—

Sonderausrüstungen für alle Typen gegen Mehrpreis:
Hangbremse DM 18.—
Abstreifring für besonders hohes Aufschwaden DM 20.—

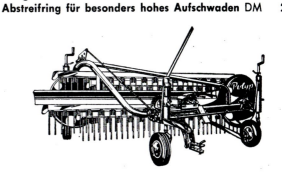

Feldlader

Feldlader „HARRAS"
für Schlepper ab 12 PS

Aufnahmebreite: 1,30 m – Ladehöhe: 2,70 – 3,20 m
Ladegut: Grünfutter, Halbheu, Heu, loses Stroh

Stündliche Leistung: bei Heu ca. 180 Ztr.,
bei Grünfutter ca. 250 Ztr.

Zulässige PS-Zahl: bis 25 PS

	Gewicht ca. kg	Preis DM
Type H 61 ohne Gelenkwelle mit Pick-up-Trommel und Tasträdern, Schubstangenförderung, höhenverstellbarer Auslaufwanne, Keilriemenantrieb für alle Aufnahme- u. Förderelemente, Anhängevorrichtung	390	1 870.–
Vollschutzgelenkwelle	10	130.–
Sonderausrüstung Fangblech (zur Förderung von kurzem Gut)	11	38.–

EICHER Pick-up-Rekordlader Type AH 54

Zapfwellengetriebene Lademaschine für Gras, Klee, Welksilage, Heu aller Art, Mähdrusch- und Abbrechstroh, Ackerfutter, Rübenblatt u. a. m.

Grundpreis:	DM 3 620.–

Zum Mindestlieferumfang gehören:

Verlängerungsstäbe zum Trockenfutterladen	DM 60.–
Höhenverstellung des Förderschachtes mit Handkurbel	DM 70.–
Vom Schleppersitz aus verstellbare Auswurfklappe	DM 130.–
Gesamtpreis der serienmäßigen Ausrüstung	DM 3 880.–

Dieses Preisblatt ist **gültig ab 1. November 1961**
Änderung der Konstruktion und der Preise jederzeit vorbehalten.

Sonderausrüstung:
Wurfband für schweres Ladegut anstelle der Auswurfklappe mit den zum Mindestlieferumfang gehörenden Verlängerungsstäben für Trockenfutter. (Wurfband beim Laden von Trockengut abschaltbar).

Mehrpreis bei Mitlieferung	DM 415.–
Preis bei Nachlieferung (ohne Verlängerungsstäbe, da von der normalen Auswurfklappe verwendbar. Entfallteile können nicht zurückgenommen werden). Passend nur für Type AH 54	DM 490.–
Zapfwellendurchtrieb, vom Fahrersitz aus ein- und abschaltbar, für den Antrieb des Roll- oder Kratzbodens angehängter Wagen	DM 350.–

Technische Angaben:

Gewicht (komplett)	ca. 810 kg
Arbeitsbreite	1,7 m
Ladehöhe ohne Verlängerungsrohre	bis 3,7 m
Ladehöhe mit Verlängerungsrohren	bis 4,7 m
Ladehöhe mit Wurfband in waagrechter Stellung	3,0 m
Höhe in Transportstellung	3 m
Breite in Transportstellung	2,3 m
Länge in Transportstellung (m. Verlängerungsrohren)	4,5 m
Förderschacht-Breite	0,6 m
Zinkenabstand	65 mm
Spurweite	1,50 m
Bereifung	7 – 10 AM (4 ply)
Luftdruck	2,0 atü
Hangsicherheit	bis 25 %
Kraftbedarf	Schlepper ab 15 PS

Ladeleistungen bei reiner Arbeitszeit:
Ackerfutter, Klee ca. 600 ztr./h,   Gras ca. 400 ztr./h
Welksilage ca. 300 ztr./h,   Heu ca. 300 ztr./h
1 Fuhre Heu in 8 – 10 Minuten

MIT SENSATIONELLEN NEUHEITEN

Pick up-
Rekordlader 1962
Typ AH 54

Serienmäßig mit Verlängerungsstäben für Trockenfutter
Schieben Heu, Öhmd, Klee, Stroh usw. bis über die Mitte des angehängten Wagens.

Wurfband für Grüngut, wie Gras, Klee, Gemenge, Welksilage und Rübenblatt wirft das Ladegut bis über die Mitte eines eingemachten Wagens.

Vom Schleppersitz aus verstellbare Förderklappe für die laufende Verstellung der Klappe beim Einmann-Laden.

Leichtgängige Höhenverstellung der Pick up-Aufnahme vom Schleppersitz aus zur individuellen Anpassung an das Ladegut.

Geschlossener Förderschacht mit stufenlos verstellbarer Vorpreßeinrichtung zum Vorpressen bei Trockenfutter, besonders windunempfindliches Laden und bequeme Abnahme beim Laden auf offene Wagen.

Höhenverstellung des Förderschachts mit Hilfe einer Handkurbel. Beim Laden von Grüngut mit geringerer Ladehöhe vorteilhafter mit eingezogenem Schacht. Außerdem bequemeres Unterstellen im Schuppen und ein unbehindertes Fahren unter Bäumen möglich.

Anhängung am Zugmaul des Schleppers, dadurch bessere Zugleistung des Schleppers und größere Wendigkeit des ganzen Gespanns.

Besonders große Aufnahmebreite der Pick up mit 1,7 m zur einwandfreien Aufnahme auch breiter Schwaden.

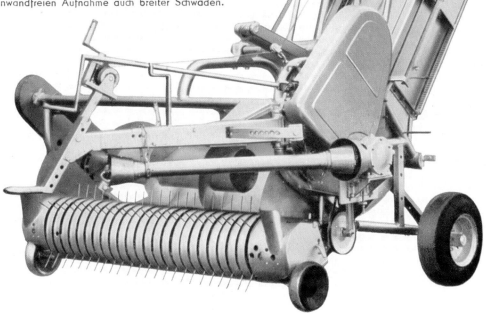

Der neue EICHER-Pick up-Rekordlader 1962 ist durch einige beachtliche Neuerungen noch vielseitiger und wertvoller geworden. Er ist ein sicherer und stets einsatzbereiter Helfer vom zeitigen Frühjahr bis zum späten Herbst. Im kleineren und mittleren landwirtschaftlichen Betrieb kann er sämtliche anfallenden Feldladearbeiten bewältigen. Aber auch große Betriebe werden sich seiner überall dort bedienen, wo es darauf ankommt, bei der Einbringung des täglichen Futterbedarfs oder bei der Rübenblatternte saubere Aufnahme, große Leistung und schonende Behandlung bei der Förderung des Ladegutes zu erreichen.

Der EICHER-Pick up-Rekordlader ladet alles — ladet sicher

Das Langfutter-Laden

im Ein-Mann-Betrieb

Das Laden von Trockenfutter oder Stroh war bis jetzt eine zeit- und arbeitskräfteaufwendige Arbeit. Mit dem neuen EICHER-Pick up-Rekordlader 1962 ist diesem Mißstand mit einem Schlag abgeholfen. Mit ihm ist es möglich, Langfutter auch im Einmann-Betrieb schnell, einwandfrei und sicher zu laden. Es ist allerdings erforderlich, den Wagen dazu mit' einem Futteraufbau auszurüsten. Durch die neuen, serienmäßig mitgelieferten Verlängerungsstäbe wird das Futter bis über die Mitte des Wagens geschoben. Durch die im geschlossenen Förderschacht eingebaute Vorpreßeinrichtung ist das Ladegut stark zusammengepreßt, so daß sich beim Austritt aus dem Lader ein regelrechter Futterstrang ähnlich dem Auslauf bei einer Presse bildet, der bei richtiger Einstellung selbständig bis zum hinteren Wagenende geschoben wird und sich dort verteilt. Um diesen Futterstrang immer in die richtige Höhe zu lenken, ist die Auslauf-Förderklappe mit den Verlängerungsstäben vom Schleppersitz aus mit Hilfe einer Kurbelwinde verstellbar. Die Bildreihe links zeigt deutlich, wie der Wagen beladen wird, ohne daß jemand auf den Wagen zur Verteilung mußte. Um auch den vorderen Teil des Wagens voll auszuladen, werden lediglich die Verlängerungsstäbe herausgezogen. Auf dem Wagen befanden sich 25 Ztr. Heu, eine beachtliche Leistung für das Laden ohne Handpackung.

FÖRDERLEISTUNGEN BEI REINER ARBEITSZEIT:

Ackerfutter, Klee . . . . . . ca. 600 Ztr./h
Gras . . . . ca. 400 Ztr./h
Welksilage . . . . ca. 300 Ztr./h
Heu . . . . ca. 300 Ztr./h
1 Fuhre Heu in 5—10 Minuten.

TECHNISCHE ANGABEN:

Arbeitsbreite	ca. 1,7 m	Zugkraftbedarf Schlepper	ab 11 PS
Kanalbreite	0,6 m	Länge mit Verlängerungsrohren	4,5 m
Ladehöhe oh. Verlängerungsrohre	3,7 m	Breite	2,3 m
Ladehöhe mit Verlängerungsrohren	4,7 m	Höhe in Transportstellung	3,0 m
Ladehöhe mit Wurfband in waagerechter Stellung	3,0 m	Gewicht m. Verlängerungsrohren	810 kg
Hangsicherheit bis	zu 25 %	Bereifung	7—10 AM
		Spurweite	1,5 m

SERIENMÄSSIGE AUSRÜSTUNG:

Pick up-Aufsammel-Einrichtung mit Tasträdern. Höhenverstellbarer Förderschacht mit Auslaufrutsche und Verlängerungsrohren. Ölbadgetriebe mit bearbeiteten und gehärteten Stahlzahnrädern. Geschützte Sicherheitsgelenkwelle. Vom Schleppersitz aus bedienbare Deichsel, Auslaufrutsche und Pick up-Verstellvorrichtung. Halbautomatische Wagenanhängevorrichtung. Prallblech zum Pick up-Aufsammler für kurzes Ladegut.

SONDER-AUSRÜSTUNG:

Vom Fahrersitz aus schaltbare, durchgehende Zapfwelle für den Antrieb des Roll- oder Kratzbodens angehängter Wagen (Abladerantrieb). Wurfband für Grünfutter.

Das Laden auf offenen Wagen

In Betrieben, wo für das Aufladen noch genügend Arbeitskräfte zur Verfügung stehen und keine eingemachten Wagen vorhanden sind, bringt der neue EICHER-Pick up-Rekordlader 1962 ebenfalls enorme Erleichterung. Durch die starke Vorpressung des Ladeguts und die Verlängerungsstäbe wird es bis zur Wagenmitte geschoben, so daß eine Person zur Verteilung auf dem Wagen vollständig genügt. Im Gegensatz zu früher, wo man oft zwei Leute auf dem Wagen brauchte, hat jetzt die eine Person ein viel bequemeres Arbeiten, da das Ladegut durch den vorgepreßten Zustand handlich und leicht zu packen ist.

Das Grünfutterladen mit Wurfband oder Kratzboden

im Ein-Mann-Betrieb

Besonders in Betrieben, in denen das Grünfutter für den Viehstall täglich geholt wird, muß dafür viel Arbeitszeit aufgewendet werden. Auch hier bietet der EICHER-Pick up-Rekordlader 1962 die Möglichkeit, in hundertprozentigem Ein-Mann-Betrieb zu arbeiten. Dabei kann gleichzeitig in einer Fahrt gemäht, aufgenommen und geladen werden. Selbstverständlich ist auch Rübenblatt in bester Weise zu laden.

Es gibt dazu zwei Möglichkeiten:

Bei Verwendung eines mit Futteraufbau versehenen Wagens normaler Bauart ist der Pick up-Rekordlader zusätzlich mit einem Wurfband ausrüstbar. Das Wurfband schleudert das Grüngut bis zur Wagenmitte, wo sich ein Haufen bildet, der bei zunehmender Höhe von selbst auseinanderfällt und das Futter bis in die Ecken des Wagens sauber verteilt. Bei Grünfutter wird die Vorpreßeinrichtung ausgeschaltet, so daß eine schonende Behandlung gewährleistet ist. Durch die Wirkung des Wurfbandes liegt das Futter relativ locker, so daß auch ein leichtes Abladen möglich ist.

Die zweite Art der Grünfuttereinbringung im Einmann-Betrieb ist die, einen Anhänger mit eingebautem Roll- oder Kratzboden zu verwenden, z. B. den EICHER-6fach-Wagen mit Futteraufbau. In diesem Falle entfällt das Wurfband am Lader. Dafür wird der Pick up-Rekordlader mit einer durchgehenden Zapfwelle für den Antrieb des Roll- oder Kratzbodens versehen. Das Futter fällt dabei auf den vorderen Teil des Wagens und wird durch den Kratzboden, dessen Antrieb während der Fahrt vom Schleppersitz aus eingeschaltet werden kann, zum hinteren Wagenteil befördert, bis der Wagen restlos vollgeladen ist. Der Roll- oder Kratzboden hat außerdem den Vorteil, daß auch das Abladen ohne Einsatz von Handarbeit mit ihm durchgeführt werden kann.

Der neue Eicher-Pick up-Rekordlader mit oberen Verlängerungsstäben und einem Wurfband als Zusatzausrüstung für das Grünfutterladen.

Mit dem EICHER-Rekordlader und dem EICHER-6-fach Wagen mit Futteraufbau und Kratzboden ist das Laden von Grünfutter oder Welksilage im Einmann-Betrieb möglich. Auch das Abladen erfolgt ohne Handarbeit mit Hilfe des zapfwellengetriebenen Kratzbodens.

Sind keine Anhänger mit Kratzboden vorhanden, verwendet der fortschrittliche Bauer den EICHER-Pick up-Rekordlader 1962 mit Wurfband für die Futterbergung im Einmann-Betrieb. Das Wurfband schleudert das Ladegut bis zur Wagenmitte, wo es sich selbsttätig verteilt.

Der EICHER-Pick up-Rekordlader 1962 ist in robuster und verwindungsfreier Rohrleichtbauweise gefertigt. Die Kraftübertragung erfolgt über eine Sicherheitsgelenkwelle mit Überlastungsschutz. Der Schacht des Rekordladers ist samt Auslaufrutsche in der Höhe von 3 m bis 4,7 m verstellbar. Bei geringer Ladehöhe, wie z. B. bei Grünfutter und Rübenblatt wird mit eingefahrenem Schacht gearbeitet, bei Trockenfutter und Stroh mit ausgezogenem Schacht. Durch den einziehbaren Schacht ist außerdem die Abstellmöglichkeit in niederen Schuppen gegeben und auch der Transport unter Bäumen wird erleichtert. Das linke Bild zeigt den EICHER-Pick up-Rekordlader in serienmäßiger Grundausrüstung mit ausgefahrenem Schacht, Bild rechts mit eingezogenem Schacht und abnehmbaren Verlängerungsstäben.

Als zusätzliche Sonderausrüstungen gegen Mehrpreis kann der neue EICHER-Pick up-Rekordlader 1962 mit einem Wurfband für das Laden von Grünfutter im Einmann-Betrieb ausgerüstet werden. Das Wurfband läßt sich auch vom Bauern selbst nachträglich anbringen. Es wird durch einen Keilriemen angetrieben. Das Wurfband selbst hat eine Nachstelleinrichtung, so daß man es immer auf der notwendigen Spannung halten kann und ein Durchrutschen vermieden wird. Bild links zeigt das Wurfband, Bild rechts die gleichzeitige Anbringung der Verlängerungsstäbe an der Wurfklappe und die höchstmögliche Stellung der Förderklappe für besonders hohes Laden. Die oberen Verlängerungsstäbe können auch bei Benutzung des Wurfbandes am Lader bleiben. Nur die unteren werden dann abgenommen, was durch einfaches Ausziehen erfolgt.

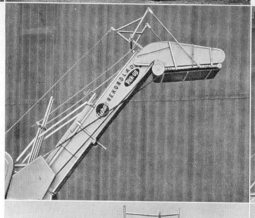 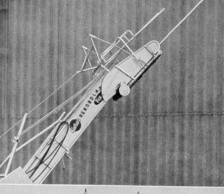

Die Aufnahme des Ladeguts erfolgt durch eine Pick up-Einrichtung mit gesteuerten, leicht auswechselbaren Federzinken. Der Zinkenabstand beträgt 65 mm, wodurch eine einwandfreie und saubere Aufnahme auch bei kurzem Ladegut gegeben ist. Für kurzes Ladegut wird außerdem serienmäßig ein Prallblech für die Pick up-Trommel mitgeliefert (siehe rechte Abbildung).

Die Zugdeichsel des Pick up-Rekordladers ist schwenkbar; dadurch wird erreicht, daß der Lader beim Transport direkt hinter dem Schlepper läuft, beim Laden dagegen soweit seitlich hinter dem Schlepper arbeitet, daß die volle Arbeitsbreite der Aufnahmetrommel ausgenutzt wird. Das seitliche Verschwenken erfolgt nach Lösen einer Sperrklinke vom Fahrersitz aus durch die Zugkraftübertragung des Schleppers. Bild links zeigt die Deichsel in Transportstellung, Bild rechts in Arbeitsstellung.

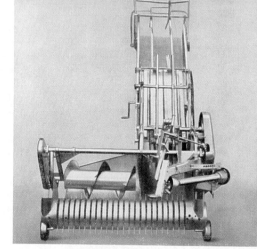 

Die Verstellungen des Laders erfolgen direkt vom Schleppersitz aus.

Der Förderschacht ist mit Hilfe einer Kurbel in einfacher Weise in seiner Höhe verstellbar.

Die serienmäßig eingebaute Vorpreßeinrichtung ermöglicht das Aufladen großer Mengen Trockenfutter.

Die Wagenanhängevorrichtung am Rekordlader hinten ist seitlich verschiebbar für Transport- und Arbeitsstellung.

Die Pick up ist pendelnd und federnd aufgehängt und wird durch verstellbare Stützräder geführt.

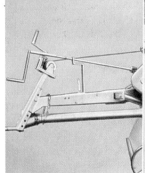 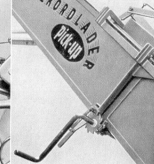 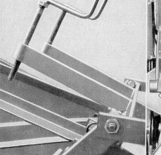  

Sämtliche Angaben und Abbildungen gewissenhaft, jedoch unverbindlich. Änderungen vorbehalten.

Gebr. EICHER

Traktoren- und Landmaschinen-Werke

Werk Dingolfing/Isar

Überreicht durch:

ED-R 142 11.61 150

Druck: Max Herzog, Erding

MÖRTL

Ladeautomat *Zentro*
führt die Langgutkette zu ungeahntem Erfolg

Hektarerträge in Minuten

lädt der Schlepperfahrer allein einschließlich Wagenwechsel in Dauerleistung bei zügiger Arbeit.

50 dz Trockenheu	in 42 Minuten
65 dz Belüftungsheu	in 51 Minuten
120 dz Welksilage	in 36 Minuten
200 dz Grüngut	in 54 Minuten

Ohne Umstellung geeignet

ist der Zentro für das vollautomatische Laden aller Mähfutterarten, für Grün-, Welk-, und Rauhfutter, Stroh lose oder in Ballen, auch für Getreide lose oder in Garben. Auch das Beladen von **Einachswagen**, die direkt am Schlepper auflasten, ist möglich.

5 Minuten reine Ladezeit für eine schwere Fuhre.

Rauhfutter-Fuhren bis 45 cbm und 35 ztr.

werden durch das Schiebegreifersystem des Zentro und die mit dem Ladevorgang verbundene einstellbare Vorpreßmöglichkeit, ohne Hilfe auf dem Wagen, erreicht.

Vollautomatisches Fördern und Verteilen durch das ZENTRO-System.

Ohne jegliche Handarbeit auf dem Wagen wird zunächst die vordere und nach Umschalten des schwenkbaren Förderbogens die hintere Anhängerfläche beladen.

Mähladen. Das anfallende Gut wird auch bei starken Beständen und bis zu einer Schnittbreite von 2,1 m und einer Fahrgeschwindigkeit von 6 km/h gefördert.

Zentro-Ladeautomat in Transportstellung.

Zentro lädt Mähdruschballen jeder Größe ohne Beschädigung, infolge des breiten Kanals und der Klappzinken. Auf einfache Weise werden die Ballen im automatischen Verfahren auf Wagen mit Ladegattern gefördert. Sollen die Ballen auf einem offenen Wagen geschichtet werden, so ist das Aufbringen zur Mitte von besonderem Vorteil.

Zentro -Ladeautomat

- **Ununterbrochenes Laden in engster Kurve**
  durch seitliches Aufbringen des Ladegutes und das System der Anhängung und Laufradeinstellung. Nachrechen von Hand an den Feldenden erübrigt sich.
- **Verlustfreie Bergung empfindlichen Trockenfutters**
  durch schonendste Behandlung.
- **Windsicherheit**
  durch kompakt auf den Wagen geschobenes Ladegut.
- **Geringer Kraftbedarf**
  Durch Vermeiden aufwendiger Schneid-, Blas- oder Preßvorgänge und Anordnung des zügig arbeitenden Stakgreifersystems in einem reichlich bemessenen Förderschacht.
- **Laden auf kleinster Fläche**
  Durch Anhängen von Zentro und Wagen direkt am Schlepper entsteht ein kurzer, außerordentlich wendiger Ladezug.
- **Schneller Wagenwechsel**
  durch den Schlepperfahrer infolge direkter Anhängung am Schlepper.
- **Leicht manövrierbar und kippsicher**
  durch einwandfreien Stand auf 4 Rädern.
- **Saubere Aufnahme des Ladegutes**
  durch die vom Schlepper aus einstellbare Stahl-Exzenter-Pick-up mit eng stehenden Zinken.
- **Ausgezeichnete Übersicht**
  Durch Anordnung des Zentro seitlich neben dem Wagen, ist das Ladegerät, der Wagen und der Ladevorgang vom Schlepperfahrer ohne Behinderung zu übersehen.

Bauweise:

Stabiles Rohrfahrgestell mit 4 großdimensionierten Rädern — verzinkter, breiter Förderschacht — vier zügig arbeitende Schiebegreifer — Vollölbadgetriebe aus hochlegiertem Material — robuste gegen Witterungseinflüsse unempfindliche Lager — genau reagierende Nockenrutschkupplung.
Selbstschwenkende Vorderräder, momentverstellbare Hinterräder, Weitwinkelgelenk in der Gelenkwelle.

Wendekreis:

Rechts: Trommelmitte 2 mtr. (entspricht der kleinsten Schwadentfernung, die direkt angefahren werden kann.)
Links: So eng wie Schlepper und Wagen wenden können.

Effektive Schiebeleistung:

Heu	300—400 kg/min	Grüngut	500—800 kg/min
		Rübenblatt	600—900 kg/min

Max. Schwadgewichte pro m:

Heu 15 kg
Grüngut 20 kg (bei Kriechgang 40 kg)
Rübenblatt 25 kg (bei Kriechgang 50 kg)

Technische Daten:

Länge	3,6 m	Bereifung	6,00—6 AM
Breite	1,9 m	Gewicht	690 kg
Fahrhöhe	3,05 m	Kraftbedarf	ab 12 PS
Ladehöhe	3,8 m	Hangsicherheit	bis 30%

FRIEDRICH
MÖRTL
SCHLEPPERGERÄTEBAU KG
GEMÜNDEN/MAIN
Telefon 388/389

gegr. 1856

Feldlader

ZENTRO Type ZO-VH

Normalausführung mit schwenkbarem Abwurfbogen für wahlweise Förderung zum vorderen und hinteren Wagenteil. Schwenkung des Bogens von vorn aus. Komplett einsatzfertig zum Anschluß an Schlepper mit breiter Ackerschiene. Ausführung mit verchromten Gleitstangen DM **3 665.-**

Vollautomatisch förderbare Lademengen je nach Wagen:
45 cbm Heu und 3 bis 4 to Grüngut.
Bei Mitbestellung der Ladegatterbeschläge ZO-L 70 zusammen mit dem ZENTRO Sonderpreis für Beschläge DM **125.-**

Zum Lieferumfang gehören:

Gelenkwelle mit Anschluß für Zapfwelle nach DIN 9611 = 35 mm ⌀ – (bei 28 mm ⌀ gesondert angeben).
ZO-Z 1/2/3 Gelenkwellenhalter komplett, verstellbar, aufzusetzen auf Ackerschiene.
ZO-Z 10 Anhängebolzen zum Anhängen von Lader und Wagen (2 Stück) komplett.
Schutzvorrichtung für Gelenkwelle (ohne Schutzhaube am Schlepper, die vom Kunden zu stellen ist).
4 luftbereifte Räder 6.00–6 AM.

Zusatzausrüstungen zum ZENTRO, die jedoch nur in Ausnahmefällen erforderlich sind:

ZO-Z 100 Anhängevorrichtung für 2-Schleppersystem in der Rübenblatternte, d. h., wenn ein Schlepper den ZENTRO und ein zweiter Schlepper den Wagen ziehen soll. DM **69.-**

ZO-Z 150 Vorhalter zur Trommel für Aufnahme von sehr schwachen Schwaden und sehr kurzem Gras in ungünstigen Verhältnissen. DM **65.-**

ZO-K 80 Verlängerung des Abwurfbogens für besonders breite Wagen (Nur für Type ZO-E). DM **57.-**

ZO-D 50 Verlängerung der Anhängevorrichtung um 1 m sowie entsprechende Verlängerung der Gelenkwelle und der Lenkspindel
a) bei Lieferung anstelle der Normalanhängung DM **130.-**
b) bei Nachlieferung DM **320.-**
Die Verlängerung ist zweckmäßig, wenn in der Mehrzahl Wagen verwendet werden mit einem Abstand von 4,4 m und mehr, von Mitte Zugöse bis zur Wagenmitte gemessen.
Bei 3,9 m Abstand von Mitte Zugöse ladet der ZENTRO mit Normalanhängung genau in die Mitte.

ZO-Z 50/2 Lenkung für Unimog DM **40.-**
ZO-Z 70/2 Verlängerte Lenkung für Unimog bei Verwendung der Verlängerung ZO-D 50 DM **42.-**

-Feldpresse:
die moderne Kompaktpresse

Die Preßarbeit der Bautz-Feldpresse zeigt infolge der Kompaktbauweise besondere Merkmale. In raschen, kurzen Bewegungen – anstatt weniger langer Schwingkolbenstöße – wird das Gut in den Preßkanal gefördert. Der Kolben nimmt also viele kleine „Bissen" anstatt weniger großer. Dadurch ergeben sich

hervorstechende Eigenschaften der
KOMPAKT-PRESSE

① Bei geringem Kraftbedarf wird eine erstaunlich hohe Leistung erzielt.

② Es findet eine gleichmäßige, stauungsfreie Verarbeitung des Preßgutes statt, auch bei wechselnden Mengen, kurzem und langem Gut.

③ Die Kompaktpresse vermeidet Wickeln und Stopfen, auch bei Grüngutverarbeitung.

④ Es entstehen formbeständige, saubere Ballen.

⑤ Die Kompaktpresse mit ihrer kurzen Bauform verfügt über ein sehr günstiges Leistungsgewicht. Hierdurch ist sie leichtzügig, wendig und arbeitet selbst auf kaum tragfähigen Böden.

⑥ Die geringe Beanspruchung beim Preßvorgang ermöglicht eine moderne, kompakte Leichtbauweise als Voraussetzung für den niedrigen Preis bei hoher Leistung.

WEITERE NEUERUNGEN:

Kinematische Steuerung der Pick-Up ★

An der Bautz-Feldpresse wird erstmalig eine kinematische Höheneinstellung der Pick-Up angewandt. Der Tastgleitschuh ist in der Mitte angeordnet und steuert die freischwebende Pick-Up-Einrichtung in Anpassung an die Bodenunebenheiten.

Der Tastschuh gleitet nur über bereits geräumte Fläche. Da seitliche Führungsräder oder Gleitschuhe fehlen, wird der Einzug des Ernteguts nicht behindert, und auch unregelmäßig breite Schwaden können aufgenommen werden.

Verchromte Knüpfernadeln mit Spezial-Abstreifeinrichtung ★

Die verchromten Knüpfernadeln ergeben im Zusammenwirken mit der Abstreifeinrichtung eine sichere Funktion. Dies bringt vor allem Vorteile bei zähem Gut.

Ballenbindung mit überzeugenden Vorteilen ★

Feineinstellmöglichkeit des Knüpfzeitpunktes, dadurch absolute Bindesicherheit. Günstige Anordnung der Knüpfapparate zum Preßgut, deshalb stets fest geschnürte, formbeständige Ballen. Robuste Bautz-Knüpfer mit Sicherheitseinrichtung. Jeder Ballen wird zweifach gebunden.

Automatischer Kraftschluß des Antriebes für Grüngutelevator ★

In knapp 2 Minuten ist der Grüngutelevator durch Schnellkupplung betriebsfertig angeschlossen. Er wird einfach in die Halterung für die Ballenschurre eingeschoben. Zu diesem Vorteil ist der außerordentlich günstige Preis des Grüngutelevators bemerkenswert.

TECHNISCHE DATEN	
Kanalbreite	90 cm
Kanalhöhe	30 cm
Länge der Ballen (stufenlos einstellbar)	37–80 cm
2malige Garnbindung	
Ballengewicht	ca. 8–20 kg
Leistung pro Stunde (Heu)	4–6 to
Anzahl der Kolbenstöße pro Minute	80
Schwungrad	Ø 54 cm
Wirksame Breite des Aufsammlers	ca. 1,40 m
Länge der Presse in Betrieb	4,40 m
Länge der Presse ohne Ballenrutsche	2,98 m
Breite der Presse	1,94 m
Höhe der Presse	1,50 m
Bereifung links und rechts	7.00–12 AM
Spurweite	1,69 m
Erforderliche Zugmaschinenleistung für Zapfwellenantrieb	ab 15 PS
Gewicht der Presse bei Zapfwellenbetrieb	ca. 720 kg

Weitere wichtige Hinweise gibt unser großer Farbprospekt. Fordern Sie ihn bitte an!

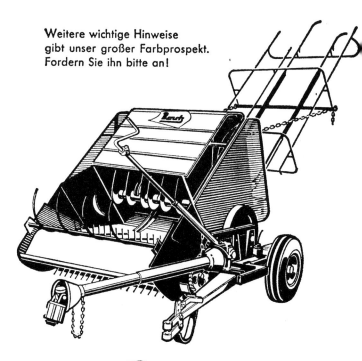

JOSEF GMBH SAULGAU/WÜRTT.

Ladepressen

BAUTZ Feldpresse FP Compact

Stabile Stahl-Leichtbau-Konstruktion, in Transport- und Arbeitsstellung verstellbar, große Bereifung, Gelenkwellenantrieb mit Gelenkwelle, Ölbadgetriebe mit Präzisions-Palloidverzahnung, Aufsammelvorrichtung mit verstellbarem Tastgleitschuh, hohe Durchsatzleistung, hartverchromte Knüpfernadeln und Spezial-Abstreifvorrichtung für zähes Gut.

wirksame Aufnahmebreite	140 cm
Kanalbreite	90 cm
Kanalhöhe	30 cm
Bereifung	7.00–12 AM

Bautz-Feldpresse FP Grundpreis:	DM **4 265.–**
hierzu erforderlich:	
entw. Laderutsche	DM **210.–**
oder Bogenschurre für seitliche Ballenablage	DM **180.–**

Sonderausrüstung:

Grünfutterelevator	DM **690.–**
Ballenzähler	DM **35.–**
Ballenzähler	DM **41.–**
Kurbeltrieb für Verstellung von Ballenschurre und Grünfutter-Elevator	DM **215.–**
Wellenverlängerung u. Lagerung einschl. Scheibe 900 mm ⌀ für stationären Betrieb	DM **180.–**
Feststellung der Räder für stationär. Betrieb	DM **23.–**
Geschlossener Blechboden für normale Ballenschurre	DM **131.–**
Grünfutter-Elevator komplett mit Anbauteilen	DM **995.–**
Transportkarren für Grünfutter-Elevator	DM **165.–**
Gekröpfte Deichsel (für Schlepper mit sehr niedrig liegender Zapfwelle)	DM **163.–**
Aufbaumotor	**Preis auf Anfrage**

Rivale-Junior (Aufsammelpresse)

Gewicht ca. 780 kg. Kraftbedarf ab 12 PS, Leistung ca. 6000 kg Heu, über 10000 kg Grünfutter, Bereifung 7.00–12 AM DM **4 450.–**
Zubehör wie oben

KÖLA Pick-up-Presse RIVALE I

Leistung bei Heu: ca. 6000 – 8000 kg/Std., Leistung stationär hinter Dreschmaschine: bis ca. 1500 kg Körner/Std.

Normalausführung:
Pick-up-Vorrichtung, Zapfwellenantrieb
Bereifung 7.00 – 12 AM, Keilriemen und Ketten, Wagenanhängevorrichtung, Schutzvorrichtungen, Werkzeug, Betriebsanleitung, Ersatzteilliste DM **4 490.–**
Gelenkwelle DM **180.–**
Ballenschurre DM **185.–**

Sonderausrüstungen gegen Extraberechnung:
Ballonbereifung 10.00–12 AM, statt
7.00–12 AM bei Erstauslieferung DM **167.–**
bei Nachlieferung einschl. Felgen DM **385.–**
Bogenschurre für seitliche Ballenablage DM **154.–**
Kurze Schurre zum Ablegen der Bunde
auf das Feld DM **87.–**

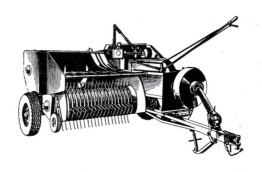

KÖLA Pick-up-Presse RIVALE II

Pick-up-Presse Rivale II
Leistung bei Heu ca. 8 – 10 to pro Stunde

Normalausführung:
Presse für Zapfwellenantrieb, Bereifung 6.50–16 AW bzw. 5.50–16 AW, mit Ballenablegeblech, Wagenanhängevorrichtung und Werkzeug DM **7 340.–**
Gelenkwellen DM **280.–**

Sonderausrüstungen gegen Extraberechnung:
Lange Ballenschurre DM **230.–**
Ballenzähler DM **41.–**
größere Bereifung 8.00–12 AM bzw.
7.00–12 AM ohne Mehrpreis
bei Nachlieferung der größeren Bereifung
einschl. Felgen DM **246.50**
Aufbaumotor **Preis auf Anfrage**

Speiser Schneidgebläse

Combi-Gebläse WÜRGER 3 S

Wahlweise als Schneid-, Förder- und Abladegebläse verwendbar. Fahrbar auf zwei Rollen, mit Rohrstutzen D 310 mm, wahlweise ohne Mehrpreis auch D 380 mm, mit Flachriemenscheibe D 300 mm, ohne Auswurfkrümmer.

Als Schneidgebläse WURGER 3 S mit 2armigem Schneidflügel und 6 feststehenden Messern — DM 1 055.–

dazu wahlweise
lange Einwurfmulde für Trockenfutter einschließlich Schutzvorrichtung — DM 242.–

kurze Einwurfmulde für Grünfutter — DM 159.–

Ansaugstutzen für Heu- und Trockenfutter — DM 69.–
Mehrpreis für 4armigen Schneidflügel anstatt 2armig — DM 85.–

Als Fördergebläse WURGER 3 S ohne Schneidvorrichtung — DM 960.–

(sonstige Ausrüstung wie oben)

Als Abladegebläse WURGER 3 S ohne Schneidvorrichtung zum Abladen von Häckselgut. Mit abschwenkbarem Häckselzuführband, 3300 mm lang, einschl. angebautem 1,1 PS-Motor und Fahrvorrichtung — DM 2 250.–

Schneidvorrichtung zum Schneiden und dern von Langgut — DM 95.–

Sonderausrüstung gegen Extraberechnung
Zusätzlicher Auswurfstutzen D 380 mm — DM 52.–

Motorwippe einschl. 2 Keilriemenscheiben mit 3 Keilriemen und Schutzverdeck — DM 218.–

desgleichen bei Nachlieferung — DM 246.–

Motorwippe einschl. 2 Flachriemenscheiben mit Flachriemen und Schutzverdeck — DM 124.–

desgleichen bei Nachlieferung — DM 152.–

Motorwippe ohne Riemenscheibe und Riemen — DM 95.–

Zapfwellenantrieb (Vorgelege)
kpl. ohne Gelenkwelle — DM 456.–

Riemenscheiben
D 350 mm — DM 50.–

D 400 mm — DM 52.–

wenn ohne Riemenscheibe D 300 mm weniger DM 28.–

Das Combi-Gebläse „Würger 3 S" wird laut Unfallverhütungsvorschriften nur mit Einwurfmulde, Ansaugvorrichtung oder langem Häckselzuführband geliefert. Werden keine näheren Angaben gemacht, erfolgt die Lieferung **grundsätzlich** mit Einwurfmulde und Schutzgitter zum Schneiden von Trockenfutter. Der Auswurfkrümmer ist im Preis **nicht** eingeschlossen.

SPEISER SCHNEIDGEBLÄSE
Würger 3s

Zum Schneiden und Fördern von Langgut und zum Abladen und Fördern von Häckselgut —

vielseitig verwendbar — mit und ohne Schneidvorrichtung, mit 3 Meter langem Häckselzuführband, ohne Schneidvorrichtung als Häckselabladegebläse — für alle Grün- und Trockenfutterarten — das längst gesuchte Schlußglied in der Häckselhofkette mit Ergänzungsmöglichkeiten im Baukastensystem — damit werden ganz ideal alle Hofförderprobleme im Einmannbetrieb, in der Grünfutter-, Heu-, Getreide- und Rübenblatternte gelöst.

BESONDERE VORTEILE:

Außerordentliche Verkürzung der Ablade- und Förderzeiten — bewegliche Aufstellung — **vielseitiger einsetzbar durch den Antrieb mit der Schlepperzapfwelle** — das Abladen, Schneiden und Fördern wird damit **unabhängig vom Standort und von der Stromversorgung** — Normalausrüstung mit Flachriemenscheibe — auf Wunsch mit Vorgelege für Zapfwellenantrieb oder mit Motorwippe für E-Motorantrieb — sichere Erntegutzuführung durch Einwurfmulde, Ansaugstutzen oder Häcksel-Zuführband — für Rohrdurchmesser 310 mm, auf Wunsch für 380 mm. Das Erntegut wird schonend behandelt, so daß auch hochempfindliche Güter wie z. B. Luzerne und Rübenblätter einwandfrei verarbeitet werden können. Um die jeweils bestmögliche Förderleistung bei Grün- und Trockengut zu erreichen, wurde ein Gebläseeinsatz entwickelt, welcher eine wesentliche Leistungsverbesserung ermöglicht.

Maximale Leistungen:
bei Trockenfutter 60–100 Ztr. (3– 5 to)
bei Grünfutter 140–200 Ztr. (7–10 to)

Für Förderweiten bis 80 Meter

SPEISER-SCHNEIDGEBLÄSE *WÜRGER 3s*

Zum Schneiden und Fördern von Langgut und zum Abladen und Fördern von Häckselgut

Robuste Schneideinrichtung mit 6 feststehenden Messern und 1 rotierenden Schneidflügel – mit der Schneideinrichtung sind Häcksellängen von ca. 8–15 cm Länge erreichbar – verblüffend einfach im Aufbau – Schneidgebläsewelle 2 fach kugelgelagert – durch nur 1 laufende Welle äußerst einfache Wartung und geringer Verschleiß – Gebläsegehäuse schwenkbar, dadurch Vermeidung von Rohrbogen und bessere Förderleistungen.

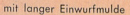

mit langer Einwurfmulde

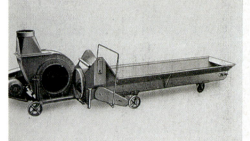

mit abgeschwenktem Häckselzuführband

Ansaugstutzen mit E-Motoranbau

Schneidvorrichtung

Nach Entfernen der Schneidvorrichtung ist die Maschine mit Einfallmulde oder Ansaugstutzen als einfaches Fördergebläse für kurzes Trockenfutter wie Häcksel, Rübenschnitzel usw. verwendbar. In Verbindung mit dem Häckselzuführtrog ist es auch ein leistungsfähiges Abladegebläse für Häckselgut.

SEI EIN WEISER, NIMM NUR SPEISER

W. SPEISER, MASCHINENFABRIK UND EISENGIESSEREI, GÖPPINGEN-WÜRTT.

Gegr. 1864   Telefon (07161) 2644/45 und 4409

F 935/12.61/5

HOCHLEISTUNGS-ABLADEGEBLÄSE
Presto
mit Zapfwellenantrieb

Ein überaus vielseitig verwendbares Fördergebläse, das höchsten Ansprüchen genügt. Jedes Häckselgut kann schnell und mühelos mit dem SPEISER-„PRESTO" in die Scheune oder in das Silo befördert werden. Förderweiten bis zu 40 Meter für Trockenfutter und Förderhöhen bis zu 20 Meter für Silagegut sind damit erreichbar. Durch besondere konstruktive Maßnahmen wird das Fördergut stets sehr gleichmäßig dem Gebläse zugeführt. Dadurch werden Kraftbedarfsspitzen weitestgehend vermieden und ein der Förderleistung entsprechend geringer Kraftbedarf erzielt.

Der 3 Meter lange Zuführtrog ist durch einen Federausgleich mühelos hochklappbar und der Häckselwagen kann dicht am SPEISER-„PRESTO" vorbeifahren. Nach dem Abklappen des Zuführtroges befindet sich der Wagen sofort in der richtigen Abladestellung und braucht nicht mehr zurückgestoßen werden. Ein fließendes, zeitsparendes Arbeiten ist deshalb gewährleistet. Große luftbereifte Räder erleichtern den schnellen Transport, wobei der Zuführtrog hochgeklappt und die gesamte Maschine in Transportstellung gekippt werden kann.

Eine Anhängevorrichtung am Zuführtrog ermöglicht den Transport mit dem Schlepper.

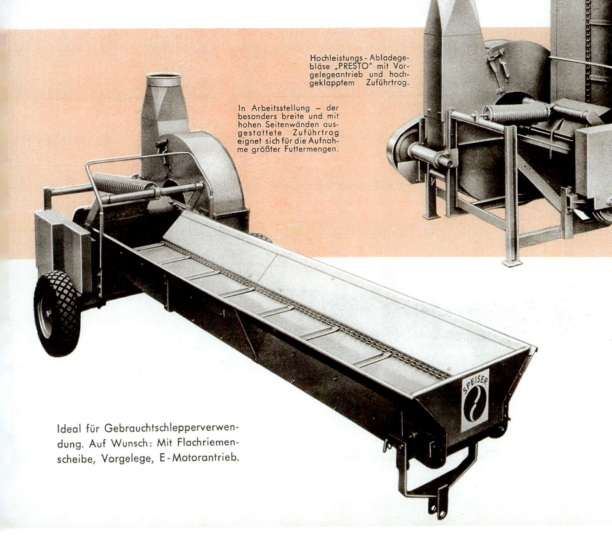

Hochleistungs-Abladegebläse „PRESTO" mit Vorgelegeantrieb und hochgeklapptem Zuführtrog.

In Arbeitsstellung – der besonders breite und mit hohen Seitenwänden ausgestattete Zuführtrog eignet sich für die Aufnahme größter Futtermengen.

Ideal für Gebrauchtschlepperverwendung. Auf Wunsch: Mit Flachriemenscheibe, Vorgelege, E-Motorantrieb.

SPEISER-PRESTO

Ein Abladegebläse, das jederzeit höchste Feldhäckslerleistungen verarbeitet und die Gewähr für ein zeitsparendes Fließverfahren auf jedem Häckselhof gibt.

Normal ist der SPEISER-„PRESTO" mit Zapfwellenantrieb ausgerüstet. Er ist daher auch an Stellen verwendbar, die nicht oder nur ungenügend mit Kraftstrom versorgt sind. Außerdem ist die Anbringung einer Riemenscheibe für Flachriemenantrieb möglich. Für höhere Drehzahlen als 540 U/min. kann ein Vorgelege angebaut werden, welches ebenfalls über die Schlepperzapfwelle anzutreiben ist. Beim Anbau eines E-Motors ist kein zusätzlicher Raumbedarf nötig. Der Zapfwellenantrieb des SPEISER-„PRESTO" liegt parallel zur Schlepperfahrtrichtung. Ohne großes Rangieren kann daher der Antrieb auch durch den Transportschlepper erfolgen.

TECHNISCHE EINZELHEITEN

Gesamtlänge in Arbeitsstellung: 4250 mm   mit hochgestelltem Zuführtrog 1500 mm
Gesamtbreite   1820 mm   mit hochgestelltem Zuführtrog 1820 mm
Gesamthöhe   1720 mm   mit hochgestelltem Zuführtrog 3900 mm

Maße des Einlegetroges:

Länge: 3300 mm   Breite: 820 mm   Höhe: 730 mm   Rohrweite: 310 mm

Förderhöhe: Grünfutter ca. 20 m   **Förderweite:** Trockenfutter ca. 40 m hoch und weit

Gebläsedrehzahl: 450 – 850 U/min.
Kraftbedarf: 10 – 20 PS je nach Förderweite
Antriebsart: Zapfwellenantrieb (Normalausrüstung)
E-Motorenantrieb (Sonderausrüstung)
Leistung: 7000 kg (7 to) Trockenfutter / in der Stunde
25000 kg (25 to) Grünfutter / in der Stunde
Bereifung: 7 – 10 AM

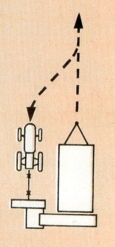
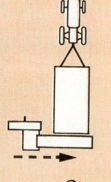
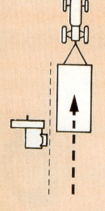

Zapfwellenantrieb für Drehzahlen bis zu 540 U/min.

SPEISER-„PRESTO" in Transportstellung – durch die besonders günstige Schwerpunktlage ist ein leichter und bequemer Einmanntransport möglich. Anhängevorrichtung für Schlepperackerschiene serienmäßig vorhanden.

SEI EIN WEISER, NIMM NUR SPEISER

W. SPEISER, MASCHINENFABRIK UND EISENGIESSEREI, GÖPPINGEN-WÜRTT.

Gegr. 1864   Fernruf 26 44/45 und 44 09

Speiser Abladegebläse

Hochleistungs-Abladegebläse PRESTO

Serienmäßige Ausrüstung:

Mit Zapfwellenantrieb einschließlich Gelenkwelle mit hochklappbarem Zuführtrog, Rohrstutzen D 310 mm, Bereifung 7 – 10 AM, Betriebsanleitung und Ersatzteilliste	DM 2 950.–
Entfallpreis für Gelenkwelle (bei Antrieb durch Motor)	DM 120.–

Sonderausrüstung gegen Extraberechnung:

Vorgelege für höhere Drehzahlen als 540 U/min.	DM 426.–
Motorwippe einschl. Vorgelege, jedoch ohne Riemenscheiben und Riemen	DM 521.–
Motorwippe einschl. Vorgelege sowie 2 Keilriemenscheiben, 3 Keilriemen und Schutzverdeck	DM 644.–
Desgleichen bei Nachlieferung	DM 672.–
Flachriemenscheibe D 500 mm mit Schutzverdeck	DM 100.–
Verlängerter Zuführtrog 5 m (nicht hochklappbar)	DM 472.–

Rohrteile für Gebläsehäcksler, Feldhäcksler, Combi- und Hochleistungs-Abladegebläse

Rohrteile D 250 mm für Silex-Junior, Primus und Feldhäcksler Scampolo-H, S u. U (für Rohrschellenverbindung) Blechstärke ca. 0,88 mm	lackiert DM	verzinkt DM
1 m Rohr	17.–	21.–
1 Rohrschelle	10.25	–
1 Rohrbogen 30°	24.–	–
1 Rohrbogen 45°, Kr.-Radius etwa 750 mm	39.–	39.–
1 Rohrbogen 90°, Kr.-Radius etwa 750 mm	55.–	55.–
1 verstellbarer Rohrbogen 90° (8teilig) ohne Handgriffe	–	85.–
1 verstellbarer Rohrbogen 90° (8teilig) mit Handgriffen	–	95.–
1 offener Auswurfkrümmer mit verstellbarer Abweisklappe (bei Gebläsehäcksler im Maschinenpreis)	38.–	–
1 Silierauswurfkrümmer mit verstellbarer Abweisklappe für Seilzug	82.–	–
1 drehbarer und verstellbarer Auswurfkrümmer für Seilzug	110.–	–
1 Auswurfschleuse	109.–	–
1 Zweiwegestück für Seilzug	137.–	–
1 Dreiwegestück für Seilzug	212.–	–
1 m biegsames Rohr	–	85.–
1 m Teleskoprohr	–	83.–

Rohrteile D 310 mm für Hochleistungs-Abladegebläse Presto und Combi-Gebläse Würger 3 S (für Rohrschellenverbindung) Blechstärke ca. 0,88 mm	lackiert DM	verzinkt DM
1 m Rohr	21.–	27.50
1 Rohrschelle	11.35	–
1 Rohrbogen 45°, Kr.-Radius etwa 930 mm	47.–	47.–
1 Rohrbogen 90°, Kr.-Radius etwa 930 mm	66.–	66.–
1 verstellbarer Rohrbogen 90° (8teilig) ohne Handgriffe	–	96.–
1 verstellbarer Rohrbogen 90° (8teilig) mit Handgriffen	–	109.–
1 offener Auswurfkrümmer mit verstellbarer Abweisklappe	42.–	–
1 Silierauswurfkrümmer mit verstellbarer Abweisklappe für Seilzug	94.–	–
1 drehbarer und verstellbarer Auswurfkrümmer für Seilzug	115.–	–
1 Auswurfschleuse	119.–	–
1 Zweiwegestück für Seilzug	166.–	–
1 Dreiwegestück für Seilzug	246.–	–
1 m biegsames Rohr	–	103.–
1 m Teleskoprohr	–	90.–

Rohrteile D 380 mm für Combi-Gebläse Würger S 3 (für Rohrschellenverbindung) Blechstärke ca. 1 mm	lackiert DM	verzinkt DM
1 m Rohr	25.–	–
1 Rohrschelle	13.–	–
1 Rohrbogen 45°, Kr.-Radius etwa 1140 mm	69.–	–
1 Rohrbogen 90°, Kr.-Radius etwa 1140 mm	98.–	–
1 verstellbarer Rohrbogen 90° (8teilig) mit Handgriffen	–	133.–
1 offener Auswurfkrümmer mit verstellbarer Abweisklappe	48.–	–
1 drehbarer und verstellbarer Auswurfkrümmer für Seilzug	122.–	–
1 Zweiwegestück für Seilzug	192.–	–
1 Dreiwegestück für Seilzug	283.–	–
1 m biegsames Rohr	–	122.–
1 m Teleskoprohr	–	100.–

Die Rohre sind lieferbar in 1- und 2-m-Stücken und können auf Wunsch bis zu 4 m Länge zusammengeschweißt werden.

Mehrpreis pro Schweißnaht D 250 und 310 mm	2.90
Mehrpreis D 380	4.–

Schneidgebläse

KÖLA Schneidgebläse FAX

Type	Ausführung	Förderleistung	Gewicht ca. kg	Kraftbedarf ca. PS	DM
FAX I mit Schneidvorrichtung, fahrbar auf Rollen[2] **Universaleinlegetrog**[1]		Grünfutter bis ca. 3000 kg/Std. Trockenfutter bis ca. 2000 kg/Std.	171	4 – 10	**720.–** 240.– **960.–**
FAX II mit Schneidvorrichtung, fahrbar auf Rollen[2] Rohranschluß 380 mm ⌀ **Universaleinlegetrog**[1]		Grünfutter bis ca. 9000 kg/Std. Trockenfutter bis ca. 4000 kg/Std.	235	5½–15	**997.–** 255.– **1 252.–**
FAX II ohne Schneidvorrichtung, fahrbar auf Rollen[2] Rohranschluß 380 mm ⌀ **Universaleinlegetrog**[1]		bis ca. 4000 kg/Std. langes Heu	225	5½–15	**955.–** 255.– **1 210.–**

Zubehör zum Schneidgebläse FAX

	Type I	Type II
Langer Trog mit Kettenzug u. separatem Antrieb durch 0,5 kW Elektromotor		1150.–
Einwurftrichter für Rübenblatt und Grünfutter einschließlich Schutzvorrichtung	142.–	156.–
Ansaugstutzen für Heu- und Trockenfutter (Ansaugung von unten)	56.–	63.50
FAX mit 4-Armflügel und 4 Messern Mehrpr.	29.–	31.–
4-Armflügel (zusätzlich zu 2-Armflügel)	49.–	53.50
Ersatzmesser samt Befestigungsschrauben	4.50	4.50
Zapfwellenantrieb für FAX II	–	280.–
Gelenkwelle	–	223.–
Übergangsstutzen 380 auf 310 mm	–	29.–
Schutzgatter (hinter Dreschmaschine)	38.–	38.–

KÖLA Silo- und Gebläsehäcksler

Type	stationär DM	mit kleiner Fahrvorrichtung DM	mit großer Fahrvorrichtung DM
HERKA S Leistung/Std. Trockenfutter ca. 2000 kg (10 – 15 m hoch und waagrecht)*	1660.–	1890.–	–
ULTRA S Leistung/Std. Trockenfutter ca. 3500 kg (18 – 22 m hoch und waagrecht)*	–	–	2290.–
ULTRA S-UNIVERSAL Leistung/Std. Trockenfutter ca. 3500 kg (bis ca. 40 – 80 m hoch und waagrecht)	–	–	2650.–

*) Mehrpreis für zweiarmigen Zusatzwindflügel zu ULTRA S und HERKA S DM 39.–
(Erhöhung der waagrechten Förderweite um ca. 3 m)

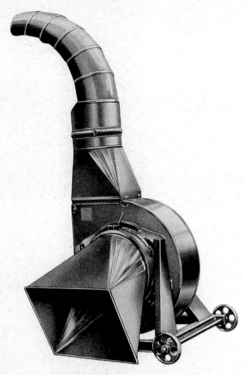

Schneidgebläse FAX II mit Ansaugstutzen von unten.

Schneidgebläse FAX II mit Universaleinlegetrog zum Beschicken von Hand.

Schneidgebläse

Die einfache, robuste Konstruktion des Köla-Schneidgebläses FAX sichert hohen Gebrauchswert und lange Lebensdauer. Das Schnittgut wird ohne mechanische Einzugsvorrichtung durch die Ansaugkraft des Gebläses eingezogen. Die Maschine besitzt nur eine Welle, die in Präzisionskugellagern läuft; ein Wickeln um die Welle ist ausgeschlossen. Die Welle ist soweit verlängert, daß die Antriebsscheibe außerhalb der Lagerung aufgesteckt und daher leicht ausgewechselt werden kann.

Das Gebläserad selbst ist mit 8 Windflügeln ausgerüstet und besitzt an der Stirnseite einen 2armigen Flügel. Dieser Flügel ist mit 2 starken Schrauben an die Nabe des Gebläserades angeschraubt. Der Flügel selbst trägt keine Messer und ist an seinen beiden Enden gegabelt. Durch diesen Spalt greifen beim Rotieren des Gebläses 2 an einen starken Ring angeschraubte, feststehende Messer mit schräger Schneide. Außerdem ist die Auswechslung des 2armigen Flügels gegen einen 4armigen Flügel und die Anbringung von insgesamt 4 Messern möglich. In dieser Ausführung wird die Schnittlänge bedeutend herabgesetzt.

Der Rohranschluß ist in jede gewünschte Richtung schwenkbar und wird durch einen Hebel, der unter Federspannung steht, festgestellt. Irgendwelche Schrauben müssen zur Verstellung nicht gelöst werden.

Der Universaleinlegetrog ist sehr breit und groß ausgeführt. Der Anschluß an die Ansaugöffnung des Gebläses erfolgt durch einen Kipphebel und ist leicht und schnell durchzuführen.

Entsprechend den Vorschriften der landwirtschaftlichen Berufsgenossenschaft ist die Auffangmulde mit einer Überdeckung versehen. Diese ist bei FAX so ausgebildet, daß ein schräges Prallblech das Einwerfen von Hand sehr erleichtert. Beim Schneiden von Stroh in Anschluß an die Dreschmaschine wird das Prallblech abgeklappt und die Muldenüberdeckung hochgestellt. Die Abdeckung der Auffangmulde wird dann durch ein Schutzgatter hergestellt, welches gegen Mehrpreis bezogen werden kann.

Das FAX II, das sich auf Grund seiner hervorragenden praktischen Bewährung in breiten Kreisen der Landwirtschaft mit großem Erfolg durchsetzte, ist nunmehr auch mit langem Trog und automatischer Kettenzuführung lieferbar. In dieser Ausrüstung erfolgt die Beschickung des Gebläses durch Automatic-Sammelwagen oder Häckselwagenaufbau ohne jede Handarbeit.

Auch der Siliertrichter, der beim Verarbeiten von Grünfutter und insbesondere von Rübenblatt gute Dienste leistet, wird mit einem Kipphebel an die Ansaugöffnung angeschlossen.

Als 3. Zuführmulde kann für FAX II ein Ansaugstutzen geliefert werden. Dieser Ansaugstutzen von unten ist dann besonders zu empfehlen, wenn FAX II ohne Schneidvorrichtung zum Weiterbefördern des vom Feldhäcksler geernteten Trockenfutters verwendet wird. FAX II ist also für kleinere Betriebe auch ein billiges Abladegebläse bei der Heu- und Strohernte im Feldhäckselbetrieb.

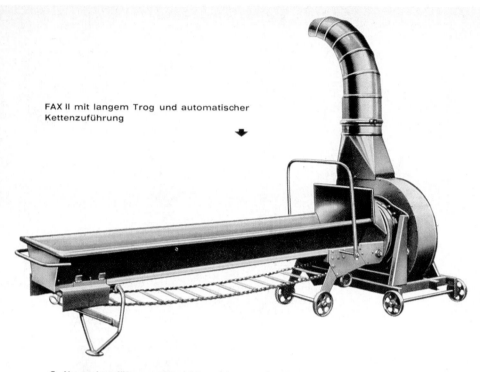

FAX II mit langem Trog und automatischer Kettenzuführung

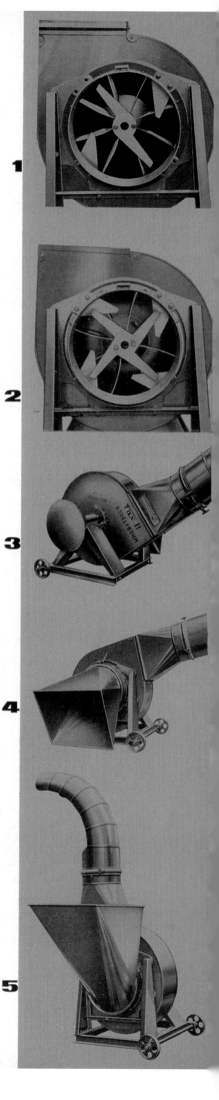

1. Normalausführung: Schneidvorrichtung mit 2 Messern.
2. Sonderausführung: Schneidvorrichtung mit 4 Messern.
3. Nach Ziehen des Steckers kann die Auswurföffnung in jede beliebige Richtung geschwenkt und wieder festgestellt werden.
4. Schneidegebläse FAX II mit Ansaugstutzen von unten und geschwenkter Auswurföffnung.
5. Schneidgebläse FAX II mit Siliertrichter.

Wichtig! Falls ein Elektromotor aufgebaut wird, erfolgt der Antrieb der Gebläsewelle über Keilriemen. Passende Riemenscheiben für wechselnde Antriebsarten können von uns gegen Mehrpreis bezogen werden.

Die Type FAX II läßt sich auch zum Fördern von ungeschnittenem Wiesenheu verwenden (Universal-Einlegetrog oder Ansaugstutzen notwendig). Hierzu ist die Schneidvorrichtung auszubauen, was mit wenigen Handgriffen leicht möglich ist.

Normalausrüstung: Gebläse mit Schneidvorrichtung, bestehend aus 2 feststehenden Messern und zweiarmigem rotierenden Flügel, Universal-Einlegetrog, Riemenscheibe FAX I 180 mm, FAX II 220 mm ⌀, Rohranschluß FAX I 250 mm, FAX II 380 mm ⌀. Fahrvorrichtung auf Rollen mit Schiebegriffen. Verlängerungsstücke für Gebläseflügel zum Fördern von Grünfutter für FAX II.

Sonderzubehör gegen Extraberechnung: Siliertrichter, Ansaugstutzen für FAX II, größere Riemenscheibe, aufgebauter Elektromotor, Rohre, Rohrbogen, Rohrschellen, Auswurfkrümmer, Übergangsstück 380 ⌀ auf 310 mm ⌀ für FAX II, Schneidvorrichtung mit 4 Messern. Schutzgatter zum Schneiden von Stroh hinter der Dreschmaschine.

Technische Daten

FAX II	PS	U/min	Bei 380 mm Rohrweite				Bei 310 mm Rohrweite		
			Leistung kg/Std.	Förderweg hoch u. weit m mit Messer	ohne Messer	Förderhöhe m	Leistung kg/Std.	Förderweg hoch und weit m	Förderhöhe m
Trockenfutter	7,5	950	2750	20	15		2250	20	
	10	1060	3500	35	20		2750	35	
	über 10	1160	4000	60	35		3250	60	
Grünfutter	7,5	950	4000			4–5	4000		4–5
	10	1060	6000			5–6	6000		5–6
	über 10	1160	9000			7	9000		7
FAX I			Rohrweite 250 mm						
Trockenfutter	5,5	1080	1000	20					
	7,5	1190	1500	30–35					
	ab 10	1320	2000	40–45					
Grünfutter	5,5	1080	2500			3			
	7,5	1190	3000			4–5			
	ab 10	1320	4000			5–6			

Anmerkung: Die Angaben verstehen sich für trockenes Schnittgut und bei gleichmäßiger Beschickung. Bei der Förderung von Halbheu verringern sich die angegebenen Förderweiten um 30–60% je nach Feuchtigkeitsgehalt. Die Angaben ohne Messer verstehen sich auf die Förderung von trockenem Heu. Abbildungen sowie Angaben über Maße, Gewichte und Leistungen unverbindlich für die Ausführung.

KÖDEL & BÖHM GMBH
8882 LAUINGEN-DONAU

CK 0163 z

FIMA – Körnergebläse

Mit diesen Hochleistungsgebläsen bieten wir der Landwirtschaft Maschinen mit:

Hoher Förderleistung
Geringem Kraftbedarf,
Niedrigem Preis,

die einen wesentlichen Beitrag zur Rationalisierung der landwirtschaftlichen Betriebe und zur Überwindung des akuten Arbeitskräftemangels leisten.

FIMA-Körnergebläse sind in zwei Größen lieferbar:

Type K 150
mit Injektorschleuse, Einfülltrichter, direkt gekuppeltem 3 PS Drehstrom-Kurzschlußläufermotor, vollkommen geschlossen, 2800 U/min, je nach Wunsch 220/380 Volt oder 380/660 V, Druckknopfschalter mit Motorschutz und Kraftsteckdose, stabile Rohrkonstruktion, fahrbar auf zwei Gußrädern, auf Wunsch gegen Mehrpreis Leichtmetall-Hohlkammerräder mit Rollenlagern

Type K 180
mit Injektorschleuse, Einfülltrichter, direkt gekuppeltem 5,5 PS Drehstrom-Kurzschlußläufermotor, vollkommen geschlossen, 2800 U/min, 380/660 Volt oder je nach Wunsch gegen Mehrpreis 220/380/660 Volt, Sterndreieckschalter mit Motorschutz und Kraftsteckdose, stabile Rohrkonstruktion, fahrbar auf zwei Gußrädern, auf Wunsch gegen Mehrpreis Leichtmetall-Hohlkammerräder mit Rollenlagern

Beide Typen sind auch für Riemenscheibenantrieb lieferbar. Die Lieferung erfolgt dann ohne Motor und Riemenscheibe, jedoch mit Welle und Lager.

Leistungen						
Type	Rohr ⌀ mm	PS	\multicolumn{3}{c}{Fördermenge in Kilogramm Weizen je Stunde bei einer Rohrleitungslänge von}	Fassungsvermögen des Einfülltrichters kg
			10 m	25 m	50 m	
K 150	150	3	ca. 3500	3150	2250	50
K 180	180	5,5	ca. 5000	4600	3750	60

Die Fördermenge wurde bei laufender Beschickung gemessen, bei 8 m Förderhöhe, zwei rechtwinkligen Bogen und angebautem Fördergutabscheider. Fördergut: Normaltrockener Weizen; bei Hafer, Erbsen, Trockenschnitzeln beträgt die Minderleistung etwa 20 %.

Falls höhere Förderleistungen oder größere Förderweiten gewünscht werden, erbitten wir Ihre Anfrage.

Abmessungen								
Type	Rohr ⌀ mm	Gesamtlänge mm	Größte Höhe mm	Größte Breite mm	Einfülltrichter Höhe mm	Breite mm	Länge mm	Gewicht ca. kg
K 150	150	1600	ca. 800	ca. 680	ca. 680	ca. 630	ca. 630	100
K 180	180	1800	ca. 870	ca. 750	ca. 800	ca. 630	ca. 630	120

Das Fassungsvermögen des Einfülltrichters kann durch eine Aufsatzmulde vergrößert werden.

Zubehör:

Rohre in Längen zu 1 m, 2 m, 3 m, 4 m
Bogen 90°
Bogen 45°   } verzinkte Ausführung
Fördergutabscheider
Rohrschellen (DBGM)

Aufsatztrichter 250 mm hoch
Leichtmetall-Hohlkammerräder

Unser erfahrener landwirtschaftlicher Beratungsdienst steht Ihnen bei allen Fragen der

Getreidetrocknung
Getreideförderung
Heutrocknung
Heuförderung
sowie Stallklimatisierung

kostenlos und unverbindlich zur Verfügung.

FISCHACHTALER MASCHINENBAU GMBH.,
OBERFISCHACH Kreis Schwäbisch Hall   Telefon Obersontheim 154

FIMA VII/11/50000/5.62

KÖRNERGEBLÄSE

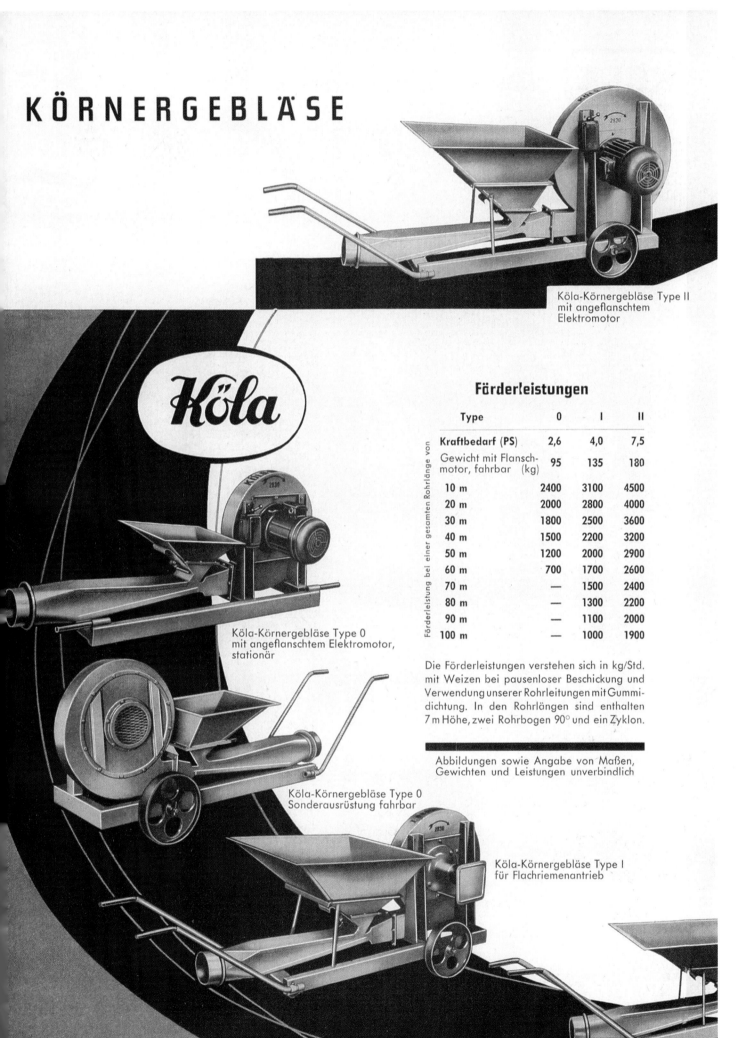

Köla-Körnergebläse Type II mit angeflanschtem Elektromotor

Förderleistungen

Type	0	I	II
Kraftbedarf (PS)	2,6	4,0	7,5
Gewicht mit Flanschmotor, fahrbar (kg)	95	135	180
10 m	2400	3100	4500
20 m	2000	2800	4000
30 m	1800	2500	3600
40 m	1500	2200	3200
50 m	1200	2000	2900
60 m	700	1700	2600
70 m	—	1500	2400
80 m	—	1300	2200
90 m	—	1100	2000
100 m	—	1000	1900

(Förderleistung bei einer gesamten Rohrlänge von)

Die Förderleistungen verstehen sich in kg/Std. mit Weizen bei pausenloser Beschickung und Verwendung unserer Rohrleitungen mit Gummidichtung. In den Rohrlängen sind enthalten 7 m Höhe, zwei Rohrbogen 90° und ein Zyklon.

Abbildungen sowie Angabe von Maßen, Gewichten und Leistungen unverbindlich

Köla-Körnergebläse Type 0 mit angeflanschtem Elektromotor, stationär

Köla-Körnergebläse Type 0 Sonderausrüstung fahrbar

Köla-Körnergebläse Type I für Flachriemenantrieb

 **Zubehörteile zu Körnergebläsen**

 Gebläserohr 150 mm ⌀

 Biegsames Rohr

 Rohrbogen 45°

 Rohrbogen 90°

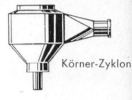 Körner-Zyklon

 Aufsatztrichter für Type 0

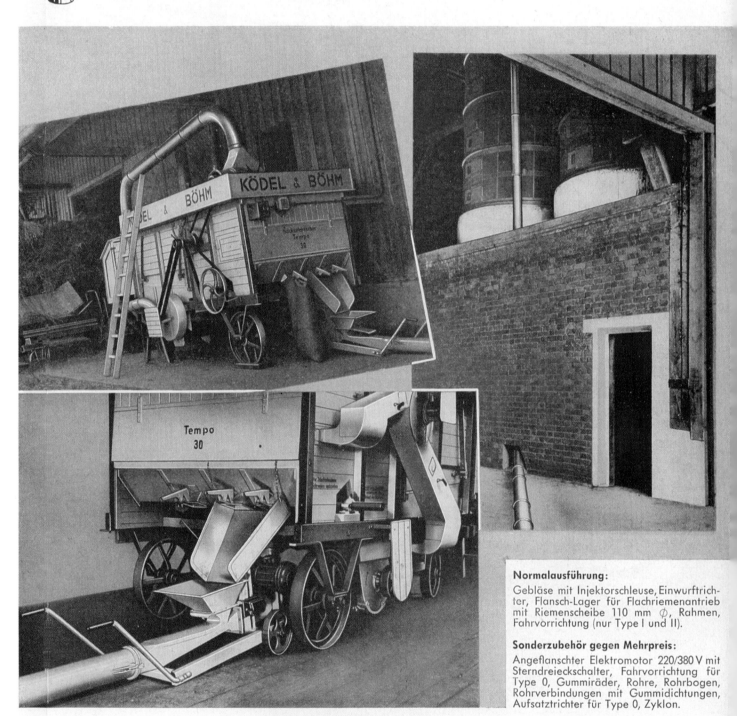

Normalausführung:
Gebläse mit Injektorschleuse, Einwurftrichter, Flansch-Lager für Flachriemenantrieb mit Riemenscheibe 110 mm ⌀, Rahmen, Fahrvorrichtung (nur Type I und II).

Sonderzubehör gegen Mehrpreis:
Angeflanschter Elektromotor 220/380 V mit Sterndreieckschalter, Fahrvorrichtung für Type 0, Gummiräder, Rohre, Rohrbogen, Rohrverbindungen mit Gummidichtungen, Aufsatztrichter für Type 0, Zyklon.

KÖDEL & BÖHM GMBH
LAUINGEN/BAYERN

Nr. 220 AE 861 St   Printed in Germany

Original Eisele-Vertikal-Pumpen mit Rührwerk

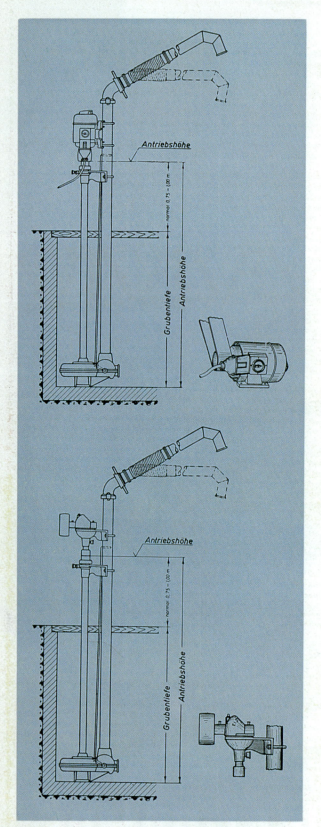

Die sind gut!

Saugen selbst an, kein Einfüllen, entleeren sich selbst, kein Einfrieren, keine Ventile und Packungen, einfache Bedienung, kleiner Kraftverbrauch, große Leistung, große Rührwirkung mit vollem Strahl.

Mit vollkommen dichter beweglicher Auslaufdruckleitung mit Bajonettverschluß (Extra-Einlaufrohr zum Faß nicht mehr notwendig), Durchschnittsleistung ca. 700 Ltr./min.

Type VMB II, 83 mm Rohr-⌀, lieferbar mit

EISELE-VERTIKAL-Drehstrom-Motor

1,5, 2, 3 und 4 PS, geschlossene Ausführung, mit Feuchtschutzisolation und Kugellagerung, Schalter und Steckvorrichtung, sowie Riemenscheibe, die als Kupplung ausgebildet ist.

Motorbefestigung (Gleitschiene) ermöglicht schnelles Auf- und Abmontieren des Motors. Abgenommener Motor kann bei Verwendung unserer **Spezial-Grundplatte** zur Befestigung des Motors am Boden oder an der Wand besonders vorteilhaft zum Antrieb anderer Maschinen verwendet werden.

Type VWB II mit Winkelgetriebe

seitlich verstellbar und leicht abnehmbar für Antrieb mittels Riemen durch ortsfesten oder transportablen Motor bzw. mittels Transmission. Riemenscheiben ⌀ 200 mm oder auf Wunsch andere Größen. Erforderliche **Drehzahl der Riemenscheibe 1000** pro Minute. Sonstige Daten wie bei Pumpe mit Motorantrieb.

Späterer Anbau eines **EISELE-VERTIKAL-Motors** nach Wegnehmen des Getriebes von der Pumpe ohne weitere Änderungen möglich.

Bei Bestellung **Grubentiefe** oder **Antriebshöhe** und für den **Motor** genaue **Betriebsspannung** angeben.

Benötigen Sie eine **stationäre** erstklassige, leistungsfähige, einfach zu bedienende **Kraftjauchepumpe,** dann bestellen Sie eine **ORIGINAL EISELE-VERTIKAL-PUMPE**

Benötigen Sie eine **transportable Mehrzweck-Pumpe,** dann kommt eine fahrbare **EISELE-ZENTRIFUGAL-PUMPE »RHEINSTROM«** in Frage.

Angebote, Lieferungen und Kundendienst durch:

FRANZ EISELE & SÖHNE — PUMPEN- UND MASCHINENFABRIK

Telefon Sigmaringen Nr. 478 / 479 / 9032 – Fernschreiber 0732518   7481 **LAIZ-SIGMARINGEN** (HOHENZ.)

Prospekt VP 102   F 0058 MLS 562 10000

Eisele-Zentrifugal-Pumpe „RHEINSTROM"

die stabile, seit Jahren vieltausendfach bewährte, gußeiserne Kraft-Jauche-, Schlamm- und Wasserpumpe. Fördert dick und dünn ohne zu stopfen. Vielseitige Verwendungsmöglichkeiten sind: Entleeren von Jauche- und Schlammgruben, sowie Kellern; auf Baustellen und Weiden; teilweise auch als Verschlauchungspumpe für Gülle oder Wasser und zum Begießen von Gärten und Feldern etc. Lieferbar u. a. in folgenden Ausführungen:

EL 14–5–2 direkt gekuppelt mit auf verschiebbarer Grundplatte montiertem Drehstrom-Motor 1,5 oder 2 PS mit Schalter und Steckvorrichtung, einschließlich 3 m beweglicher Saugleitung und 2,25 m beweglicher Druckleitung.

EV, DV und DVC 14–5–2 gekuppelt mit auf verschiebbarer Drehscheibe DBP montiertem rippengekühltem Motor mit Sterndreieckschalter und Steckvorrichtung, Motor schwenkbar nach allen Seiten zur Verwendung als fahrbarer Motor zum Antrieb anderer Maschinen.

Pumpe Ausführung 1a mit Kugellagerung und Riemenscheibe, mit Bajonettanschluß für bewegliche Leitungen.

Pumpe Ausführung 2 mit kompletter Kupplung für Motor.

Pumpe Ausführung 13 fahrbar, mit Riemenscheibe zum Antrieb mittels Riemen.

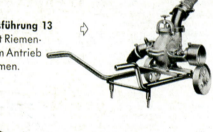

Pumpe Ausführung 15 fahrbar, mit kompletter Kupplung sowie Grundplatte bis einschließl. 2 PS oder Drehscheibe für stärkere Motoren (jedoch ohne Motor).

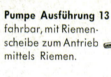

Saugleitung S 5 II (Normalausführung) geeignet für Jauche und klare Flüssigkeiten.

Druckleitung D 2 II (Normalausführung)

Weitere Ausführungen in Pumpen und Leitungen bitte anfragen!   Preise siehe grüne Liste!

EISELE-PUMPEN aufzustellen, lohnt sich in allen Fällen

Unverbindliche Leistungstabelle bei 1430 n/min.

Type	Kraftbedarf	Förderhöhe in Meter																manometrische Förderhöhe
		2,00	3,00	4,00	5,00	6,00	7,00	8,00	9,00	10	11	12	13	14	15	16	17	
EL	1,5–2 PS	700	600	500	350	200	0											Leistung l/min.
EV	3 PS	1000	950	900	800	700	550	400	250	0								
DV	4–5 PS	1500	1400	1200	1100	900	700	500	400	250	100	0						
DVC	5,5–7,5 PS	1600	1450	1350	1300	1250	1200	1100	1000	900	800	700	600	450	350	200	0	

FRANZ EISELE & SÖHNE   PUMPEN- UND MASCHINEN-FABRIK
LAIZ - SIGMARINGEN

Telefon Sigmaringen 478/479/9032 – Fernschreiber 0732518

MLS 86110000   F 00103 – Prospekt ZPM 110

„PFALZ-630"

die fahrbare Zentrifugalpumpe,
entstanden aus unserer jahrzehntelangen Erfahrung im Pumpenbau für die Landwirtschaft

Einsatzmöglichkeiten der „PFALZ-630": In der Landwirtschaft zum Fördern von Jauche sowie zur Ent- und Bewässerung. Im Baugewerbe und in der Industrie vorwiegend zum Fördern von Schmutzwasser.

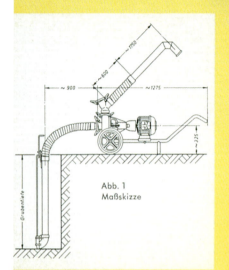

Abb. 1
Maßskizze

Wesentliche Merkmale der „PFALZ-630"

Durch Anfüllstutzen (DBGM) bequemes Anfüllen der Pumpe – korrosionsfestes gußeisernes Gehäuse – Kugelgelagerte Welle mit Fettkammerschmierung – große vollgummibereifte Räder.

Saug- und Druckleitung mit genormter Schnellanschlußkupplung – Saugleitung mit Gummispiralschlauch, Stahlrohr und Schieberverschluß – Druckleitung nach allen Seiten schwenkbar – Saug- und Druckleitungen in verschiedenen Längen lieferbar (s. Preisliste).

Elektromotor mit Grundplatte, auf Fahrgestell verschiebbar bzw. zur anderweitigen Verwendung leicht abnehmbar – kugelgelagert – 1420 U/min. – Schutzart P 33, geschlossene Ausführung, staub- und schwallwassergeschützt – seitliche Steckvorrichtung und Steckschalter (im eingeschalteten Zustand nicht abnehmbar – im herausgezogenen Zustand nicht einschaltbar – bester Unfallschutz). Lieferung auf Wunsch mit Schutzschalter (größere Sicherheit für den Motor).

Normalausführung der „PFALZ-630"

Pumpe mit 1½ PS (= 1,1 kW) Drehstrommotor, auf Fahrgestell, mit Steckvorrichtung und Steckschalter. (Abb. 1, 2 und Titelseite).

Saugleitung:
Genormte Schnellanschlußkupplung mit 1,00 m Gummispiralschlauch sowie Stahlrohr mit Schieberverschluß, für 2 m Grubentiefe.

Druckleitung:
Genormte Schnellanschlußkupplung mit Anfüllstutzen (DBGM) und 0,60 m Gummispiralschlauch und 1,75 m Einhängerohr.

Abb. 2
Fahrbare Ausführung
(Motor ausgerückt)

Leistung der „PFALZ-630": Motordrehzahl = 1420 U/min.

Gesamtförderhöhe	m	2	3	4	5	6	7	8
„PFALZ-630" mit 1½ PS (=1,1 kW) Drehstrommotor	Leistung l/min.	850	760	650	515	375	230	100

Weitere Bauarten der „PFALZ-630"

PFALZ-630/1 – Fahrbare Pumpe mit 2½ PS (= 1,85 kW) Drehstrommotor ⎫ Größerer Motor nur zum
PFALZ-630/2 – Fahrbare Pumpe mit 4 PS (= 3 kW) Drehstrommotor ⎭ Antrieb anderer Arbeits-Maschinen erforderlich.
PFALZ-630/3 – Fahrbare Pumpe mit Benzinmotor 2–2½ PS- Fabrikat „Fichtel & Sachs"
PFALZ-630/4 – Fahrbare Pumpe mit 1½ PS Wechselstrommotor zum direkten Anschluß an die Lichtleitung. (Zulassungsvorschriften der E.-Werke beachten!)
PFALZ-630/5 – Fahrbare Pumpe mit Riemenscheibe.
PFALZ-630/6 – Stationäre Pumpe ohne Fahrgestell mit Riemenscheibe (Abb. 3).
PFALZ-630/7 – Schlepperaufbaupumpe mit Keilriemenscheibe.
PFALZ-630/8 – Tragbare Pumpe, auf Schlitten, mit Drehstrommotor 1,5 PS
PFALZ-630/9 – Tragbare Pumpe, auf Schlitten, mit Benzinmotor 2–2,5 PS
PFALZ-630/10 – UNIMOG-Aufbaupumpe
Zum Fördern von Wasser aus Bächen oder Teichen: Saugleitung ersetzen durch entsprechend langen Gummispiralschlauch mit Saugkorb R 2½".

Sondertypen „PFALZ-632" und „PFALZ-634" für größere Förderleistungen.

Gleiche Konstruktions-Merkmale wie bei „PFALZ"-630, jedoch mit größeren Laufrädern.

Abb. 3
Stationäre Ausführung

Zur „Pfalz-630" kann jetzt zusätzlich eine
RÜHRLEITUNG
geliefert werden.
Bitte fordern Sie Spezialprospekt

Gesamtförderhöhe	m	3	4	5	6	7	8	9	10	11	11,5
„PFALZ-632" mit 2½ PS (=1,85 kW) Drehstrommotor	Leistung l/min.	950	850	750	650	525	400	250	125	–	–
„PFALZ-634" mit 4 PS (= 3 kW) Drehstrommotor	Leistung l/min.	–	1090	1020	950	850	750	625	475	250	150

Die Vorteile der fahrbaren PFALZ-Pumpen ...

neben einer gefälligen Formgebung: Unfallsicher – Hohe Leistung – Geringe Wartung – Bequemes Anfüllen der Saugleitung – Vielseitig verwendbare, in verschiedenen Leistungsgrößen lieferbare Elektromotoren – Hohe Lebensdauer durch Verwendung bewährter Werkstoffe.

GUSS- u. ARMATURWERK KAISERSLAUTERN · NACHF. KARL BILLAND · KAISERSLAUTERN (PFALZ)
Telefon 2431 — Gegr. 1898 — Fernschreiber 04 5863

Jauchefässer

LANDRUF-Stahl-Jauchefässer

mit Belüftungsventil

hergestellt aus SM-Stahlblech, innen und außen verzinkt mit verzinkten Faßreifen und Auflagebügeln mit LANDRUF-Verteiler und **Belüftungsventil**. Das Belüftungsventil erübrigt ein Öffnen des Deckels während der Verteilung.

Inhalt Liter	Abmessung mm	Gewicht kg	Preis DM	Inhalt Liter	Abmessung mm	Gewicht kg	Preis DM
300	1350/500	59	**223.–**	800	3370/550	132	**414.–**
300	2100/425	66	**254.–**	850	3000/600	127	**420.–**
400	1350/600	69	**257.–**	950	2030/750	138	**450.–**
400	2030/500	82	**290.–**	1000	2500/700	139	**456.–**
400	2850/425	79	**314.–**	1000	2700/670	134	**453.–**
500	1650/600	84	**301.–**	1000	3370/600	140	**466.–**
500	2030/550	89	**308.–**	1100	3000/670	143	**488.–**
500	2500/500	97	**330.–**	1250	2700/750	170	**535.–**
600	1615/670	92	**333.–**	1250	3370/670	160	**550.–**
600	2030/600	98	**335.–**	1500	2000/950	198	**634.–**
600	2500/550	106	**346.–**	1500	3300/750	200	**643.–**
700	2850/550	114	**382.–**	1500	2500/850	192	**625.–**
700	3370/500	114	**385.–**	1800	4000/750	235	**763.–**
750	2030/670	109	**373.–**	2000	4000/800	250	**840.–**
800	1675/750	117	**393.–**	3000	4000/950	334	**1 016.–**
800	2700/600	119	**395.–**				

Faßgrößen: 300 l – 1100 l mit Landruf-Verteiler 60 mm ⌀
1250 l – 1800 l mit Landruf-Verteiler 75 mm ⌀
2000 l – 3000 l mit Landruf-Verteiler 100 mm ⌀
Mehrpreis für Gestänge DM **58.–**

Mannlochdeckel mit Belüftungsventil DM **19.–**

LANDRUF-Klein-Jauche- und Wasserfässer

Ausführung: mit gewölbten Böden, **ohne Reifen** mit LANDRUF-Jaucheverteiler L 45

Geräte-Nr.	Inhalt Liter	Abmessung mm	Gewicht kg	Preis DM
15 34 002	100	1000/350	17	**96.–**
15 34 003	150	1200/390	21	**108.–**
15 34 005	200	1200/450	24	**121.–**

Kartoffeldämpfer

LANDRUF-Kippdämpfer

Mit ausgemauertem (Ausf. A) oder mit luftgekühltem (Ausf. B) Feuerungsboden, feuerverzinktem Dämpffaß einschließlich Sicherheitsventil, Deckel und Dampfverteiler.

Inhalt Liter	faßt Kartoffeln kg	Gewicht kg A	Preis DM A	Gewicht kg B	Preis DM B
80	50	84	313.–	70	**303.–**
100	65	90	339.–	75	**330.–**
125	73	101	389.–	85	**373.–**
160	110	122	409.–	100	**392.–**
200	130	142	469.–	118	**446.–**
250	165	156	600.–	130	**579.–**
300	195	179	630.–	150	**609.–**

Ab 250 Ltr. mit Feststellvorrichtung

Auf Wunsch liefern wir gegen einen Mehrpreis von 5 % auch Kippdämpfer nach rechts bzw. links kippbar.

LANDRUF-Elektrodämpfer Typ E

Nenn-Inhalt Liter	faßt Kartoffeln ca. kg	Gewicht kg	Anschluß-wert Watt	Preis DM E 12 mit Thermostat und Trockengehschutz	Preis DM E 11 mit Trockengehschutz ohne Thermostat
100	58	81	2100	735.–	**648.–**
150	88	102	3000	838.–	**756.–**
200	125	127	3700	913.–	**838.–**
250	155	137	4200	991.–	**916.–**
325	210	180	5400	1157.–	–

LANDRUF-Elektro-Kleindämpfer

Typ	Inhalt Liter	faßt Kartoffeln ca. kg	Gewicht kg	Anschluß-wert Watt	Preis DM
L 41	32	20	18	1500	**174.–**
L 81	60	40	28	1800	**290.–**
mit Trockengehschutz					
L 82	60	40	28	1800	**334.–**

Allesmuser

KROMAG-Allesmuser

mit Verstelleinrichtung für Musfeinheit und Steinauswurf

Trockenmuser für Alles

Typ M 60/A2 (Standardmuser) mit Dauerleistungsmotor **2 PS,** 220/380 V, 1400 U/min., **Schalter** (Gewicht ca. 77 kg)
DM **530.—**

Typ M 60/A3 mit Dauerleistungsmotor **3 PS,** 220/380 V, 1400 U/min., **Schalter** (Gewicht ca. 88 kg) DM **575.—**

Typ M 60/A4 mit Motor 2/3 PS, 380 V, umschaltbar auf 1400 und 2800 U/min., **Polumschalter** (Gewicht ca. 90 kg)
DM **615.—**

KROMAG-Futterwagen

Typen F100, F 150, F 200 und F 250 (F 100 ohne Stützrad)

Wie aus der untenstehenden Tabelle ersichtlich, können unsere Futterwagen mit verschiedenen Radgrößen ausgestattet werden. Desgleichen können an Stelle der Vollgummireifen Luftreifen geliefert werden.

* vom Erdboden gemessen

** über Achse gemessen

Typ	Inhalt Liter	⌀ cm Laufräd.	Lenkrad	cm Kastenlänge	cm Höhe *	cm Breite **	kg Gewicht ca.	Preis DM Vollgummireifen	Luftreifen
F 100	100	20	—	75	48	62	20	**110.—**	
F 150/a	150	20	18,5	100	49	68	30	**160.—**	
F 150/b	ca. 25	20			51,5			**185.—**	
F 150/c	2 Ztr.	20	18,5						**200.—**

Schrotmühlen

Modell R
mit Präzisionskugellager und Druckkugellager, mit Gußgehäuse und Vorbrechschnecke.

Modell RR
mit Präzisionskugellager und Druckkugellager, mit Gußgehäuse und Vorbrechschnecke, mit Absiebvorrichtung.

(gültig ab 1. 11. 62)

IRUS-Schrot- und Backmehlmühlen
mit Präzisions- und Druckkugellager

Modell A

Nr.	mit Untergestell	ohne Eisengestell	mit Holzkasten	**mit Kasten und Flachsieb**
3	DM 405.–	DM 495.–	DM 525.–	DM 605.–
4	DM 500.–	DM 590.–	DM 620.–	DM 700.–

Modell R

Nr.	ohne Untergestell	mit Eisengestell	mit Holzkasten
2	DM 365.–	DM 425.–	DM 485.–
3	DM 465.–	DM 555.–	DM 585.–
4	DM 560.–	DM 650.–	DM 680.–
5	DM 910.–	DM 1040.–	DM 1090.–
6	DM 1080.–	DM 1210.–	DM 1260.–

Modell RR

Nr.	mit Holzkasten und Flachsieb
2	DM 565.–
3	DM 665.–
4	DM 760.–
5	DM 1210.–
6	DM 1380.–

Modell RM mit Motor

Nr.	PS-Zahl des Motors ca.	mit Eisengestell	mit Holzkasten
2	2	DM 985.–	DM 890.–
3	4	DM 1295.–	DM 1080.–
4	4	DM 1390.–	DM 1175.–
5	7,5	DM 2070.–	DM 1950.–
6	7,5	DM 2240.–	DM 2020.–

Modell RS

Nr.	mit 1 Paar Seidegazerahmen	1 Paar Seidegazerahmen extra
3	DM 1220.–	DM 70.–
4	DM 1315.–	DM 70.–
5	DM 1800.–	DM 90.–
6	DM 1970.–	DM 90.–

Modell R 8 (800 mm Steindurchmesser) Preise auf Anfrage.

Schrotmühlen

Schrot- und Quetschmühle „FRIULM"

ist eine vielgewünschte Zusammenstellung zweier begehrter und rentabler Maschinen, für Pferde-, Rindviehbesitzer und Farrenhalter. Die Konstruktion ist sehr kräftig. Platzbedarf und Antrieb wie für eine Maschine. Die Maschine wird mit Ringschmierlager geliefert. Es kann entweder gequetscht oder geschrotet werden.

SH 1 und 2 mit Kugellagerung nur für die Hauptwelle mehr DM **40.-**

SH 3 mit Kugellagerung mehr DM **55.-**

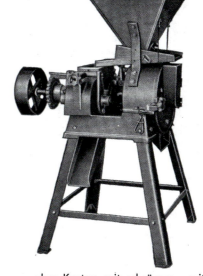

Friulm Größe	Durchmesser der			Stundenleistung		Kraftbedarf PS	Touren Min. ca.	ohne Kasten		mit schrägem Kasten		mit Eisengestell	
	Mahlsteine mm	Walzen mm	Riemensch. mm	Mühle ca. Ztr.	Quetsche ca. Ztr.			ca. kg.	DM	ca. kg	DM	ca. kg	DM
SH 1	300	175	270	3–4	1,5–2	2	500	150	**595.-**	175	**710.-**	180	**715.-**
SH 2	400	175	270	4–5	1,5–2	3	500	175	**685.-**	200	**805.-**	210	**815.-**
SH 3	500	175	350	5–7	1,5–2	4–5	500	270	**985.-**	305	**1135.-**	255	**1125.-**

Alle Schrotmühlen mit aufklappbarem Gehäusedeckel

Alle Mühlen mit Kugeldruck-Ring mehr DM 9.-, Magnet mehr DM 20.-

Friulm Größe	Durchmesser der		Kraftbedarf PS	Stund.-Leistg. ca. Ztr.	Touren Min.	ohne Kasten		mit schrägem Kasten		mit Eisengestell		mit Kugellager mehr DM
	Mahlsteine mm	Riemensch. mm				ca. kg	DM	ca. kg	DM	ca. kg	DM	
S 1	300	270	2	3–4	600	90	**395.-**	125	**505.-**	115	**505.-**	35.-
S 2	400	270	3	4–5	550	130	**485.-**	160	**600.-**	160	**605.-**	35.-
S 3	500	300	4–5	5–7	500	225	**750.-**	260	**900.-**	265	**885.-**	50.-

Rübenschneider

Bavaria-Rübenschneider

Rübenschneider

Nr. 19	mit 6 gewundenen Messern und Riemenschwungrad 600 ⌀	DM **185.–**
Nr. 21	mit 7 gewundenen Messern und Riemenschwungrad 700 ⌀	DM **223.–**
Nr. 27	mit konischer Trommel, mit 4 grob- oder feingetollten oder 6 gezahnten Messern und Handkurbel	DM **105.–**
Nr. 32	mit konischer Trommel, mit 6 grob-, mittel- oder feingetollten oder 6 gezahnten Messern und Handkurbel	DM **135.–**
	Riemenschwungrad 600 mm ⌀ statt Handkurbel, mehr	DM **17.–**
	dto. 700 mm ⌀. mehr	DM **27.–**
Nr. 38	Doppelkonus mit 4- oder 6tolligen Messern u. Handkurbel	DM **142.–**
Nr. 48	Doppelkonus mit 4- oder 6tolligen Messern u. Handkurbel	DM **247.–**
Nr. 58	Doppelkonus mit 5tolligen Messern und Handkurbel	DM **378.–**

Zum Rübenschneider Nr. 21, 48, 58

Anbauvorrichtung für El.-Motor	DM **37.–**
Riemenschwungrad 700 mm ⌀ statt Handkurbel, mehr	DM **27.–**
Riemenscheibenschutz, mehr	DM **27.–**
Flachriemen, mehr	DM **14.–**
Elektromotor 1,1 PS mit Schalter und Stecker samt Anbau	DM **290.–**
dto. 2 PS mit Schalter und Stecker	DM **350.–**

Doppelwalzenrübenbröckler mit Eisenfüßen und Riemenschwungrad 700 ⌀ — DM **163.–**

Bavaria-Strohschneider

Nr. 2	für Preßbunde	DM **78.–**
Nr. 3	für sehr große Bunde	DM **95.–**
Mehrpreis für Laufrollen		DM **7.–**

Feldspritzen

PLATZ-Anbaupumpen
GERÄTE-GRUPPE B

ZWILLING

Zwei Zylinder nebeneinander. Kolben werden über eine in Rollenlagern und Ölbad laufende Keilwelle mit Exzenter bewegt. Druckkammer, Windkessel und Pumpenkörper sind durch Zuganker mit der Saugkammer verbunden und leicht auseinanderzunehmen.

Antrieb über Kette und Kettenräder.

Gewicht:	28 kg
Länge:	43 cm
Tiefe:	24 cm
Höhe:	42 cm
Leistung:	40 l/min
Druck:	40 atü
Kraftbedarf:	ca. 4,5 PS
Drehzahl:	n = 200 – 235

Bestell-Nummer 83 025 DM 775.– (ohne Schläuche)

1 Kettenrad 13 Zähne 5/8 x 3/8" mit 6-Keilnutennabe Zapfwelle
1 Kettenrad 26 Zähne 5/8 x 3/8" für Pumpenantriebswelle
1 m Kette 5/8 x 3/8" DM 83.–

Rührwerksritzel 12 Zähne 1/2 x 3/16" zum Anbau an die Pumpe DM 13.20

PLATZ-Aufsattel-Spritzen
GERÄTE-GRUPPE B

Aufsattelspritze mit ZWILLING- oder DRILLING-Pumpe

Als Schlepper-Aufsattelspritze für 3-Punkt-Hydraulik oder Ackerschienen-Montage ist die ZWILLING- oder DRILLING-Pumpe zusammen mit einem Flüssigkeitsbehälter auf abstellbarem Rahmen montiert. Diese Geschlossenheit des Aggregates ermöglicht nicht nur einen bequemen Auf- und Abbau, sondern auch eine raumsparende Aufbewahrung.

DRILLING 1: Bei Schleppern bis 17 PS ist das Untersetzungsgetriebe 540 U/min. und bei stärkeren Maschinen das Untersetzungsgetriebe 360 U/min. zu verwenden.

360 U/min. = volle Leistung bei Halbgaseinstellung.

540 U/min. = volle Leistung bei Vollgaseinstellung.

Bei Bestellung:
bitte Drehzahl oder Schlepperstärke (PS) angeben!

Aufsattelspritze

ZWILLING-Pumpe 40 l/min, bis 40 atü, oder DRILLING-Pumpe 60 l/min bis 50 atü, mit feuerverzinktem Stahlblechbehälter, hydr. Rührwerk, Teleskop-Gelenkwelle mit Unfallschutz Normallänge 62 – 81 cm ausziehbar, Dreiwege-Abstellhahn, Einhängewinkel für Feldspritzrohre, Pumpe und Behälter auf gemeinsamem Rahmen für 3-Punkt-Aufhängung oder für Montage auf Ackerschiene, Abstellfüße.

ZWILLING, 360 U/min, mit Stahlbehälter 200 l
Bestell-Nummer 50 009 DM 1 495.–

ZWILLING, 540 U/min, mit Stahlbehälter 200 l
Bestell-Nummer 50 010 DM 1 495.–

ZWILLING, 360 U/min, mit Stahlbehälter 300 l
Bestell-Nummer 50 011 DM 1 540.–

ZWILLING, 540 U/min, mit Stahlbehälter 300 l
Bestell-Nummer 50 012 DM 1 540.–

DRILLING 1, 360 U/min, mit Stahlbehälter 200 l
Bestell-Nummer 50 017 DM 1 650.–

DRILLING 1, 540 U/min, mit Stahlbehälter 200 l
Bestell-Nummer 50 018 DM 1 650.–

DRILLING 1, 360 U/min, mit Stahlbehälter 300 l
Bestell-Nummer 50 019 DM 1 695.–

DRILLING 1, 540 U/min, mit Stahlbehälter 300 l
Bestell-Nummer 50 020 DM 1 695.–

DRILLING 1, 360 U/min, mit Stahlbehälter 500 l
Bestell-Nummer 50 027 DM 2 305.–

DRILLING 90, 540 U/min, mit Stahlbehälter 500 l
Bestell-Nummer 50 026 DM 2 820.–

Für einfache und schnelle Montage auf Ackerschiene ist ein Paar Winkelstücke für Ackerschiene notwendig DM 22.–
Feldspritzrohr Z 500 Arbeitsbreite 7,5 DM 305.–
Feldspritzrohr Z 600 Arbeitsbreite 10 m DM 435.–
Teleskopwelle Überlänge
1,10 – 1,30 m ausziehbar Mehrpreis DM 47.–

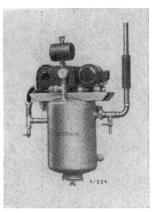

**Maschinensatz K 7001 C
Anlage mit Drehstrom-Motor**

**Maschinensatz K 7001 J
mit Drehstrom-Motor
und Traggriffen**

1 komplette WESTFALIA Melkanlage K 7001 C

für Wandmontage, bestehend aus dem Vakuumbehälter, der Wälzkolbenpumpe und dem Armaturensatz, mit Drehstrom-Motor 0,32 kW = 0,44 PS, 220/380 Volt ohne Schalter, mit 12 m Rohrleitung ³/₄" (max. Rohrlänge 24 m), 4 Anschlußhähnen und 1 Entwässerungshahn, einschließlich Montage der Anlage, Einmelken der Tiere und Anlernen des Personals (Mehrpreise siehe unten*)

	Preise in DM mit Eimergefäß aus:	
	Aluminium	Chrom-Nickel-Stahl 18/
mit 1 Einzelmelkeimer und 1 Sterilisiergerät	1280,—	1360,—
mit 2 Einzelmelkeimern und 1 Sterilisiergerät	1740,—	1900,—
Bei Lieferung **ohne** Rohrleitung und **ohne** Hähne ermäßigen sich vorstehende Preise um	90,—	
*) Motorschutzschalter mit thermischer Auslösung und magnetischer Kurzschlußschnellauslösung . . . . Mehrpreis (Bezüglich Garantiebedingungen siehe Seite 15)	38,—	

1 tragbare WESTFALIA Melkanlage K 7001 J
liegende Ausführung mit Traggriffen . . . . . Mehrpreis **30,—**

Die Preise erhöhen sich für jedes mehr gelieferte Meter Rohr ³/₄" (einschl. Rohrverbindungsstücke und Flacheisen) um	6,—
Die Montage für jedes mehr gelieferte Meter Rohr beträgt	3,—
Der Preis für jeden mehr gelieferten Gewinde-Anschlußhahn beträgt	3,50
Der Preis für jeden mehr gelieferten Flansch-Anschlußhahn beträgt	4,50
Der Preis für jeden mehr gelieferten Entwässerungshahn beträgt	3,—

EINZELPREISE zur Melkanlage K 7001

Einzelpreise für Melkeimer und Sterilisiergeräte siehe S. 3, 4 u. 5

	Preis DM
1 Drehstrom-Motor 220/380 Volt 0,32 kW = 0,44 PS; n = 2760 U/min	135,—
1 Wechselstrom-Motor 220 Volt mit Hilfsphase 0,4 kW = 0,54 PS; n = 2880 U/min	215,—
1 Wechselstrom-Motor für 2 Spannungen 110 und 220 Volt 0,35 kW = 0,48 PS; n = 3000 U/min	280,—
1 Benzin-Motor in Sonderausführung, ca. 50 ccm Hubraum, mit Keilriemenscheibe, Standfuß, federnder Motorunterlage und Befestigungsteilen	330,—
Mehrpreis für Benzin-Motor mit Reversierstarter und Drehzahlregler	55,—
1 Zapfwellen-Vakuumpumpe für Schlepperanbau und Zapfwellenantrieb bestehend aus: Doppelkolbenpumpe mit 2 Halterohren, Spiralschlauch und Ölschmierpresse	395,—
Dazu: **1 Kopfstück mit Vakuummeter, Sicherheitsventil, kurzem Spiralschlauch sowie Dichtring** für 20-Liter-Milchkanne	70,—
für 40-Liter-Milchkanne	75,—

**Maschinensatz K 7001 J
mit Benzin-Motor
und Traggriffen**

**Maschinensatz K 7001 J
mit Benzin-Motor, Reversierstarter, Drehzahlregler
und Traggriffen**

PREISBLATT

Maschinensatz M 7011
mit Drehstrom-Motor

WESTFALIA-Einzelmelkeimer
M 7011 (Aluminium)

1 komplette
WESTFALIA Kleinstmelkanlage M 7011

für Wandmontage, bestehend aus der Trockenlauf-Vakuumpumpe, angebaut an Drehstrom-Motor 0,25 kW = 0,33 PS, 220/380 Volt, dem Vakuumbehälter mit automatischem Entwässerungsventil, großer untenliegender Reinigungsöffnung sowie Vakuummeter und Sicherheitsventil, mit Isoliermuffe ³/₄", mit 4 m Rohrleitung ³/₄" (max. Rohrlänge 8 m), 2 Anschlußhähnen, 1 Entwässerungshahn, einschl. Montage und Inbetriebnahme der Anlage (Mehrpreise siehe unten*)

mit 1 Einzelmelkeimer . . . .

Mehrpreis 1 Sterilisiergerät M 7011 . . . .

Bei Lieferung **ohne** Rohrleitung und **ohne** Hähne ermäßigen sich vorstehende Preise um . . . . . .

*) Motorschutzschalter mit thermischer Auslösung und magnetischer Kurzschlußschnellauslösung
(Bezüglich Garantiebedingungen siehe Seite 15)

Drehstrom-Motor, 0,37 kW = 0,5 PS, mit Kondensator zum Anschluß an Einphasen-Wechselstrom 220 Volt . . . . Mehrpreis

Die Preise erhöhen sich für jedes mehr gelieferte Meter Rohr ³/₄" (einschl. Rohrverbindungsstücke und Flacheisen) um . . . .

Die Montage für jedes mehr gelieferte Meter Rohr beträgt . . . .

Der Preis für jeden mehr gelieferten Gewinde-Anschlußhahn beträgt . . . .

Der Preis für jeden mehr gelieferten Flansch-Anschlußhahn beträgt . . . .

Der Preis für jeden mehr gelieferten Entwässerungshahn beträgt . . . .

Einzelpreise:

1 kpl. Einzelmelkeimer M 7011 (Aluminium) 20 Ltr.

1 kpl. Einzelmelkeimer Standard-Ausführung (Eimergefäß aus Chrom-Nickel-Stahl 18/8) 20 Liter

Preise in DM	
mit Eimergefäß aus Aluminium	mit kpl. Einzelmelkeimer Standard-Ausführung mit Eimergefäß aus Chrom-Nickel-Stahl 18/8
990,—	1090,—
	18,—
	35,—
	38,—
	35,—
	6,—
	3,—
	3,50
	4,50
	3,—
	440,—
	540,—

WESTFALIA-Einzelmelkeimer
(Aluminium)

WESTFALIA-Doppelmelkeimer
(Aluminium)

Einzelpreise für WESTFALIA Melkeimer

	Preis DM
1 kpl. **Einzelmelkeimer** (Aluminium) 20 Liter . . .	460,—
1 kpl. **Einzelmelkeimer** (Gefäß aus Chrom-Nickel-Stahl 18/8) 20 Liter	540,—
1 kpl. **Doppelmelkeimer** (Aluminium) 30 Liter . .	640,—
1 Eimergefäß für Einzelmelkeimer (Aluminium) 20 Liter	90,—
1 Eimergefäß für Einzelmelkeimer (Chrom-Nickel-Stahl 18/8) 20 Liter	170,—
1 Eimergefäß für Doppelmelkeimer (Aluminium) 30 Liter	110,—

Umbauteile für Kurzzeit-Melken

1 Satz Umbauteile für Umstellung auf Kurzzeit-Melken unter Berücksichtigung vorhandener Melkeimerdeckel und WESTFALIA-Manschettenpulsatoren

für Einzelmelkeimer	17,—
für Doppelmelkeimer	34,—

1 Satz Umbauteile wie vorher, jedoch einschl. Melkeimerdeckel und Manschettenpulsator

für Einzelmelkeimer	252,—
für Doppelmelkeimer	278,—

WESTFALIA-Einzelmelkeimer
(Gefäß aus Chrom-Nickel-Stahl 18/8)

Auszug aus Preisliste WESTFALIA-Melkanlagen Nr. 2710 v. 1. 11. 1961

NACHTRÄGE